Entwicklungsmethodik nachhaltiger Produkte

Roland Lachmayer · Johanna Wurst ·
Jorin Thelemann

Entwicklungsmethodik nachhaltiger Produkte

Roland Lachmayer
Institut für Produktentwicklung und
Gerätebau (IPeG)
Leibniz Universität Hannover
Garbsen, Deutschland

Johanna Wurst
Institut für Produktentwicklung und
Gerätebau (IPeG)
Leibniz University Hannover
Garbsen, Deutschland

Jorin Thelemann
Institut für Produktentwicklung und
Gerätebau (IPeG)
Leibniz University Hannover
Garbsen, Deutschland

ISBN 978-3-662-65264-0   ISBN 978-3-662-65265-7 (eBook)
https://doi.org/10.1007/978-3-662-65265-7

Die Deutsche Nationalbibliothek verzeichnet diese Publikation in der Deutschen Nationalbibliografie; detaillierte bibliografische Daten sind im Internet über https://portal.dnb.de abrufbar.

© Der/die Herausgeber bzw. der/die Autor(en), exklusiv lizenziert an Springer-Verlag GmbH, DE, ein Teil von Springer Nature 2025

Das Werk einschließlich aller seiner Teile ist urheberrechtlich geschützt. Jede Verwertung, die nicht ausdrücklich vom Urheberrechtsgesetz zugelassen ist, bedarf der vorherigen Zustimmung des Verlags. Das gilt insbesondere für Vervielfältigungen, Bearbeitungen, Übersetzungen, Mikroverfilmungen und die Einspeicherung und Verarbeitung in elektronischen Systemen.
Die Wiedergabe von allgemein beschreibenden Bezeichnungen, Marken, Unternehmensnamen etc. in diesem Werk bedeutet nicht, dass diese frei durch jede Person benutzt werden dürfen. Die Berechtigung zur Benutzung unterliegt, auch ohne gesonderten Hinweis hierzu, den Regeln des Markenrechts. Die Rechte des/der jeweiligen Zeicheninhaber*in sind zu beachten.
Der Verlag, die Autor*innen und die Herausgeber*innen gehen davon aus, dass die Angaben und Informationen in diesem Werk zum Zeitpunkt der Veröffentlichung vollständig und korrekt sind. Weder der Verlag noch die Autor*innen oder die Herausgeber*innen übernehmen, ausdrücklich oder implizit, Gewähr für den Inhalt des Werkes, etwaige Fehler oder Äußerungen. Der Verlag bleibt im Hinblick auf geografische Zuordnungen und Gebietsbezeichnungen in veröffentlichten Karten und Institutionsadressen neutral.

Springer Vieweg ist ein Imprint der eingetragenen Gesellschaft Springer-Verlag GmbH, DE und ist ein Teil von Springer Nature.
Die Anschrift der Gesellschaft ist: Heidelberger Platz 3, 14197 Berlin, Germany

Wenn Sie dieses Produkt entsorgen, geben Sie das Papier bitte zum Recycling.

Vorwort

Viele aktuelle politisch geprägte Diskussionen über die Notwendigkeit und Folgen technischer Produkte für unsere Gesellschaft und den Planeten Erde und die oft äußerst visionären Hoffnungen an die nachhaltige Lösung von Bedürfnissen durch technische Innovationen sind eigentlich Grund genug für dieses Buch. Ausschlaggebend für den Beginn der Arbeit an diesem Buch war aber schließlich der Beschluss der Fakultät für Maschinenbau der Leibniz Universität Hannover, ab dem Wintersemester 2021 den Studiengang „Nachhaltige Ingenieurwissenschaften" anzubieten sowie die an uns in diesem Zusammenhang herangetragene Herausforderung, eine Vorlesung zum Thema „Sustainable Design" zu halten.

Um Missverständnisse zu vermeiden sei erläutert, dass es in diesem Buch um die technische Entwicklung nachhaltiger Produkte geht – im Englischen „Sustainable Engineering Design" oder auch „EcoDesign" – nicht um Design im Sinn von Formgestaltung und das auch die nachhaltige Arbeitsumgebung in einer Entwicklungsabteilung, z. B. das Konzept des papierlosen Büros nur am Rande thematisiert wird.

Bei Betrachtung der Entwicklungsmethodik für nachhaltige Produkte, wird schnell deutlich, dass die gegenwartig stark auf die globale Erwärmung fokussierte Diskussion weit hinter der eigentlichen Kompliziertheit des Themas zurückbleibt. So finden sich zahlreiche Erkenntnisse zum Umgang mit Rohstoffen, Giften, Abfällen und Belastungen von Flora und Fauna weltweit in nahezu unzähligen Gesetzen, Normen und Regeln wieder. Ebenso gibt es viele etablierte Test- und Bewertungsverfahren die im Allgemeinen und Speziellen zu berücksichtigen sind. Über diese wird im Buch ebenso zu sprechen sein wie über die Fragen: Was zeichnet, neben der Erfüllung gesetzlicher Vorschriften, eigentlich nachhaltige Produkte aus – und wie können objektive Bewertungen dieser durchgeführt werden?

Unser Buch ist aber nicht nur Lehrbuch sondern auch Dokumentation unserer wissenschaftlichen Arbeit und dabei interessiert uns vor allem: Wie kommen wir zu Lösungen und welche Aspekte der Entwicklungsmethodik sind für die Zielsetzung der Entwicklung nachhaltiger Produkte in den Ebenen Spezifizieren, Konzipieren, Entwerfen und Ausarbeiten besonders relevant beziehungsweise müssen auch noch erforscht werden?

Schließlich beinhaltet das Buch Beispiele und Lessons Learned, viele davon aus unseren Industrie- und Studierendenprojekten, die vor allem zum Hinterfragen existierender Lösungen anregen sollen.

Mein besonderer Dank gilt allen, die uns intellektuell und redaktionell unterstützt haben und damit zum Gelingen dieses Buches beigetragen haben.

Hannover, Deutschland
im Mai 2025

Roland Lachmayer

Inhaltsverzeichnis

1 Einleitung 1
2 Denken in Systemen und Geschäftsmodellen 19
3 Compliance, Regeln und Richtlinien 37
4 Produktlebenszyklus und Kreislaufwirtschaft 51
5 Fußabdruck und Bewertung 75
6 Kreativitätstechniken 91
7 Aufgabenklärung und Anforderungsmanagement 109
8 Produktarchitektur und 9R-Strategie 123
9 Effekte und Entwurf 135
10 Gestaltung und Technologien 159
11 Produktnutzungsdauer 175
12 Mit Wissen Zukunft gestalten 191

Literatur 201

Über die Autoren

Univ.-Prof. Dr.-Ing. Roland Lachmayer ist seit 2010 Direktor des Instituts für Produktentwicklung und Gerätebau (IPeG) und seit 2020 Senator an der Leibniz Universität Hannover. Er ist Geschäftsführer der wissenschaftlichen Gesellschaft für Produktentwicklung, Mitglied des Beirats „Zukunft der Wertschöpfung" des BMBF (Bundesministerium für Bildung und Forschung), Mitglied des wissenschaftlichen Direktoriums des Laserzentrums Hannover e.V. sowie Vorstand für den Forschungsbau Scale (Skalierbarkeit von Produktionsprozessen). Roland Lachmayer ist und war in zahlreichen geförderten Forschungsprojekten aktiv, so z. B. in den SFBs 653 und 1153, den europäisch geförderten Forschungsverbünden GROTESK und AM2H2, den Graduiertenschulen Tailored Light und SAM sowie dem Exzellenzcluster PhoenixD. Neben der wissenschaftlichen Arbeit hat der Technologietransfer durch Innovation Cells, Unternehmensgründungen und Akquisition den beruflichen Werdegang von Prof. Lachmayer entscheidend geprägt. In seinen bisher über 400 Publikationen und über 30 Patenten sind die Forschungsschwerpunkte des IPeG: Modellbildung und Simulation in der Entwicklung, Entwicklungsmethodik für die Additive Fertigung, Entwicklung optischer Geräte sowie datengetriebene Entwicklung adressiert. Die Entwicklung nachhaltiger Produkte stellt am Institut ein Querschnittsthema da.

Johanna Wurst-Köster ist Abteilungsleiterin am Institut für Produktentwicklung und Gerätebau der Leibniz Universität Hannover und hat den Schwerpunkt der Forschungsaktivitäten ihrer Abteilung „Data Driven Design" in den vergangenen Jahren auf die Entwicklungsmethodik für nachhaltige Produkte fokussiert. Wesentliche Projekte in ihrer Verantwortung waren der Aufbau, der in diesem Buch beschrieben Lehrveranstaltung „Nachhaltiges Produktdesign – Entwicklung nachhaltiger Produkte" sowie weitere Aktivitäten zur Integration eines ganzheitlichen Nachhaltigkeitsverständnis in Wissenschaft und Lehre. In ihrer eigenen Forschung adressiert sie die Integration von ökologischen sowie ökonomischen Bewertungen zur Erhöhung der Ökoeffizienz in Organisationen und zugehörigen Prozesse.

Jorin Thelemann ist wissenschaftlicher Mitarbeiter am Institut für Produktentwicklung und Gerätebau der Leibniz Universität Hannover. Aktuelle Forschungsaktivitäten sind die Entwicklungsmethodik nachhaltiger Produkte, das EcoDesign und die Auslegung und Nutzung von nachhaltigkeitsorientierten DfR-Strategien. Außerdem ist er als Projektkoordinator im interdisziplinären Lehr- und Lernprojekt *novaIMPULS* in der Lehre tätig.

Einleitung 1

In einer Zeit, in der der weltweite Ressourcenverbrauch kontinuierlich steigt und Umweltprobleme immer drängender werden, rückt das Thema Nachhaltigkeit zunehmend in den Fokus von Wirtschaft und Gesellschaft. Begriffe wie „Nachhaltigkeit" und „Effizienz" sind allgegenwärtig und in vielerlei Hinsicht zu Schlagwörtern geworden, die nicht nur Diskussionen anregen, sondern auch konkrete Handlungen erfordern. Ob es sich um neue Gesundheitsmanagementsysteme, moderne Fertigungsstraßen oder den Ausbau von Solaranlagen handelt – nachhaltige Entwicklungen sind aus unserem Alltag nicht mehr wegzudenken. Technische Produkte, sei es in Form von Waren oder Dienstleistungen, stehen dabei im Mittelpunkt der Diskussion. Sie sind unverzichtbar für den Fortschritt, dabei jedoch kein Perpetuum Mobile – vielmehr erfordern auch sie Ressourcen für ihre Herstellung und Nutzung. Die Herausforderung unserer Zeit besteht darin, ingenieurwissenschaftliche und maschinenbauliche Lösungen zu entwickeln, die sowohl ökologisch als auch sozial nachhaltig sind. Diese Aufgabe ist nicht neu, doch die gesellschaftliche und globale Priorisierung von Umwelt- und Sozialaspekten hat dazu geführt, dass technische Innovationen mit einem erheblichen Technologie-Pull gefordert werden, um neue Möglichkeiten zu eröffnen. Die letzte Dekade hat gezeigt, wie stark der Einfluss von Gesetzgebung und regulatorischen Anforderungen geworden ist, um ökologische Nachhaltigkeit sicherzustellen. Wichtige Gesetze wie das Produkthaftungsgesetz, das Elektro- und Elektronikgerätegesetz und das Kreislaufwirtschaftsgesetz sowie internationale Normen und Richtlinien wie die ISO 14062 (Leitlinien zur Integration von Umweltaspekten in der Produktentwicklung) und ISO 59004 (Circular Economy – Vokabular, Grundsätze und Leitlinien für die Umsetzung) legen den Rahmen für eine nachhaltige Produktentwicklung. Ein zunehmendes Umweltbewusstsein in der Gesellschaft spiegelt sich in diesen Anforderungen wider und betont die bedeutende Rolle der Produktentwicklung in diesem Kontext.

Dieses Buch setzt sich zum Ziel, die Entwicklungsmethodik für nachhaltige Produkte systematisch zu beleuchten. Es vereint etabliertes Wissen mit Erkenntnissen und Methoden, die in den letzten Jahrzehnten unter dem Fokus der Nachhaltigkeit erforscht und angewendet wurden. Eine entscheidende Hypothese dabei lautet, dass die Entwicklung nachhaltiger Produkte kein Sonderweg oder zusätzlicher Aufwand ist, sondern die neue Basis darstellen sollte. Wir laden die Leserinnen und Leser ein, mit uns folgende wesentliche Aspekte zu erkunden:

- **Suffizienz:** Die Reduktion der Produkte auf das Wesentliche im Kontext von Systemen und Geschäftsmodellen.
- **Legalität:** Das Verstehen und Anwenden gesetzlicher Rahmenbedingungen, Normen und Anreize.
- **Effizienz:** Die Minimierung des Lebenszyklusaufwands, insbesondere im Hinblick auf den ökologischen Fußabdruck.
- **Konsistenz:** Schlüssige Innovationen, Materialien und Konzepte, die die Nachhaltigkeit in der Energie- und Kreislaufwirtschaft fördern.
- **Gestaltung:** Bewertung von Produktarchitektur und Design unter Reparatur- und Recycling-Gesichtspunkten.
- **Lebenszyklus:** Sicherstellung von Funktion, Lebensdauer und Wertigkeit über den gesamten Lebenszyklus.

Das Buch beginnt mit strategischen Überlegungen zu Systemen und Geschäftsmodellen, führt durch Normen und Standards, bis hin zu konkreten Methoden und Rechenmodellen. Unter dem Motto „Mit Wissen Zukunft gestalten" bieten ergänzende Daten und Fallbeispiele tiefere Einsichten. Als Werk, das auf 15 Jahren Industrietätigkeit sowie nahezu ebenso lange Zeit in Forschung und Lehre basiert, richtet es sich an Studierende und Anwendende gleichermaßen. Es soll Ingenieuren, Managern und allen technisch Interessierten als umfassender Leitfaden dienen, in der gestalterischen Herausforderung, nachhaltige Produkte zu entwickeln und die Verantwortung für eine umweltverträgliche Zukunft mitzutragen.

1.1 Dimensionen von Nachhaltigkeit

Der Begriff der Nachhaltigkeit ist schon sehr alt und stammt im Deutschen aus der Forstwirtschaft, wo er auch seit vielen Jahrzehnten angewendet wird:

> *„Nachhaltigkeit ist ein Handlungsprinzip zur Ressourcennutzung, bei dem eine dauerhafte Bedürfnisbefriedigung durch die Bewahrung der natürlichen Regenerationsfähigkeit der beteiligten Systeme gewährleistet werden soll"* (frei zitiert nach: Hans Carl von Carlowitz, 1713).

Umgesetzt in der Forstwirtschaft bedeutet dies, dass nicht mehr Holz dem Wald entnommen werden darf, als nachwächst, womit, unter normaler Wachstumsdauern von

Nutzholz (60–120 Jahre), ein Generationenvertrag etabliert wird. Bereits vor dreihundert Jahren haben Menschen also nachweislich bewusst darüber nachgedacht, wie sie ihre durch zunehmende Besiedlung und Nutzung belastete Umwelt für nächste Generationen lebenswert erhalten können. Anzunehmen ist darüber hinaus, dass nach den Zeiten der Jäger und Sammler auch in älteren Hochkulturen ähnliche Überlegungen gegolten haben – wenn auch anders als heute, nicht vor dem Hintergrund einer globalen Wirtschaft, sondern eher dem einer lokalen Betrachtungsweise. Auch wir können allerdings nur dann technischen Fortschritt erwirken, wenn wir in konkreten beherrschbaren Systemgrenzen denken.

„Think globally, act locally …"

hat schon die „Hippie" Bewegung 1968 formuliert [1].

Wesentlich weitergeführt wurde die Nachhaltigkeitsdebatte im Anschluss an den im Auftrag der Vereinten Nationen (UNO) erstellten Brundtland-Bericht aus dem Jahr 1987 sowie durch die Ausführungen des „Club of Rome" in den 1990er-Jahren [2].

Einerseits wird der Begriff der Nachhaltigkeit heute angesichts einer Vielzahl an Labels und Konzepten mit vor allem ökonomischen Interessen sowie bisherigen erfolglosen Bemühungen um reale Verbesserungen auf vielfältige Weise genutzt. Andererseits geht es bei einer ganzheitlichen Betrachtung um nicht mehr und nicht weniger als die Frage, wie das zivilisatorische Projekt in der Postmoderne weitergeführt werden soll. Dies umfasst die Überlegung, wie ein vernünftiger und zugleich realistischer Ausgleich zwischen sozialen, ökonomischen und ökologischen Aspekten erreicht werden kann, um die Versorgung der Menschheit sicherzustellen, die Stabilität von Gesellschaften zu erhalten und zudem für zukünftige Generationen eine intakte und lebenswerte Welt zu hinterlassen. Die Herausforderungen, eine Zukunft zu gestalten, die diese Anforderungen erfüllt, sind vielfältig und bei weitem nicht ausschließlich technischer Natur.

Ein wesentliches Problem ist, dass alle bisherigen Fortschritte auf einer wachstumsorientierten Ökonomie basieren und auch weiterhin ihre Voraussetzungen – im Sinne einer funktionierenden Welt und verfügbarer Rohstoffe – konsumieren. So, um nur ein Beispiel zu nennen, die bisher realisierte Elektromobilität, die ohne ein innovatives Mobilitätskonzept mit Sport- und Geländewagen in den Markt eintritt. Und, um auch das noch zu nennen, mit E-Rollern nicht ein reales Mobilitätsproblem gelöst wird, sondern unter Einsatz wertvoller Rohstoffe unsere Innenstädte lediglich um ein weiteres Gadget bereichert werden. Hinzu kommt, dass nahezu alle Regionen der Welt trotz der bereits entstandenen Auswirkungen weiterhin das Erreichen von Wohlstandsgesellschaften mit etablierten Vorstellungen von Lebensqualität anstreben.

Herausfordernd scheint nicht nur das Produkt selbst, sondern auch der Mensch in seiner Ausprägung als Individuum. Während er als politisch soziales Wesen mit großer Vernunft und sozial korrekt das „Gute" postuliert, verhält er sich individuell kontraproduktiv. Bekannt sind die Vielen, die bei wachsendem Lebensstandard ihr Glück in immer größeren Wohnungen, immer größeren Autos sowie immer weiteren Urlaubsreisen suchen. Nicht zu vergessen die energetischen und materiellen Aufwände für ein stetig wachsendes Bedürfnis nach Medien und Kommunikation.

Auch wenn wir mit diesem Buch nicht angetreten sind, um die ökonomischen und sozialen Randbedingungen in unserer Gesellschaft und in denjenigen, die dem „westlichen" Vorbild folgen zu diskutieren, so werden diese doch immer wieder und gerade bei der Produktdefinition eine entscheidende Rolle spielen. Unter gegebenen Randbedingungen können technische Lösungen nur so ökologisch sein, wie es der Markt zulässt – und dieser wird neben technischen Innovationen eben auch durch ökonomische Randbedingungen und Kaufverhalten bestimmt. Dabei haben wir bei vielen positiven Entwicklungen im industriellen Zeitalter (wie beispielsweise bei Regelungen zur Abwassereinleitung in Flüsse, beim Umgang mit Asbest, beim Verbot von bleihaltigem Kraftstoff und bei der Schaffung von Fahrradinfrastrukturen) gesehen, dass neben technischen Lösungen auch das politische Element – sei es durch Reglementierungen oder Anreize – einen entscheidenden Einfluss hat. Aus technischer Sicht wird eine Nachhaltigkeit, neben Inventionen, so primär durch ökologische Vorgaben erzwungen und durch Eingriffe in die Ökonomie des Marktes definiert. Aus ökologischer Sicht müssen dann die Energieeffizienz und der Einsatz erneuerbarer Ressourcen gesteigert sowie schädliche Materialien vermieden und von unserer Umwelt ferngehalten werden. Nicht zu vergessen, dass dabei die Sicherheit für Menschen und Umwelt stets und primär berücksichtigt werden muss. Der ökonomische Ansatz hat das Ziel, die allgemeine Wettbewerbsfähigkeit beispielsweise beim Einsatz innovativer Technologien zu sichern.

Die systematische Beschreibung der Auswirkungen des menschlichen Handelns aus unterschiedlichen Perspektiven und Blickwinkel bedarf einer Einordnung. Diese Einordnung in Form von verschiedenen Dimensionen der Nachhaltigkeit und ihren Verflechtungen sind in Abb. 1.1 in Anlehnung an Hauff [3] dargestellt und setzen sich, wie beschrieben, aus ökologischen, ökonomischen und sozialen Sichten zusammen. Je nach Kontext und Produktidee können Entscheidungen in dieses Dreieck eingeordnet werden und so Entwicklungsziele klarer fokussiert werden.

Das integrierende Nachhaltigkeitsdreieck unterscheidet, im Gegensatz zum „Triple Bottom Line"-Ansatz, nicht in drei isolierte Dimensionen der Ökologie, Ökonomie und des Sozialen, sondern setzt eine Verknüpfung der Nachhaltigkeitsdimensionen voraus. Es resultieren innerhalb des Dreiecks Spannungsfelder, die eine Fokussierung beziehungsweise eine detailliertere Definition der Nachhaltigkeit ermöglichen. Beispielsweise sind Medizinprodukte nicht nur aus ökonomischer Perspektive zu entwickeln. Vielmehr beeinflusst der sozial-gesellschaftliche Nutzen für PatientInnen die Nachhaltigkeit des Produktes. Konkret kann eine Einordnung der Nachhaltigkeit dieser Medizinprodukte in einem sozio-ökonomischen Spannungsfeld vorgenommen werden. Im Zentrum des integrierenden Nachhaltigkeitsdreiecks steht der Zielzustand einer ganzheitlichen Nachhaltigkeit. Da jedoch einzelne Produkte beziehungsweise Organisationen weder aus zeitlichem noch inhaltlichem Betrachtungsrahmen eine hundertprozentige, ganzheitliche Nachhaltigkeit erreichen können, ist eine Näherung durch Nutzung dieser Spannungsfelder zielführend.

Im Kontext der Nachhaltigkeitsdiskussion haben unter anderem die Vereinten Nationen (UNO) als Ergebnis ihres Weltgipfels für nachhaltige Entwicklung im Jahr 2015 in ihren sogenannten *Sustainable Development Goals* (kurz: SDGs) verschiedene Zielsetzungen

1.1 Dimensionen von Nachhaltigkeit

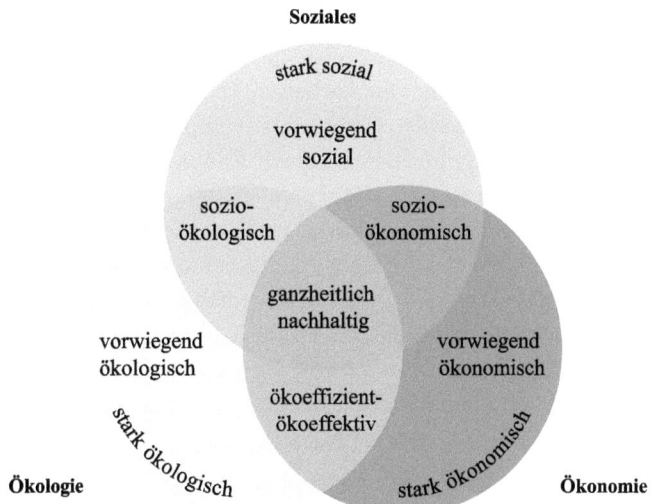

Abb. 1.1 Integrierendes Nachhaltigkeitsdreieck; eigene Darstellung in Anlehnung an Hauff [3]

Abb. 1.2 Sustainable Development Goals der UNO [4]

beschrieben, welche heute weitreichend verbreitet sind. In der nachstehenden Abb. 1.2 sind diese 17 Ziele grafisch dargestellt.

Mit der im Jahr 2015 verabschiedeten *Agenda 2030* verpflichtet sich auch die deutsche Bundesregierung zu einem konkreten Handlungsplan. In der sogenannten *deutschen Nachhaltigkeitsstrategie* werden die 17 Ziele der UN aufgegriffen und in einen Plan zur Realisierung und Zielerreichung überführt. Maßgebliches Anliegen ist dabei, eine möglichst ganzheitliche Strategie zu entwickeln, mit Hilfe derer die 17 Ziele sowohl in Deutschland als auch in anderen Ländern, effizient umgesetzt werden. Die deutsche Nachhaltigkeitsstrategie stellt in diesem Kontext eine Art Grundlage oder Rahmenbedingung für die Überführung der Ziele, beispielsweise durch politische Reformen, Gesetze und weitere Veränderungen, dar. Darüber hinaus besteht seit 2009 eine verpflichtende Nachhaltigkeitsprüfung beim Neuerlass von Gesetz- oder Verordnungsentwürfen aller Ressorts der deutschen Bundesregierung. Im Rahmen dieser Prüfung müssen die erlassenden Instanzen darlegen, inwieweit die Auswirkungen des gesetzgebenden Vorhabens mit einer nachhaltigen Entwicklung im Einklang stehen. Im Zuge dieser Praktik wird es ebenfalls immer üblicher, die jeweiligen Gesetzesentwürfe hinsichtlich ihrer Übereinstimmung mit den 17 globalen Zielen der Nachhaltigkeit, zu überprüfen [5].

Während aus Perspektive der Produktentwicklung SDGs, wie *„Industrie, Innovation und Infrastruktur" (SDG 9)* oder *„Verantwortungsvolle(n) Konsum- und Produktionsmuster" (SDG 12)*, auf den ersten Blick naheliegend erscheinen, bildet die Kombination aller SDGs die Grundlage für die Entwicklung nachhaltiger(er) Produkte. In Abhängigkeit der Funktionen, Anwendungen und resultierenden Lebenszyklen der Produkte, sind unterschiedliche und jeweils auszuwählende Zielkombinationen sinnvoll.

In der Ingenieurethik sind häufig ähnliche Zielsetzungen zu finden, wie sie von der UNO formuliert wurden. Dies erfolgt dabei in mehr oder weniger ausführlicher Beschreibung – hier ergänzend ein kurzer Ausschnitt: „Ingenieure sind die geistigen Eltern mit derer Hilfe naturwissenschaftliche Erkenntnisse zum praktischen Nutzen der Menschheit angewendet werden." Auch dabei bleibt zu berücksichtigen, dass Ingenieurinnen und Ingenieure als Individuen ihre Prioritäten zuerst ausgehend von Betrachtungen der eigenen Person, auf die Familie und die Freunde, anschließend das nähere Umfeld (z. B. Unternehmen) sowie das Gemeinwesen und erst zuletzt auf die globale Umwelt setzen.

1.2 Nachhaltige Produkte

Bei Eingabe des Begriffs „nachhaltiges Produkt" in bekannten Suchmaschinen stößt die Suche zuerst einmal auf Strohhalme aus Glas, Zahnbürsten aus Bambus, Brotbeutel aus Baumwolle oder eine LED-Leuchte namens *Little Sun*. Eine einfache Antwort auf die Frage „Was macht eigentlich ein nachhaltiges Produkt aus?" ist nicht unmittelbar zu erkennen.

Folgend soll deshalb ein eigener Versuch angestellt werden, wobei festzustellen ist, dass es mindestens sechs Aspekte von Nachhaltigkeit gibt, die mit dem Begriff Produkt kombinierbar sind:

Primär nachhaltige Produkte sind solche, die völlig eigenständig und auf Basis natürlicher Ressourcen wachsen, also z. B. ein Apfel oder, etwas technischer, ein Stück Holz. Werden jedoch Dünger und Pestizide eingesetzt, Erntemaschinen benutzt und kommen Verpackung, Logistik sowie Vertrieb in einem beleuchteten und geheizten Laden oder das Kochen von Nahrung hinzu, so sind selbst diese Produkte in Bezug auf ihren Konsum nur noch bedingt nachhaltig. Ein in diesem Zusammenhang immer wieder in Verruf geratenes Beispiel ist Kaffee.

1.2 Nachhaltige Produkte

Zyklisch nachhaltige Produkte sind solche, deren Werkstoffe – wie beispielsweise Metalle oder Kunststoffe – nicht primär nachhaltig sind, da sie auf fossilen Rohstoffen basieren. Diese Werkstoffe waren jedoch bereits einmal in einem Kreislauf beziehungsweise sind es noch immer und werden durch Recyclingstrategien wiederverwendet. Dieser Ansatz der zyklisch nachhaltigen Produkte bildet die Grundlage der Strategie der Kreislaufwirtschaft.

Relativ nachhaltige Produkte sind solche, die nachhaltiger sind als ihre Vorgängergeneration, also etwa ein Staubsauger mit geringerem Material- und/oder Energieverbrauch bei gleichbleibender oder erhöhter Laufleistung.

Funktional nachhaltige Produkte sind solche, die in ihrer Baustruktur nicht in besonderer Weise nachhaltig sind, jedoch in der Funktion einen Beitrag zu einem nachhaltigen Gesamtsystem leisten. Als Beispiele können hier Batterien für Elektrofahrzeuge oder das Nutzen von Polysilizium für die Herstellung von Solarzellen genannt werden.

Partiell nachhaltige Produkte sind solche, in deren Gesamtsystem ein Teil unter besonderer Berücksichtigung der Nachhaltigkeit realisiert wurde. Als Beispiel können hier Kokosmatten genannt werden, welche statt Kunststoffen zur Schalldämmung eines Fahrzeuginnenraums, unabhängig der Antriebsart oder des Zweckes des Fahrzeugs, genutzt werden.

Schließlich sind **scheinbar nachhaltige Produkte** solche, bei denen Außenwirkung und pfiffige Ideen verkauft werden wie dies in den eingangs aufgezählten Beispielen vorgestellt wurde. Der für Kunden nachvollziehbare Beweis eines ökologischen, ökonomischen oder sozialen Effekts wird häufig nicht erbracht, vielmehr handelt es sich meistens um „Gadgets".

Insbesondere bei komplizierteren Systemen treten häufig Mischformen der oben genannten Aspekte nachhaltigerer Produkte auf. In der Regel ist es oft herausfordernd, ohne die in Kap. 5 näher erläuterten Bewertungsverfahren beurteilen zu können, wie gut im Sinne der Nachhaltigkeit etwas wirklich ist. Dies liegt daran, dass häufig vernetzte Systeme, gesamte Lebenszyklen sowie zugehörige Lieferketten von Produkten analysiert und bewertet werden müssen. Dazu kommt, dass beim Ersatz eines vorhandenen Produktes das Neue deutlich „besser" sein muss, um einen zusätzlichen Produktionsaufwand zu rechtfertigen. Diese Verbesserung muss in Anlehnung an die Spannungsfelder des integrierenden Nachhaltigkeitsdreiecks nicht die ganzheitliche Auffassung der Nachhaltigkeit adressieren, sondern vielmehr zielgerichtet eine beispielsweise sozio-ökologische, stark ökonomische oder vorwiegend soziale Veränderung umfassen.

Vor dem Hintergrund von Ressourcenverbrauch und Umweltzerstörung sind natürlich solche Produkte am nachhaltigsten, die gar nicht erst real werden – die wir also überhaupt nicht benötigen – oder aus anderen Gründen gar nicht erst produzieren. Tatsächlich ist die Frage „Wie notwendig all die neuen Dinge auf dem Markt sind?" sicherlich nicht unberechtigt. Bedeutet dies im Gegenzug, dass wir zurück in die Steinzeit müssen und sollten? Sicherlich nicht, denn es ist ja hinreichend bekannt, dass in der Vergangenheit nicht alles besser war, wie zum Beispiel die durchschnittliche Lebenserwartung zeigt.

Wir wollen diesem Thema anhand eines seit langem bekannten Modells aus der Soziologie – der *Maslow'schen Bedürfnishierarchie* – etwas mehr auf den Grund gehen:

Abb. 1.3 Umfrageergebnisse einer Befragung zum Wert von Produkten. (Mentimeter-Umfrage; Vorlesung „Entwicklung nachhaltiger Produkte"; 105 Teilnehmende)

Der US-Amerikanische Psychologe Abraham Maslow beschreibt auf vereinfachende Art und Weise eine hierarchische Struktur der menschlichen Bedürfnisse und Motivationen. Diese Bedürfnisse sind nicht zuletzt durch die individuellen Werte sowie deren Ausprägungen beeinflusst. Ausgehend einer Umfrage von jungen Studierenden der Ingenieurwissenschaft (anonym, ca. 105 Teilnehmende) zeigen sich konkrete Ausprägungen dieser Werte (vgl. Abb. 1.3).

Unterschieden in persönlichen Nutzen, Emotionalität, monetäre sowie soziale Werte, zeigt sich ein breites Spannungsfeld der Bedürfnisse, die durch Produkte adressiert und befriedigt werden müssen.

Der Wert eines Produkts wird in der Produktentwicklung häufig sehr technisch gedacht und als das Verhältnis von Nutzen zu den entstandenen Kosten definiert. Eine weit verbreitete Definition stammt aus der VDI 2800, die den Wert eines Produkts als den „Nutzen pro Aufwendung" beschreibt, wobei der Nutzen durch die Erfüllung der Kundenanforderungen und die Qualität des Produkts bestimmt wird. Das Konzept des *Value Engineering*, das ursprünglich in den 1950er-Jahren entwickelt wurde, betont die Optimierung der Funktionalität eines Produkts, um den Wert zu steigern, indem unnötige Kosten vermieden und die Funktionen effizienter gestaltet werden. Wertmanagement-Ansätze wie dieser fokussieren darauf, den maximalen Wert für den Kunden bei gleichzeitig minimalen Kosten zu realisieren. Der Wert eines Produkts kann zudem durch verschiedene Faktoren wie Gestaltung, Materialien und verfügbare Fertigungsprozesse beeinflusst werden. Bereits in der frühen Phase der Produktentwicklung können Entscheidungen hinsichtlich dieser Faktoren den späteren Produktwert erheblich prägen. So kann beispielsweise die Auswahl kosteneffizienter, aber funktional gleichwertiger Materialien oder eine Optimierung des Produk-

1.2 Nachhaltige Produkte

Abb. 1.4 Maslow´sche Bedürfnispyramide am Beispiel von verschiedenen Autotypen

tionsprozesses zu einer signifikanten Wertsteigerung führen. Durch interdisziplinäre Zusammenarbeit und kontinuierliche Überprüfung der Anforderungen potenzieller Kunden können der Wert eines Produkts und die Erreichung der kritischen Nachhaltigkeitsziele auch während des gesamten Entwicklungsprozesses aktiv beeinflusst und optimiert werden.

Die Hierarchie der Bedürfnisse hat häufig, wie auch in Abb. 1.4 dargestellt, die Form einer Pyramide und basiert auf physiologischen Bedürfnissen, denen Sicherheitsbedürfnisse folgen, wiederum gefolgt von sozialen Bedürfnissen und Individualitätsbedürfnissen, erweitert durch das Bedürfnis der Selbstverwirklichung.

Wird vor dem Hintergrund von Abb. 1.4 das Produkt Auto betrachtet, so kann es, wenn es sich um einen Krankenwagen handelt oder einen LKW der Lebensmittel zum Verbrauchenden bringt, dabei helfen, sehr sinnvoll physiologische Bedürfnisse zu befriedigen. Handelt es sich um ein Einsatzfahrzeug der Polizei, so kann es bei der Erfüllung von Sicherheitsbedürfnissen sinnvoll unterstützen. Sozialen Bedürfnissen werden Autos dann gerecht, wenn sie den Weg zum Arbeitsplatz unterstützen oder den Besuch von Familie und Freunden ermöglichen. Individualität wird im Umgang mit Autos über Marken, Ausstattungen und weitere spezifische Ausführungen realisiert. Schließlich bleibt die Stufe der Selbstverwirklichung. Hier können bestimmte Arten von Autos (Wohnmobile, Cabrios, Oldtimer) eingeordnet werden, aber auch Autorennen oder das allsonntägliche Posieren an beliebten Ausflugsorten.

Je nach Nutzung und Positionierung von Produkten in der Bedürfnishierarchie muss und lässt sich somit differenziert über die Notwendigkeit und Sinnhaftigkeit dieser argumentieren. Dabei ist insbesondere die Frage zu stellen, wie viele Ressourcen, gerade in Wohlstandsgesellschaften, für Individualität und Selbstverwirklichung verbraucht werden und werden müssen und ob es hierfür, oder auch zur Erreichung einer gesteigerten Lebenszufriedenheit im Allgemeinen, nicht andere Lösungen und Wege gibt. Weniger diskutierbar ist hingegen der generelle Nutzen technischer Produkte zur Erfüllung der physiologischen Grundbedürfnisse, Sicherheitsbedürfnisse und zumindest eines Kanons sozialer Bedürfnisse. Hier können nur bessere Lösungen heute Etabliertes ersetzen. Da, nach

Bertolt Brecht, bekanntermaßen erst das Essen und dann die Moral kommen, führt dies bei einer weltweiten Bevölkerung, die sich innerhalb von 50 Jahren auf über acht Milliarden Menschen verdoppelt hat, sicherlich zu sehr unterschiedlichen Bewertungen technischer Errungenschaften.

1.3 Auswirkungen von Produkten

Im Kontext der Entwicklung physischer sowie nicht-physischer Produkte ist die Erfassung ökonomischer sowie ökologischer Auswirkungen innerhalb von Unternehmen fokussiert (Vgl. Kap. 5). Ausgehend einer Wert- bzw. Bedürfnisdebatte stellt sich jedoch auch die Frage nach den sozialen Auswirkungen von Produkten. Zur Beantwortung dieser Frage muss zunächst die soziale Nachhaltigkeit definiert werden. Als „friedliches und gerechtes Miteinander" unter Berücksichtigung von Chancengleichheit, Bildung sowie politischer Partizipation lässt sich eine Charakterisierung der sozialen Nachhaltigkeit vornehmen. Konkret dienen diese Faktoren als Grundlage für die Erfassung der positiven sowie negativen Auswirkungen eines Produktes auf das – zusammengefasst – Wohlergehen der Gesellschaft in Form von beispielsweise Social Life Cycle Assessments. Die Komplexität der Erfassung dieser Auswirkungen und Erhebung der notwendigen Daten sowie Informationen zeigt sich in einem inhaltlichen Exkurs in die „Ethik der ökologischen Verantwortung". Nach Hubka [6] begreift sich der Mensch „als Teil von Natur und Umwelt und ist sich […] seiner Verantwortung für Entwicklung und Einsatz von nachhaltigen Technologien und Produkten bewusst". In der Realität ist die tatsächliche Übernahme von sozial-gesellschaftlicher Verantwortung durch Unternehmen nicht eindeutig. Während gesetzliche Vorgaben, wie beispielsweise das Produkthaftungsgesetz (kurz: ProdHaftG), Unternehmen als Hersteller in die Pflicht nehmen, sind Regeln der sozialen Verantwortung weniger verbindlich. Zusammengefasst als Corporate Social Responsibility (kurz: CSR, dt. Unternehmerische Gesellschaftsverantwortung) stehen begleitend zu wertschöpfenden Prozessen auch gesellschaftliche Aspekte, wie Sozialleistungen für Mitarbeitende, im Fokus. Die Umsetzung sowie das Ausmaß dieser zusätzlichen Maßnahmen sind allerdings nicht einheitlich und somit schwer messbar. In der nachfolgenden Abb. 1.5 ist die CSR in den Kontext einer unternehmerischen Nachhaltigkeitssicht eingeordnet und veranschaulichend dargestellt.

Gemäß des Wissenschaftlichen Beirats der Bundesregierung *Globale Umweltveränderungen* muss eine resultierende Gesellschaftsverantwortung (siehe Abb. 1.5 „Corporate Social Responsibility") in drei Aspekte unterteilt werden und als solche gegenüber zukünftigen Generationen ausgelebt werden. Die drei Aspekte umfassen dabei die ökologische Verantwortung als Kultur der Achtsamkeit, die demokratische Verantwortung als Kultur der Teilhabe sowie die Zukunftsverantwortung als Kultur der Verpflichtung [8]. Diese Verpflichtung ist nicht als Einschränkung von Unternehmen zu verstehen, sondern vielmehr als Aufgabe, die Folgen des Handelns auch aus sozialer Perspektive zu erfassen. Eine Möglichkeit des Umgangs mit diesen Folgen ist das Prinzip der Vorsorge. Unterschieden in eine Risiko- und eine Ressourcenvorsorge können Maßnahmen bereits vor der

1.3 Auswirkungen von Produkten

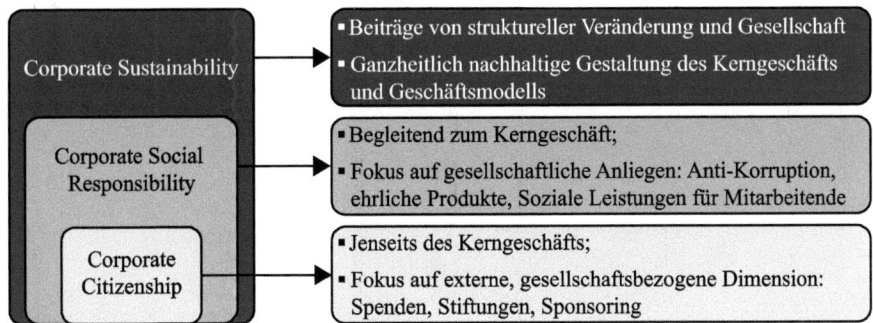

Abb. 1.5 CSR – Corporate Social Responsibility; eigene Darstellung in Anlehnung an Schaltegger und Petersen [7]

Durchführung gestoppt werden, wenn diese der Gesellschaft oder der Umwelt schaden. Während die Risikovorsorge eine Abschätzung von potenziellen Gefahren und Schäden jeweilig betrachteter Produkte umfasst, beispielsweise mit Hilfe der Methode der Fehlermöglichkeits- und Einflussanalyse (siehe Abschn. 11.1), zielt die Ressourcenvorsorge auf eine Schonung der verfügbaren Primärressourcen ab.

Methoden zur Umsetzung der sozialen Nachhaltigkeit in der Produktentwicklung orientieren sich häufig an den Bedürfnissen sowie Werten der Nutzenden (siehe Abschn. 1.2). Die aus Japan stammende Methode IKIGAI (dt. „iki" = Leben/„gai" = Wert) erweitert diesen Ansatz um den Sinn des Lebens. Die IKIGAI-Methode kann auch als Ansatz zur Realisierung einer menschenorientierten Produktplanung verstanden werden. Mit dem Ziel, Produkte sowohl zur individuellen und praktischen Bedürfnisbefriedigung als auch zur Berücksichtigung emotionaler, kultureller sowie sozialer Wünsche zu entwickeln, fasst das IKIGAI die Aspekte der Mission, des Berufs, der Berufung sowie der Leidenschaft als Perspektiven der Produktentwicklung zusammen [9] (siehe Abb. 1.6).

Nachfolgend werden einige Beispiele sozial-orientierter Ansätze der Produktentwicklung vorgestellt:

- **Shared Economy:** Als Wirtschaft des Teilens zielt dieser Ansatz auf die gemeinschaftliche Nutzung von Gütern durch das Teilen, Tauschen, Leihen oder Mieten ab. Mit dem Ziel einer besseren Auslastung von bestehenden Kapazitäten, der Senkung absoluter Ressourcenverbräuche sowie der Erhöhung des sozialen Kontakts, ist der Ansatz der sogenannten Shared Economy in vielen alltäglichen Produkten sichtbar. Ob als Leihfahrräder, als Open-Source-Software, wie GIMP, oder als digitale Plattform, wie Kleinanzeigen oder Airbnb, ist das Teilen und Austauschen von physischen und nichtphysischen Produkten bereits heute häufig.
- **(Individualisierte) Medizinprodukte**: Aus Perspektive von PatientInnen und MedizinerInnen ist die Entwicklung von individualisierten Implantaten, beispielsweise für Hüftknochen oder Kniegelenke, sowohl aus Kosten- als auch aus Fertigungssicht herausfordernd. Durch den Einsatz der Technologie der Additiven Fertigung sowie der

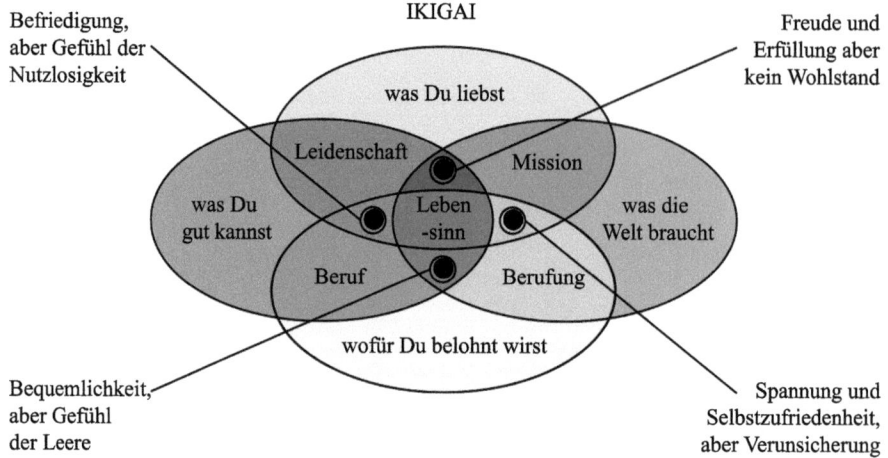

Abb. 1.6 Wertorientierte Produktentwicklung durch IKIGAI-Methode; eigene Darstellung nach Sato [9]

Entwicklung von Algorithmen und digitalen Werkzeugen zur Individualisierung von Implantaten, können Standzeiten von Implantaten, beispielsweise durch Vermeidung des Stress Shieldings, erhöht werden.

- **Frugalität:** Aus ökonomischer Perspektive unterliegt die Entwicklung frugaler (also simpler oder bescheidener) Produkte dem „kreativen Unterlassen" von Funktionen oder Bauteilen. Mit anderen Worten sind Produkte gemeint, die mit dem Nötigsten auskommen und den Suffizienzgedanken erfüllen. Neben dem Wunsch nach Reduktion und Einfachheit von Produkten, ist die Anpassung innovativer Produkte an Märkte mit geringerem Kapital notwendig, um auch diese Bedürfnisse befriedigen zu können.

1.4 Entwicklungsmethodische Herausforderungen

Im vorliegenden Buch geht es um die Entwicklung nachhaltiger beziehungsweise nachhaltigerer Produkte. Aus Sicht der Entwicklungsmethodik stellt sich also die Frage: Welche Maßnahmen sind erforderlich, um die negativen Auswirkungen von Produktionsprozessen und dem Betrieb von Produkten so weit wie möglich zu minimieren und ihren ökologischen sowie sozialen Impact zu optimieren?

Über Jahrzehnte sind dabei viele Sichten auf die von Menschen ausgeführte Tätigkeit des Produktentwickelns etabliert worden. Diese reichen von eher beschreibenden Sichten, die das Entwickeln als hochgradig iterativen Trial-and-Error Vorgang beschreiben oder die abwechselnde Analyse- und Synthesephasen in den Vordergrund rücken, über sehr teamorientierte Perspektiven, die verschiedenen Rollen im Entwicklungsprozess thematisierenden Sichten, bis hin zu den im Management sehr beliebten, weil ordnenden, prozessablauforientierten Sichten. Abb. 1.7 zeigt einige Beispiele in diesem Kontext.

1.4 Entwicklungsmethodische Herausforderungen

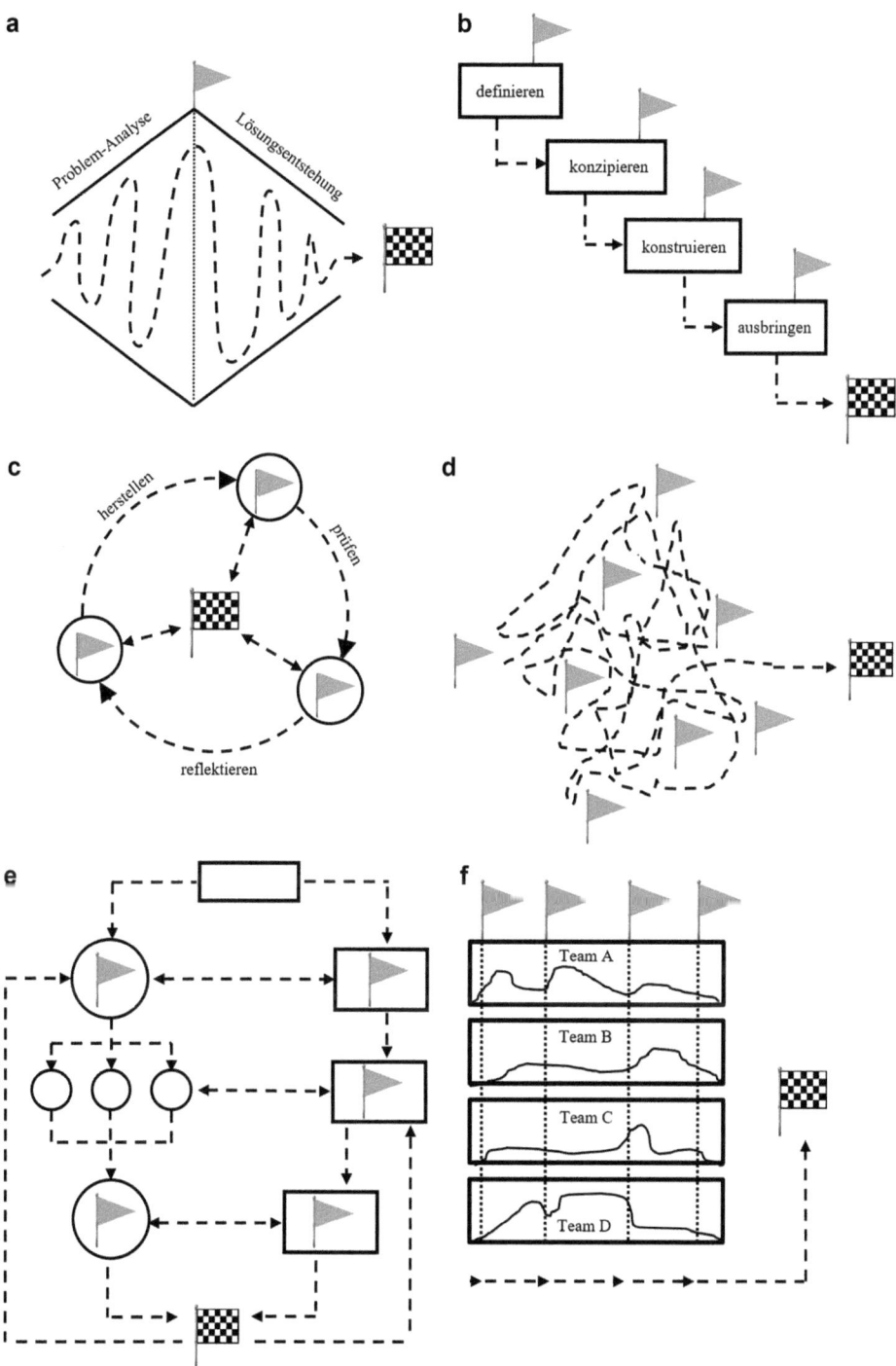

Abb. 1.7 Sichten auf den Entwicklungsprozess: (a) Divergenz und Konvergenz, (b) Wasserfall, (c) zyklischer Ansatz, (e) komplex-lineare Iterationen, (d) Entdecken, (f) Matrix-Ansatz

Die sechs in Abb. 1.7 dargestellten Sichten auf den Produktentwicklungsprozess sind nicht vollständig, jedoch bilden diese ein breites Feld der entwicklungsmethodischen Ansätze ab. Während (a) Divergenz und Konvergenz sowie (b) Wasserfall eine stringente Richtung zur Erreichung des Ziels verfolgen, erlauben der (c) zyklische Ansatz sowie das (e) komplex-lineare Vorgehen Iterationen und geplante Überarbeitungen in der Produktentwicklung. Neben diesen strukturierten Ansätzen kann es insbesondere in explorativen Entwicklungsprojekten zielführend sein, sich durch das „Chaos" leiten zu lassen. In Form des (d) Entdeckens ergeben sich in der Entwicklung selbst die nächsten zu durchlaufenden Entwicklungsschritte. Dies entspricht auch dem Ansatz des SCRUM. Der (f) Matrix-Ansatz eignet sich vor allem bei großen und komplexen Entwicklungsaufgaben, welche eine parallele Zusammenarbeit mehrerer Teams erfordern.

Neue Herangehensweisen, wie zum Beispiel das Arbeiten mit Innovation Cells, Start-Ups, Think Tanks oder Open Innovation Platforms, also agile Methoden, sind notwendig, um gemäß des „Out oft the Box"-Ansatzes tatsächliche Fortschritte erzielen zu können. Diese Fortschritte entstehen häufig in enger Anbindung an die wissenschaftliche Ausbildung und neuesten Forschungsergebnisse.

Explizit im deutschsprachigen Raum, jedoch auch international, gibt es zahlreiche Arbeiten zum prozessualen Vorgehen beim Entwickeln sowie zugehörigen Entwicklungsprozessen. Gemeinsamkeiten zwischen den unterschiedlichen methodischen Schulen sind unter anderem in verschiedenen VDI-Richtlinien formuliert. So zeigt Abb. 1.8 den Prozess zur Entwicklung mechatronischer Systeme nach VDI 2206. Ausgangspunkt des Prozesses ist die Spezifikation des Systems am links oben gelegenen Ende des Modells. Teil dieser Spezifikation ist das Geschäftsmodell, in dem die elementaren Ziele, Strategien und Maßnahmen des Unternehmens zusammengefasst werden. Ausgehend dieses Punktes erfolgt in schrittweisem Vorgehen die Lösung von domänenspezifischen Herausforderungen sowie Subsystemen, welche anschließend im rechten Teilabschnitt des Modells schrittweise gegenüber der Spezifikation verifiziert und assembliert werden. Abschließend wird das Gesamtsystem unter anderem in seinem realen Einsatz verifiziert sowie validiert, um alle Eigenschaften absichern zu können.

Das V-Modell in seiner ursprünglichsten Form beschreibt die Entwicklung vom „Großen" ins „Kleine" und wieder zurück ins „Große". Konkret bedeutet das, dass bestimmte Anforderungen in einen gesamten Systementwurf übertragen und anschließend in den individuellen Subdomänen im Detail entworfen werden. In einer abschließenden Systemintegration wird das Produkt final ausgearbeitet.

Ohne hier auf die vielen weiteren Facetten von Entwicklungsprozessen sowie ihre Implementierung in unterschiedlichen Industrien eingehen zu wollen – siehe dazu beispielsweise VDI 2221 (Planen, Konzipieren, Entwerfen, Ausarbeiten) [11] – soll an dieser Stelle ein Statement formuliert werden. Es ist festzuhalten, dass diese Prozesse grundsätzlich auch geeignet sind, um die Entwicklung von Produkten unter besonderer Berücksichtigung von Nachhaltigkeitsaspekten zu strukturieren. Besonderheiten ergeben sich dabei hinsichtlich der neu zu entwickelnden und einzusetzenden Methoden, welche im weiteren

1.4 Entwicklungsmethodische Herausforderungen

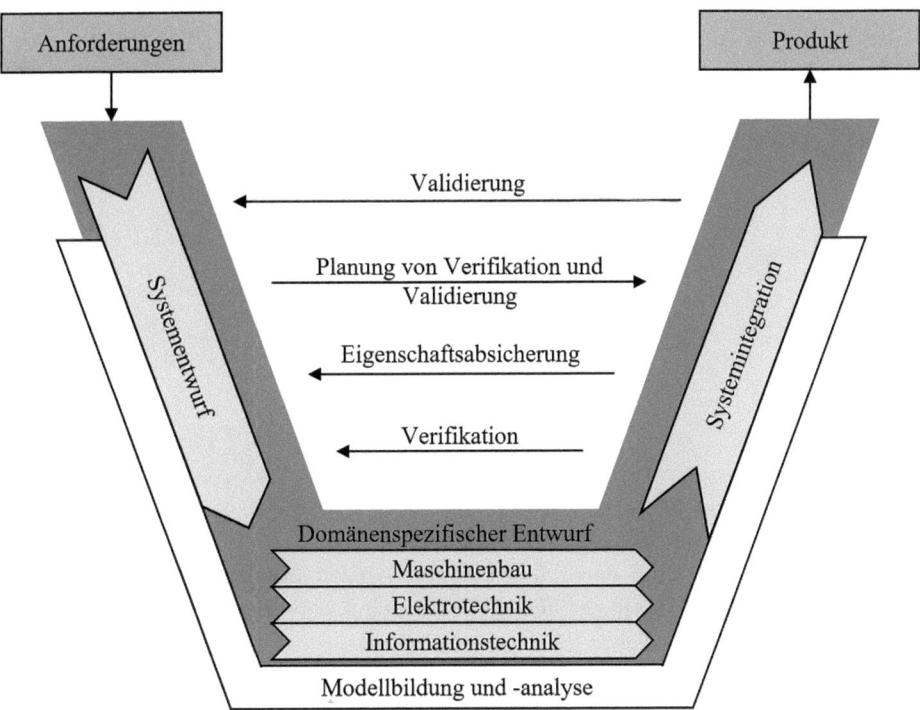

Abb. 1.8 V-Diagramm der Entwicklung mechatronischer Systeme nach VDI 2206 [10]

Verlauf dieses Buches schwerpunktmäßig untersucht werden. Darauf aufbauend wird auch die anschließende Verwendung dieser Methoden in verschiedenen Prozessphasen eine entscheidende Rolle spielen.

Ein anderer, aus Sicht der Methodik, wichtiger Aspekt für die Betrachtung der Nachhaltigkeit von Produkten, ist die Berücksichtigung des gesamten Produktlebenszyklus. Aufzuzählen sind in diesem Kontext vor allem die Entwicklung, die Produktion, der Vertrieb, die Nutzung sowie das Produktlebensende. Auch dieser Aspekt ist allerdings nicht neu. Abb. 1.9 zeigt hierzu ein Bild aus VDI Richtlinie 2221.

Die VDI 2206 (V-Modell) und die VDI 2221 (Flussmodell) sind zwei zentrale Ansätze in der Produktentwicklung, die sich in ihrer Struktur und Anwendung ergänzen. Das V-Modell aus der VDI 2206 beschreibt einen systematischen, iterativen Entwicklungsprozess. Es betont die Bedeutung einer klaren Zieldefinition und einer strukturierten Verifikation und Validierung zu jedem Zeitpunkt der Entwicklung. Die VDI 2221, auch als Flussmodell bekannt, legt den Fokus auf die methodische Gestaltung von Bauteilen und mechanischen Konstruktionen, indem diese einen iterativen Ansatz zur Lösung komplizierter Aufgaben liefert. Beide Ansätze bieten den Ausgang einer zielgerichteten Produktentwicklung, wobei das V-Modell vor allem die Qualität und Nachvollziehbarkeit des Entwicklungsprozesses sicherstellt, während das Flussmodell eine flexible Handhabung und

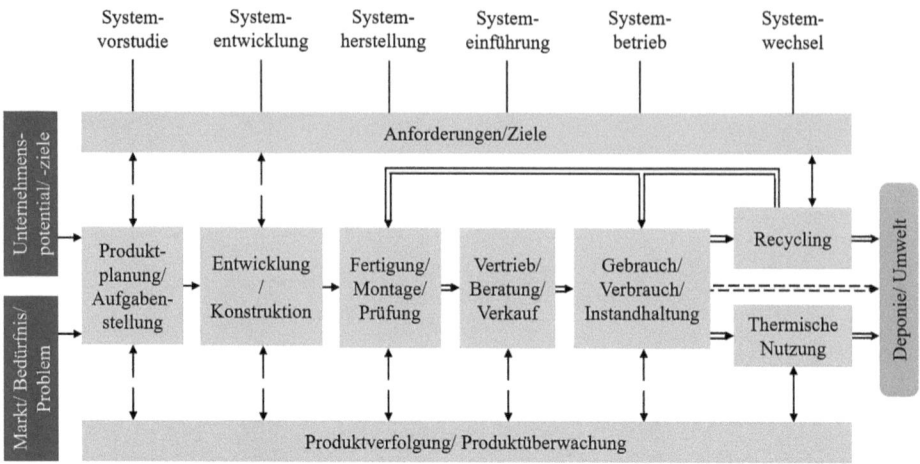

Abb. 1.9 Produktlebenszyklus nach VDI 2221 [11]

kontinuierliche Anpassung der Entwicklungsaktivitäten ermöglicht. In Kombination unterstützen sie eine ganzheitliche und effiziente Produktentwicklung, die sowohl strukturierte Prozesse als auch kreative Lösungen ermöglicht.

Für das folgende Verständnis wird dabei ebenfalls dieser Prozessdarstellung der Produktentwicklung gefolgt, da sie die Zuordnung der im Folgenden beschriebenen Methoden zu spezifischen Entwicklungsphasen ermöglicht. Dennoch ist darauf hinzuweisen, dass existierende Entwicklungsorganisationen und -prozesse oftmals nur eingeschränkt für innovative Lösungen und Projekte geeignet sind, wie sie im Rahmen der Entwicklung nachhaltiger Produkte erforderlich sind. Die Effizienz dieser existierenden Prozesse liegt primär in der Entwicklung von kosteneffizienten und qualitativ hochwertigen Produktgenerationen und weniger in der Ausarbeitung ökologisch, ökonomisch und sozial nachhaltigerer Aspekte.

Bei der Berücksichtigung von Nachhaltigkeit in der Produktentwicklung liegen verschiedene Besonderheiten im Methodeneinsatz vor. Dies umfasst zum einen die Auswahl und Anwendung von Geschäftsmodellen, welche bei minimalem Ressourceneinsatz maximale Leistungen bereitstellen. Methodisch stellen hier die sogenannten Produktservicesysteme und Konzepte der „Shared Economy", auf die in Kapitel zwei näher eingegangen wird, interessante Optionen dar. Auch die Frage, inwiefern intrinsische Motivationen das Konsumverhalten beeinflussen, ist in diesem Kontext zu betrachten.

Herausforderungen ergeben sich ferner für die Spezifikation nicht nur aus Wünschen und selbstdefinierten Zielen, sondern auch aus gesetzlichen Rahmenbedingungen sowie Richtlinien, die eingehalten werden müssen und somit als verbindliche Anforderungen (Festforderungen) in die Entwicklung eingebracht werden. Zugehörige Methoden werden in Kap. 3 näher betrachtet. Dieses Arbeitsfeld ist inzwischen, aufgrund nationaler und internationaler Gesetzesinitiativen, außerordentlich umfangreich. Es entwickelt sich zudem sehr dynamisch und verdient besondere Aufmerksamkeit. Schließlich führen nicht

1.4 Entwicklungsmethodische Herausforderungen

zuletzt Missachtungen dieser Forderungen zu Totalausfällen von Entwicklungsprojekten oder, sind die Produkte erst im Markt, zu erheblichen Folgekosten.

Die frühen Phasen der Produktentwicklung, insbesondere die Phase der Konzepterstellung, sind an dieser Stelle hervorzuheben. Eine dazugehörige Abbildung von McAloone [12], die das Verhältnis von Zeit (x-Achse) zu den ökologischen Auswirkungen (y-Achse) des Entwicklungsprojektes aufzeigt, verdeutlicht, dass bereits während der Konzeptphase etwa 80 % der gesamten ökologischen Auswirkungen eines Produkts festgelegt werden. Die grafische Darstellung in Abb. 1.10 hebt die ingenieurwissenschaftliche Relevanz hervor, die weitreichenden Umweltfolgen eines Produkts durch fundierte technische Entscheidungen frühzeitig zu beeinflussen.

Durch die frühzeitige Integration von Nachhaltigkeitskriterien in die Konzeptphase können Ingenieure und Ingenieurinnen sichergehen, dass die ökologischen Auswirkungen über den gesamten Produktlebenszyklus hinweg minimiert werden. Diese Erkenntnis macht deutlich, wie wichtig eine fundierte Planung und ein strategisches Vorgehen in den anfänglichen Entwicklungsstadien sind. Technische Entscheidungen, die in dieser frühen Phase getroffen werden, haben maßgebliche Auswirkungen auf die Ressourceneffizienz, die Emissionsreduktion und die gesamte ökologische Bilanz eines Produkts. Die Visualisierung in Abb. 1.10 dient als eindrucksvolle Erinnerung daran, dass technologische Innovationen und umweltbewusste Gestaltung bereits in der Konzeptionsphase beginnen müssen. Dies betont die Verantwortung und das Potenzial der Ingenieurwissenschaften, nachhaltige Lösungen von Anfang an zu integrieren und zu fördern.

Bei der Entwicklung müssen ferner die verschiedenen Berechnungsansätze des ökologischen Fußabdrucks und ihr Einfluss auf die ökonomischen Aspekte des Produktes sowie seiner Nutzung berücksichtigt und verstanden werden. Hieraus ergeben sich unter anderem neue Bewertungsmaßstäbe für die erfolgversprechende Selektion von Ideen und Lösungen. Entscheidend für den technischen Inhalt der Entwicklung ist die Frage, welche naturwissenschaftlichen physikalischen Aspekte als Innovationen zielführend zum Einsatz gebracht werden können. Daraus ergeben sich die Fragen, welche neuen Pfade beschritten werden müssen und wie die damit verbundenen Risiken bei kürzesten Entwicklungszeiten beherrscht werden können?

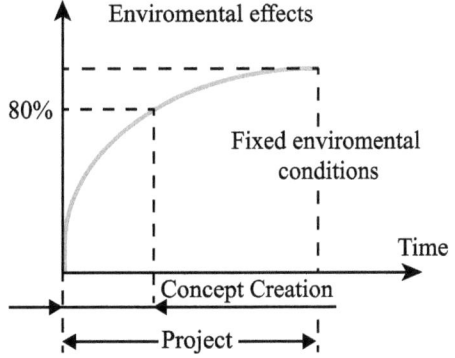

Abb. 1.10 Einfluss der der Produktentwicklung auf die ökologischen Auswirkungen eines Produktes nach McAloone [12]

Wesentlich bei der Entwicklung von Produkten ist nicht nur der „große Wurf", sondern auch die konkrete und detaillierte Umsetzung. Nur so entstehen über den gesamten Lebenszyklus funktionierende Systeme. Deshalb müssen konkrete Berechnungen, Simulationen, Entwurfsrichtlinien und Prinzipien erforscht und nutzbar gemacht werden, die zum Beispiel das Recycling oder die Reparaturfähigkeit von Produkten forcieren. Diese wesentlichen Aspekte und zugehörigen Methoden werden im Verlauf des Buches näher beleuchtet.

Letztlich gilt es bei der Entwicklung dafür zu sorgen, dass Produkte zuverlässig so lange funktionieren, wie sie funktionieren sollen. Hier spielt insbesondere die unter Nachhaltigkeitsaspekten zu planende Produktgestaltung eine große Rolle.

Die Definition der optimalen Produktlebensdauer ist ebenfalls herausfordernd. Zu kurze Lebensdauern führen zu hohen Ressourcenverbräuchen, während zu lange Lebensdauern in unverhältnismäßigen Preisüberhöhungen und zu hohen technologischen oder technischen Innovationszyklen resultieren können.

Abschließend werden wir, dann auch am beschriebenen Prozess orientiert, versuchen, für die weitere Forschung aus methodischer Sicht Erreichtes und Offenes abzugleichen.

Denken in Systemen und Geschäftsmodellen 2

Das Denken in Systemen bedeutet die Betrachtung der Welt. Hierzu befinden sich in Kap. 2 Zahlen, Daten und Fakten sowie Quellen, die es ermöglichen, rational über die Notwendigkeit der weiteren Entwicklung nachzudenken und als Global Player daraus auch Geschäftsmodelle abzuleiten.

Für die Entwickelnden eines Produktes ist es wichtig, den Handlungsrahmen der jeweiligen Entwicklung – oder anders gesagt das zu betrachtende System – klar zu begrenzen, um seiner ingenieurmäßigen Tätigkeit effektiv nachkommen zu können. Ein System ist dabei beschrieben durch seine Systemgrenze, seine Eingänge und seine Ausgänge, entsprechend Abb. 2.1 jeweils gegliedert in die drei allgemeinen Größen der Technik: Energie, Stoff und Information.

Darüber hinaus ist ein System über den Funktionszusammenhang zwischen seinen Eingängen und seinen Ausgängen charakterisierbar. Abhängig davon, ob ein System nur durch den Unterschied zwischen Eingängen und Ausgängen beschrieben werden kann, also durch seine Wirkung oder auch durch seine Architektur, also Funktions- und Baustruktur, wird von einem „Black-Box-" oder einem „White Box-" Modell des Systems gesprochen. Ziel einer Entwicklung muss es stets sein, von einer die Sollwirkung beschreibenden „Black-Box" zu einer „White Box" zu kommen.

Auch im technischen Umfeld können Systeme außerordentlich kompliziert sein und beispielsweise über das Internet miteinander vernetzt sein und interagieren. In diesem Fall wird dann von Systems-of-Systems oder auch von cyberphysikalischen Systemen gesprochen. Um diese für Entwicklungen beherrschbar zu machen, ist es wichtig, sie zu strukturieren, das heißt, sie konkret in Subsysteme mit ihren Funktionen und Teilfunktionen zu unterteilen und Schnittstellen zu standardisieren. Diese können dann entsprechend dem in Abb. 1.8 (V-Modell) dargestellten Vorgehen entwicklungsseitig beherrscht werden.

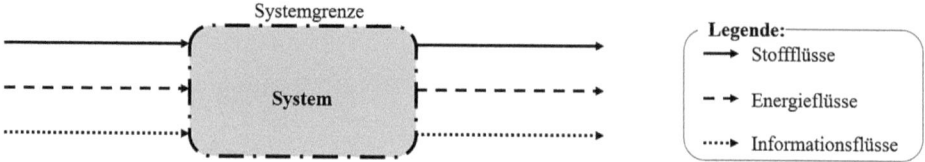

Abb. 2.1 System mit Systemgrenze und Eingängen sowie Ausgängen

Bedeutung systembasierter Ansätze

Um zuvor beschriebene, komplexe oder komplizierte sowie große Systeme realisier- und beherrschbar zu gestalten, eignet sich das Systems Engineering. Dabei wird ein explizit interdisziplinär ausgerichteter Ansatz verfolgt, welcher sowohl Prozesse als auch Methoden für die erfolgreiche Entwicklung von Systemen bietet. Der Ansatz fokussiert sich auf eine frühzeitige Ermittlung von Kundenanforderungen sowie von notwendigen Funktionalitäten während er eine vollständige Dokumentation aller Anforderungen verlangt bevor die Validierung und Gestaltung einer ausführlichen Lösung beginnt. Die folgend formulierte Lösung umfasst Aspekte wie Systembetrieb, Kosten- und Zeitplanung, Leistung, Schulung, Wartung, Testung, Produktion und Entsorgung. Das Konzept des Systems Engineering berücksichtigt sowohl gesellschaftliche als auch technische Anforderungen mit dem gesonderten Ziel, qualitativ hochwertige Produkte zu schaffen, welche den Bedürfnissen der Nutzenden entsprechen.

Wird Nachhaltigkeit diskutiert, so werden aus gesellschaftlicher Sicht häufig folgende Systeme genannt. Diese betreffen alle Bereiche des gesellschaftlichen Lebens und stehen in enger Wechselwirkung mit dem Einsatz und der Entwicklung technischer Systeme und Subsysteme:

- Landwirtschaft
- Ernährungssystem
- Mobilitätssystem
- Energieversorgungssystem
- Gesundheitssystem
- Kommunikations- und Informationssystem
- Inneres und äußeres Sicherheitssystem
- Bildungssystem
- Rechtssystem
- Wissenschaftssystem

Beispielsweise hat das Mobilitätssystem Auswirkungen auf den Ausstoß von Emissionen in Luft, Wasser und Boden (Ökologie), die Kosten für Infrastruktur und Betrieb (Ökonomie) sowie die Zugänglichkeit und soziale Integration (Gesellschaft). Ebenso prägen das Energieversorgungssystem und das Bildungssystem sowohl ökologische Aspekte durch Ressourcennutzung als auch ökonomische und gesellschaftliche Faktoren, etwa in Bezug auf Chancengleichheit und langfristige wirtschaftliche Stabilität. Ein nachhaltiges technisches System muss daher nicht nur effizient und ressourcenschonend sein, sondern auch die sozialen Bedürfnisse der Gesellschaft berücksichtigen und gleichzeitig ökonomische Rentabilität gewährleisten. Die Interdependenzen zwischen diesen Bereichen erfordern für jede Entwicklung von Subsystemen eine integrierte Betrachtung, um langfristige und ganzheitlich nachhaltige Lösungen zu schaffen.

In den Abschnitten dieses Kapitel sollen verschiedene Gesichtspunkte im Kontext des Denkens in Systemen und Geschäftsmodellen weiterführend erläutert werden. Eingangs soll der Fokus dabei auf die Beeinflussung der Geschäftsentwicklung durch politisch installierte Instrumente wie Gesetze, Regeln oder Richtlinien gelegt werden. Als exemplarische Beispiele werden in diesem Zusammenhang das Erneuerbare-Energien-Gesetz (kurz: EEG) und der Zertifikatshandel aufgeführt und erörtert.

Im anschließenden Abschn. 2.2 soll sich ausführlich mit Szenarien beschäftigt werden. Nach einer einleitenden Definition von Szenarien im Allgemeinen wird die Szenario-Technik als Methode am Beispiel eines Szenarios zur Entwicklung des Nachhaltigkeitsbewusstseins in einer ausgewählten Region Europas vorgestellt. Anschließend werden drei verschiedene Zukunftsvisionen entwickelt, die als Handlungsrahmen für Entscheidungen zum Portfolio verstanden werden sollen.

In Abschn. 2.3 werden verschiedene Überlegungen zu Unternehmensstrategien, zum Portfoliomanagement sowie möglichen Strategiefallen diskutiert.

Abschließend wird der Fokus in Abschn. 2.4 auf neuartige, im Kontext der mehrdimensionalen Nachhaltigkeit häufig diskutierte, Geschäftsmodelle gelegt. In diesem Zusammenhang wird die Methode des Business Model Canvas mit einer Erweiterung um Faktoren der Ökologie, Ökonomie und des Sozialen als Möglichkeit der nachhaltigkeitsorientierten Entwicklung von Geschäftsmodellen vorgestellt.

2.1 Beeinflussung von Märkten durch Gesetze

Stärken und Schwächen sowie Chancen und Risiken für die System- und Geschäftsmodellentwicklung unter Berücksichtigung von Nachhaltigkeitsaspekten ergeben sich aus der Ausprägung sowie Weiterentwicklung von politischen Instrumenten. Dabei gibt es zum einen die Möglichkeit der Incentivierung, also der Belohnung für Initiative und progressives Verhalten, zum anderen die Möglichkeit der Pönalisierung, also in Form von Abgaben und Gebührenerhöhungen und letztlich Gebote beziehungsweise Verbote.

Einige Beispiele verdeutlichen, wie stark der Einfluss des Gesetzgebers auf die Entwicklung von Produkten ist und zugleich wie stark die Auswirkungen auf eine strategische Produktdefinition sind. Diesen Einfluss richtig einzuschätzen beziehungsweise auch durch Lobbyarbeit zu manipulieren, ist wesentlich in den frühen Phasen der Produktentstehung.

Über das Erneuerbare-Energien-Gesetz (kurz: EEG) werden seit dem 1. April 2000 Einspeisevergütungen für Strom aus regenerativen Quellen garantiert, die durch Umlagen vom Verbraucher zu tragen sind. Jede der inzwischen zahlreichen Novellen des Gesetzes, zuletzt zum 22. Mai 2023 [13], beeinflusst in erheblichem Maße die Profitabilität von Investitionen und damit die Auftragsentwicklung der Erneuerbare Energien Industrie mit ihren circa 300.000 Mitarbeitenden in Deutschland. Aktuelle Erweiterungen des Gesetzes fokussieren die Effizienz in der Erfassung und Verarbeitung von Daten und Informationen. Beispielsweise wird im aktuellen Entwurf des Gesetzes (2025) die Einführung von „intelligenten" Stromzählern für Fotovoltaikanlagen verpflichtend, um eine einheitliche Datengrundlage für die Bewertung der Einspeisevergütungen zu erhalten und diese bedarfsabhängig steuern zu können.

Der Emissionsrechtehandel ist ein Instrument der Umweltpolitik, das darauf abzielt, die Emissionen von Klimagasen wie beispielsweise CO_2 und dessen Äquivalente kostengünstig zu verringern. Im Rahmen des EU-Emissionshandels (EU ETS), der 2005 eingeführt wurde, sind Unternehmen verpflichtet, für ihre CO_2-Emissionen zu zahlen. Das System wird kontinuierlich angepasst, etwa durch Preissteigerungen der Emissionszertifikate, zuletzt zum Jahreswechsel 2024/2025. Ergänzend zu diesem Marktmechanismus setzt die EU auf weitere Maßnahmen, beispielsweise die *Fit für 55-Initiative*. Im Rahmen dieser wird eine Reduktion von Emissionen um 55 % bis 2030 anstrebt. Außerdem plant die EU, den Emissionshandel auf weitere Sektoren wie Verkehr und Gebäude auszudehnen. In Deutschland wurde zusätzlich ein CO_2-Bepreisungssystem für Sektoren außerhalb des EU-Systems eingeführt. Dieser zusätzliche Preismechanismus zielt darauf ab, die Emissionsreduktion noch weiter voranzutreiben und die Klimaziele auf nationaler Ebene zu erreichen. Die Bundesrepublik Deutschland unterstützt dabei auch die Einführung von CO_2-Kompensationsprojekten und fördert eine nationale Anpassung des Emissionshandels durch Investitionen in grüne Technologien und erneuerbare Energien. Die Einführung und kontinuierliche Anpassung des Emissionshandels sind dabei zentrale Elemente der europäischen und deutschen Klimapolitik, mit dem Ziel, die vorgesehenen Klimaziele der EU sowie global bestehende und verbindliche Klimaschutzverpflichtungen zu erfüllen. [14]

2.2 Szenarien

Szenarien, als hypothetische Zukunftsbilder eines Bereichs sowie des zugehörigen Entwicklungspfads, ermöglichen eine Orientierung hinsichtlich perspektivischer Entwicklungen. Ziel ist es, anhand von systematisch beschreibbaren Faktoren Zusammenhänge zwischen diesen Faktoren über einen in der Zukunft liegenden Zeitraum zu erheben. Die Aussagen zu diesen Zusammenhängen können nach Teich et al. [15] sowohl qualitativ als auch quantitativ sein.

Neben den oben beschriebenen politischen Entwicklungen, beeinflussen zahlreiche weitere Aspekte und Faktoren, die komplexen Wechselwirkungen unterliegen, die Zukunft und damit die Rahmenbedingungen für die Produkte von morgen. Nachfolgend sind einige dieser Faktoren in Kategorien eingeteilt und aufgeführt.

- Wirtschaft:
  - Markt
  - Rechtliche Rahmenbedingungen
  - Politische Einflüsse und Förderungen
  - Unternehmensspezifische Rahmenbedingungen
  - Fixe und variable Kosten
  - Verfügbarkeit
- Technik:
  - Normen und Standards
  - Automatisierung und Verfahren
  - Innovationen
  - Materialien
  - Zuverlässigkeit und Lebenszyklen
- Ökologie:
  - Biodiversität
  - Verbräuche
  - Emissionen
  - Ökosystem Feedback
- Soziales:
  - Demografischer Wandel
  - Veränderte Arbeitswelt
  - Wertewandel und Individualisierung
  - Urbanisierung und Veränderungen im Lebensraum

Für die strategische Ausrichtung von Entwicklungen und die Gestaltung zukünftig erfolgreicher Produktportfolios ist es essenziell, im spezifischen Unternehmenskontext ein möglichst präzises Bild des zukünftigen Marktes zu erlangen. Eine bewährte Methode zur Auseinandersetzung mit zukünftigen Entwicklungen stellt die so genannte Szenario-Technik dar.

Dabei werden zunächst der Betrachtungsrahmen definiert und anschließend fünf bis zehn relevante Einflussfaktoren bestimmt. Diese können für die Zukunft, typischerweise für einen Zeitraum von zehn Jahren, mit unterschiedlichen Ausprägungen belegt werden.

Aus plausiblen Kombinationen der unterschiedlichen Ausprägungen der Einflussfaktoren werden verschiedene Arten von Szenarien, üblicherweise mindestens drei, für die Zukunft abgeleitet (siehe Abb. 2.2):

- **Extremszenario (optimistisch):** Günstigste Zukunftsentwicklung
- **Trendszenario (Fortschreibung der heutigen Situation):** Annähernd gleichbleibender Verlauf
- **Extremszenario (pessimistisch):** Ungünstigste Zukunftsentwicklung

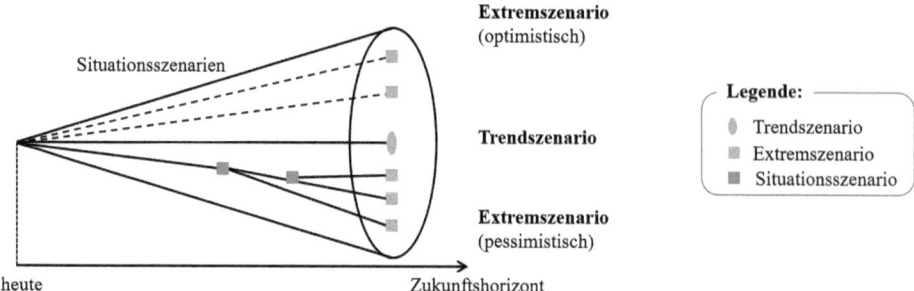

Abb. 2.2 Szenario-Technik; eigene Darstellung in Anlehnung an Gausemeier [16]

Durch die Entwicklung solcher Zukunftsbilder ermöglicht es die Szenario-Technik, eine Diskussion darüber zu führen, wie sich ein Unternehmen strategisch aufstellen muss, um robust auf zukünftige Entwicklungen reagieren zu können. Auf Grundlage der gebildeten Szenarien können Unternehmen folglich in die Lage versetzt werden, angepasste Strategien zu entwickeln und zielführende Maßnahmen zu erarbeiten.

Gemäß dem Ansatz nach Gausemeier zur Entwicklung von Szenarien sind drei Schritte in zwei unterschiedlichen Phasen – der Szenariofeld-Analyse sowie der Projektions-Entwicklung – notwendig. Im Rahmen der Szenariofeld-Analyse werden zunächst Einflussfaktoren ausgehend des globalen Umfelds (u. a. Politik, Ökonomie, Gesellschaft, Technologie oder Umwelt) auf das betrachtete Unternehmen identifiziert. Diese Einflussfaktoren dienen der Beschreibung des Systems. Ausgehend dieser Einflussfaktoren werden systematisch Schlüsselfaktoren ermittelt, die in vernetzter Form den Untersuchungsgegenstand beschreiben. In der anschließenden Projektions-Entwicklung werden anhand der Schlüsselfaktoren unterschiedliche Entwicklungsmöglichkeiten erarbeitet, die eine Charakterisierung der Szenarien ermöglichen [17].

Als konkretes Beispiel für die Anwendung der Szenario-Analyse ist in der nachstehenden Abbildung das Ergebnis einer Studie der Eurac [18] präsentiert. In dieser Studie werden vier mögliche Szenarien für die Entwicklung der Region Südtirol basierend auf Untersuchungen der Aspekte Welt, Gesellschaft, Gesundheit, Wirtschaft, Umwelt, Politik und Technologie vorgestellt. Aufgeführt im Spannungsfeld der Kultur der Zusammenarbeit sowie des Grads der Transformation werden insgesamt vier Szenarien identifiziert (Abb. 2.3).

Die Studie der Eurac aus dem Jahr 2020 zeigt insgesamt vier Szenarien für eine mögliche Entwicklung Südtirols bis zum Jahr 2030 und darüber hinaus. Anschließend wird überprüft, ob und inwieweit die festgelegten Nachhaltigkeitsziele Südtirols in den einzelnen Szenarien erreicht werden. Sie basiert auf einer strategischen Vorausschau, die verschiedene globale Trends und deren Auswirkungen auf Südtirol berücksichtigt. Die Analyse fokussiert auf vier gleichwertige Szenarien, die unterschiedliche Entwicklungsrichtungen aufzeigen: ein regional bewusster Ansatz, ein Neo-Kosmopolitismus, eine Betonung individueller Freiheit und ein „grünes Wachstum". Durch Expertenbefragungen und die Untersuchung von Fachliteratur wurden zentrale Themen wie der Klimawandel,

2.2 Szenarien

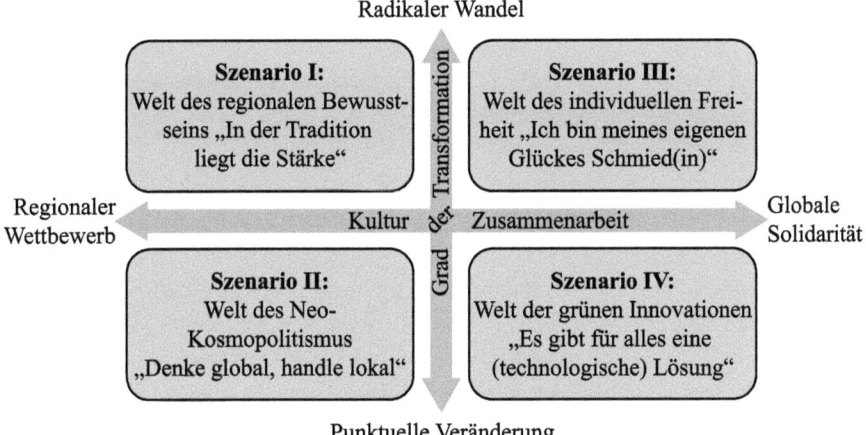

Abb. 2.3 Szenarien zur Entwicklung der Region Südtirol, nach Habicher et al. [18]

Urbanisierung und technologische Entwicklungen identifiziert. Die Szenarien visualisieren die möglichen gesellschaftlichen, ökologischen und ökonomischen Veränderungen.

Die Szenarien der Eurac-Szenarioanalyse nach Habicher et al. [18] unterscheiden sich in ihren zentralen Handlungsansätzen und Zielen:

- **Regionalbewusster Ansatz (Szenario I):** Dieses Szenario fokussiert auf eine starke regionale Identität und Autonomie. Es betont den Schutz lokaler Ressourcen, eine nachhaltige Entwicklung und den Erhalt von Traditionen, wobei eine stärkere Regionalisierung und die lokale Wirtschaft und Kultur im Vordergrund stehen.
- **Neo-Kosmopolitismus (Szenario II):** Hier steht eine weltoffene Haltung im Mittelpunkt, mit dem Ziel, Südtirol stärker in globale Netzwerke zu integrieren. Das Szenario fördert internationale Kooperationen, die Offenheit für diverse Kulturen und eine moderne, globalisierte Wirtschaftsstruktur.
- **Individuelle Freiheit (Szenario III):** In diesem Szenario liegt der Schwerpunkt auf persönlicher Freiheit und Eigenverantwortung. Es fördert Innovation, technologische Lösungen und die Stärkung individueller Lebensentwürfe. Der Staat spielt in diesem Szenario eine geringere Rolle während vor allem die Selbstverwirklichung der Bürger im Vordergrund steht.
- **Grünes Wachstum (Szenario IV):** Das grüne Wachstum setzt auf eine nachhaltige Entwicklung, die ökologische und wirtschaftliche Ziele miteinander vereint. Es konzentriert sich auf den Ausbau erneuerbarer Energien, umweltfreundliche Technologien und eine Wirtschaftsweise, die sowohl ökologische als auch ökonomische Anforderungen berücksichtigt.

Jedes Szenario beschreibt unterschiedliche Wege, wie Südtirol auf gesellschaftliche und wirtschaftliche Herausforderungen reagieren könnte, basierend auf unterschiedlichen

Prioritäten und Werten und eröffnet neue Handlungsoptionen für die Produktentwicklung, die robust auf die Auswirkungen dieser Szenarien sowie ihre Eintrittswahrscheinlichkeiten ausgelegt werden sollen. Viele Aspekte der Szenarien können auf andere Regionen Europas übertragen und angepasst werden.

2.3 Unternehmensstrategie und Portfoliomanagement

Die Unternehmensstrategie – kombiniert mit der Vision sowie Mission einer Organisation – spielt eine entscheidende Rolle bei der Ausrichtung der gesamten Organisation. Sie definiert die langfristigen Ziele und Prioritäten eines Unternehmens und beeinflusst somit die Struktur, Prozesse und die Ressourcenallokation in allen Bereichen. Ein zentraler Aspekt in diesem Zusammenhang ist das Portfoliomanagement, das eine Steuerung der Produktentwicklung ermöglicht. Portfoliomanagement bezeichnet die systematische Auswahl, Priorisierung und Steuerung von Projekten und Produkten, die zur Verwirklichung der Unternehmensziele beitragen. Der Einsatz von Portfolios unterstützt die zielgerichtete Durchführung von Investitionen und die optimale Verwendung von Ressourcen. Dies wird erreicht, indem ein Überblick über sämtliche Unternehmensaktivitäten gewährleistet wird und deren Ausrichtung in Einklang mit der Unternehmensstrategie erfolgt. Der Nutzen des Portfoliomanagements liegt darin, dass es eine strukturierte Entscheidungsgrundlage bietet, die sowohl strategische als auch operative Ziele berücksichtigt. So können Unternehmen sicherstellen, dass ihre Ressourcen auf die vielversprechendsten und nachhaltigsten Projekte fokussiert werden. Methoden wie Technologieportfolios oder Portfolioanalysen zur Ökoeffizienz bieten ein strukturiertes Vorgehen, um nachhaltige Technologien zu identifizieren und zu fördern. Diese Ansätze ermöglichen es, das Produktportfolio im Einklang mit der Unternehmensstrategie auf ökologische Effizienz und Marktbedürfnisse auszurichten, wodurch die Entwicklung nachhaltigerer Produkte gezielt vorangetrieben wird. So werden nicht nur ökologische, sondern auch ökonomische Ziele miteinander verknüpft, was zu einer langfristigen Wettbewerbsfähigkeit des Unternehmens beiträgt. Portfolios werden genutzt, um verschiedene Unternehmensaktivitäten in vorliegenden oder resultierenden Spannungsfeldern zu verorten.

Nachstehend wird die typische Struktur eines Technologieportfolios mit den zwei Achsen Ressourcenstärke und Technologieattraktivität sowie den Handlungsfeldern Investition, Selektion und Desinvestition aufgezeigt (Abb. 2.4).

Technologieportfolios basieren grundsätzlich auf der Analyse von Technologieattraktivität und Ressourcenstärke. Die Technologieattraktivität beschreibt, wie viel Potenzial eine Technologie für zukünftigen Markterfolg und Innovation bietet. Die Ressourcenstärke bezieht sich auf die Fähigkeit eines Unternehmens, Ressourcen (bspw. Finanzstärke oder Fachwissen) zu mobilisieren, um diese Technologien zu entwickeln und zu unterstützen.

Die möglichen Handlungsanweisungen innerhalb des Technologieportfoliomanagements lassen sich in die folgenden drei Arten unterteilen:

2.3 Unternehmensstrategie und Portfoliomanagement

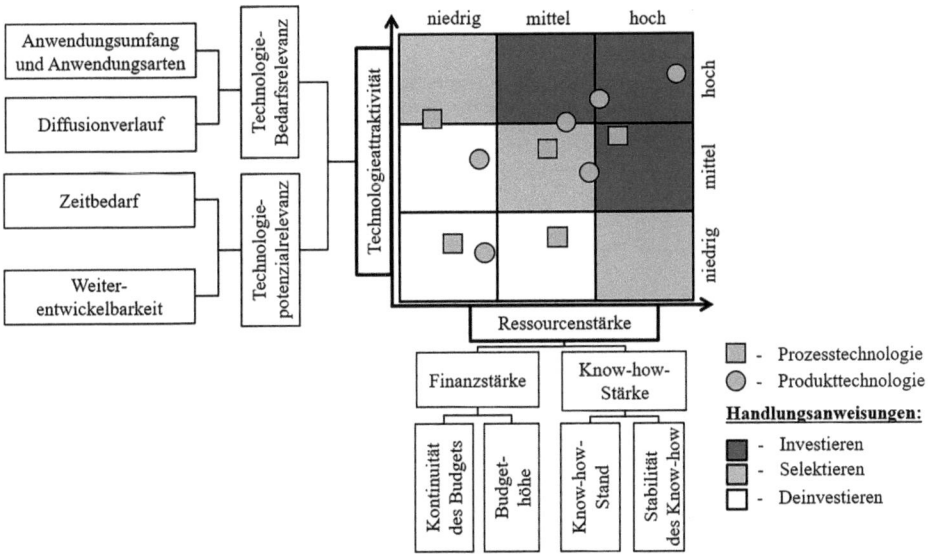

Abb. 2.4 Technologieportfolio; eigene Darstellung in Anlehnung an Pfeiffer [19]

- **Investieren:** In Technologien mit hoher Attraktivität und hoher Ressourcenstärke investieren, um Wettbewerbsvorteile zu erzielen.
- **Selektieren:** Technologien mit mittlerer Attraktivität und/oder Ressourcenstärke selektieren, um gezielte Weiterentwicklungen zu fördern.
- **Deinvestieren:** In Technologien mit niedriger Attraktivität und/oder Ressourcenstärke deinvestieren, um Ressourcen für vielversprechendere Projekte freizusetzen.

Diese gezielte Steuerung sorgt dafür, dass Unternehmen ihre Innovationskraft auf die vielversprechendsten und ressourcenschonendsten Technologien konzentrieren können.

Das Technologieportfolio steht hier zu Beginn der Betrachtung, da die langfristige Ausrichtung der technologischen Basis eines Unternehmens wesentlichen Einfluss auf das tendenziell mittelfristige Entwicklungsportfolio hat. Technologische Veränderungen können zu grundlegenden Umwälzungen in Unternehmen führen, wie dies beispielsweise bei der Umstellung von Glühlampen auf Halbleitertechnologien wie LEDs deutlich wurde oder wie es gerade der Stahlindustrie bei der Umstellung von Kohle und Gas auf Wasserstoff bevorsteht. Im Kontext der unternehmerischen Entwicklung unter Nachhaltigkeitsaspekten sind für die Bewertung der technologischen Attraktivität sowohl die bedarfsseitigen als auch die potenzialseitigen Indikatoren von besonderem Interesse. Für die Ressourcenstärke spielen der Beherrschungsgrad, die vorhandenen Potenziale sowie die Aktionsgeschwindigkeit wesentliche Rollen. Unterschieden werden kann dabei zwischen Prozesstechnologie, Produkttechnologie und, wie oben beschrieben, in Investieren, Selektieren und Deinvestieren.

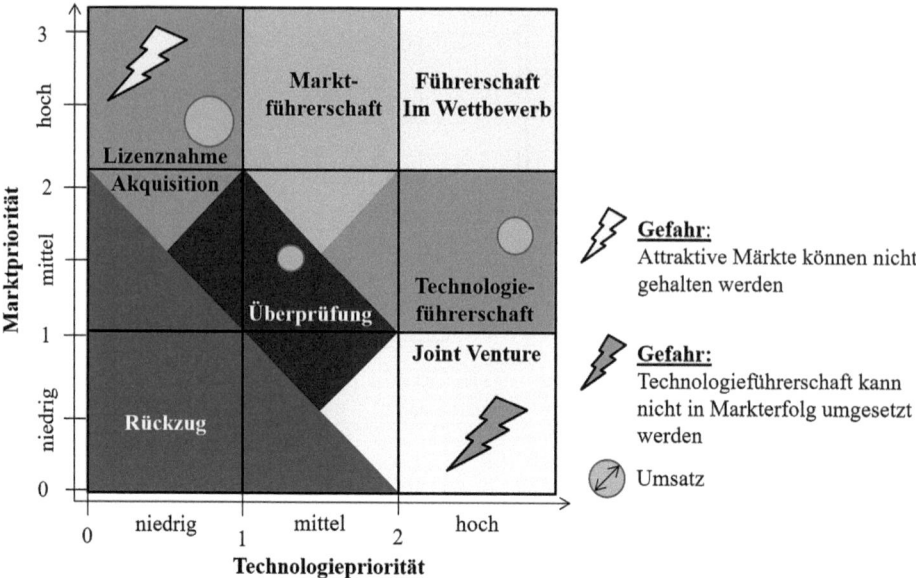

Abb. 2.5 Markt-Technologieportfolio; eigene Darstellung in Anlehnung an Albers [20]

Bezogen auf Produktportfolios sowie die Einordnung von Entwicklungsprojekten, kann das in Abb. 2.5 exemplarisch dargestellte Markt-Technologieportfolio genutzt werden.

Ziel dieses Portfolios ist die Bestimmung der Attraktivität eines jeweils betrachteten Produktes aus Markt- und Innovationssicht (vertikale Achse) und der Durchsetzungsstärke eines Unternehmens auf Basis der Wettbewerbsstärke und der technologischen Leistungsfähigkeit (horizontale Achse).

Die Größe von Aufwendungen oder geplanten Erträgen kann, wie in Abb. 2.5 beispielhaft dargestellt, durch die Kreisfläche bei der Verortung der einzelnen Aktivitäten im Portfolio charakterisiert werden. Es ergeben sich so verschiedene Bereiche, in denen ein Rückzug aus dem Markt beziehungsweise kein weiteres Investment angeraten sind, Bereiche in denen eine indifferente Situation herrscht, die überprüft werden sollte sowie hoch attraktive Bereiche, in denen eine Führerschaft sowohl im Markt als auch der Technologie angestrebt werden sollte. Interessante Bereiche im Portfolio sind auch die linke untere Ecke sowie die rechte obere Ecke. Hier liegen die eigenen Stärken entweder in der Technologie oder im Markt. Die jeweils andere Fähigkeit kann, neben eigenen Anstrengungen, auch durch Joint Ventures oder Lizenznahmen beziehungsweise Akquisitionen kompensiert werden.

Die Gestalt des Markt-Technologieportfolios ist zudem immer abhängig vom Lebenszyklus des Marktes beziehungsweise Produktes. So ist der Rückzugsbereich in neu entstehenden beziehungsweise wachsenden Märkten nicht existent und andere Bereiche, wie beispielsweise die Nischenstrategie oder die Technologiepräsenz, sind präsenter.

2.3 Unternehmensstrategie und Portfoliomanagement

Nachfolgend soll das Beschriebene durch ein praktisches Beispiel erörtert werden. Die Entwicklung eines Technologieportfolios für beispielsweise nachhaltige Leuchtmittel erfordert eine Einordnung der verschiedenen Technologien in Bezug auf ihre Technologie- und Marktpriorität sowie eine Analyse der potenziellen Gefahren. Die Relevanz des Beispiels der Lichttechnik zeigt sich in den starken Veränderungen der letzten 30 Jahre hinsichtlich verwendeter Technologien. Ausgehend von Halogen- und Gasentladungslampen sowie LEDs und Laser haben Förderungen, Gesetze und Verbote diese Verschiebung begünstigt. Im Folgenden ist an diesem Beispiel die Funktion von Technologieportfolios beschrieben.

Technologiepriorität:

- **LED-Technologie:** Hohe Technologiepriorität liegt vor, da LEDs aufgrund ihrer hervorragenden Energieeffizienz, langer Lebensdauern und sinkender Produktionskosten die zukunftsträchtige Lösung sind. Diese Technologie ist aus technischer Sicht bereits ausgereift und hat das größte Potenzial, traditionelle Glühlampen zu ersetzen.
- **OLED-Technologie:** Mittlere Technologiepriorität liegt vor, da OLEDs zwar vielversprechend sind, derzeit allerdings noch höhere Produktionskosten und technische Herausforderungen bei der Skalierung bestehen. Sie bieten jedoch aufgrund ihrer Flexibilität und geringerem Materialverbrauch interessantes Potenzial für zukünftige Anwendungen.
- **Halogenlampen:** Niedrige Technologiepriorität liegt vor, da sie im Vergleich zu LEDs und OLEDs weniger effizient sind. Halogenlampen spielten ebenso wie Gasentladungslampen jedoch als eine Art Übergangslösung eine Rolle, bis vollständig nachhaltigere Alternativen verfügbar waren.

Marktpriorität:

- **LED-Technologie:** Hohe Marktpriorität liegt vor, da LEDs mittlerweile weit verbreitet sind und die Nachfrage nach energieeffizienten Beleuchtungslösungen sowie technologischen Features, wie beispielsweise einer regelbaren Farbtemperatur, zunehmend wächst. Die Verbrauchenden sind darüber hinaus vermehrt an nachhaltigen und kostengünstigen Alternativen interessiert, was die Marktakzeptanz und in der Folge die Marktpriorität fördert.
- **OLED-Technologie:** Mittlere Marktpriorität liegt vor, da OLEDs zwar zunehmend an Popularität gewinnen, jedoch derzeit einen höheren Preis haben und sich primär im Premiumsegment sowie in spezialisierten Anwendungen wie flexiblen Displays und Beleuchtungen etablieren.
- **Halogenlampen:** Niedrige Marktpriorität liegt vor, da sie aufgrund einer vergleichsweise geringen Energieeffizienz und eines verstärkten Fokus auf Nachhaltigkeitsaspekte zunehmend von umweltfreundlicheren und effizienteren Technologien verdrängt werden und in vielen Regionen, beispielsweise in Europa, bereits verboten sind.

Gefahren:

- **Technologische Risiken:** Die Entwicklung von LEDs und OLEDs erfordert kontinuierliche Innovationen in den Bereichen Materialwissenschaft und Fertigungstechnik. Technologische Rückschläge oder nicht nachhaltige Produktionsmethoden können die Fortschritte unter Umständen verzögern. Insbesondere bei OLEDs könnten Produktionskosten, Qualitätsrisiken und Skalierbarkeit ein Hemmnis darstellen.
- **Marktrisiken:** Trotz der hohen Marktakzeptanz von LEDs hätte der Markt durch regulatorische Änderungen oder plötzliche technologische Durchbrüche anderer Technologien (z. B. mit höherer Effizienz) beeinträchtigt werden können. Der Übergang zu nachhaltigeren Produkten könnte von Verbrauchenden langsamer angenommen werden, wenn anfängliche Kosten als zu hoch oder die angebotene Qualität als zu gering wahrgenommen werden.
- **Umwelt- und Ressourcenrisiken:** Eine potenzielle Gefahr bei der Herstellung von LEDs und OLEDs besteht in der Verwendung von seltenen Rohstoffen, die aufgrund ihrer begrenzten Verfügbarkeit ein Risiko für die Ressourcenknappheit darstellen. Zudem kann es durch unsachgemäße Entsorgungs- oder Recyclingprozesse sowie durch die erforderliche Elektronik zu Umweltverschmutzungen kommen. Effiziente Recyclingverfahren würden nicht nur den Umwelteinfluss verringern, sondern auch den Bedarf an neuen Rohstoffen reduzieren.

Ein strategisches Portfolio, das die richtige Priorisierung vornimmt und Risiken effektiv minimiert, ist bezogen auf technologische Entwicklungen existenziell für ein Unternehmen. Es ist entscheidend für den langfristigen Erfolg eines Produktes und dem zur Folge insbesondere auch für den Gesamterfolg einer Unternehmung.

2.4 Neue Geschäftsmodelle

Bei der Geschäftsmodellentwicklung geht es maßgeblich um wesentliche Kernprozesse in einem Unternehmen, die jeweilige Unternehmensstrategie, die Aufwendungen für die Entwicklung sowie die Abwicklungen von Aufträgen bis zur Auslieferung. In der nachstehenden Abb. 2.6 ist der Zusammenhang zwischen Produktentwicklung („Time to Market") und Realisierung („Order to Delivery") grafisch dargestellt.

Der Handlungsstrang der Produktentwicklung setzt sich, beginnend mit einer Produktidee, aus Produkt- und Projektplanung, Konstruktion, Fertigungsplanung und Produktionsanlauf zusammen. Der produktspezifische Konstruktionsprozess selbst gliedert sich in die Bereiche Aufgabenformulierung, Konzeption, Entwurf und Ausarbeitung. Anschließend geht er über in den Bereich der Produktrealisierung.

Der Handlungsstrang der Realisierung oder auch der Kommerzialisierung eines Produktes setzt sich, wie in der rechten Hälfte der Abbildung zu erkennen ist, im Wesentlichen aus sechs Bereichen, der Beschaffung, der Produktion, der Logistik, dem Betrieb,

2.4 Neue Geschäftsmodelle

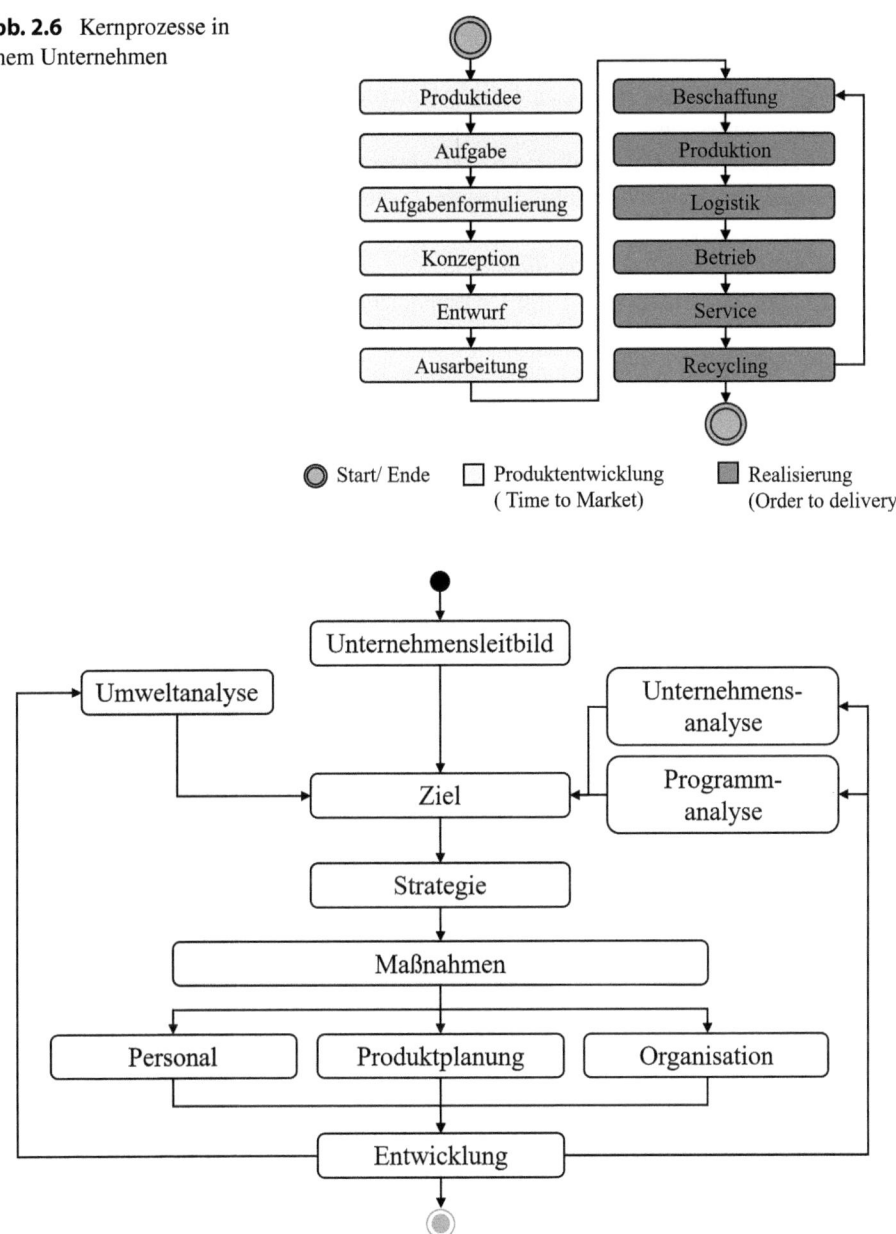

Abb. 2.6 Kernprozesse in einem Unternehmen

Abb. 2.7 Strategieentwicklung innerhalb eines Unternehmens

den zugehörigen Services und dem Recycling zusammen und kann je nach Losgröße für das gleiche Produkt vielfach durchlaufen werden.

Die nachstehende Abb. 2.7 gibt einen Überblick über die oben beschriebenen Prozesse im Kontext der Unternehmensstrategie. Ausgehend eines Unternehmensleitbilds, einer Umweltanalyse bestehend aus Wettbewerbs- und Marktanalyse sowie der Betrachtung des eigenen Unternehmens und Programms können Ziele formuliert werden. Diese Ziele sind klassisch monetärer Art (Investitionen, Umsätze, Erträge, Gewinne), sollten sich aber eigentlich, im Sinne einer langfristigen Unternehmensstrategie, auf sogenannte „Balanced Score Cards", also ausgewogene Kennzahlen beziehen. Diese Kennzahlen würden dann alle Aspekte einer nachhaltigen Entwicklung umfassen können – also soziale, ökologische und ökonomische Einflussfaktoren – wie beispielsweise die Kompetenz- und Personalentwicklung, den Grad der Nutzung erneuerbarer Ressourcen, Kunden- und Marktbeziehungen sowie Lieferketten.

Im Kontext der Entwicklung von Unternehmensstrategien ist die Umfeldanalyse ein wesentlicher Bestandteil, um bestehende externe Einflüsse und Chancen sowie vorhandene Risiken, welche auf das Unternehmen einwirken, zu identifizieren. Diese Analyse umfasst nicht nur die Markt- und Wettbewerbssituation, sondern auch die Wechselwirkungen zwischen der Technosphäre (den von Menschen geschaffenen technischen und wirtschaftlichen Systemen) und der umliegenden Ökosphäre (den natürlichen, ökologischen Systemen). Die Wechselwirkungen zwischen diesen beiden Sphären sind von entscheidender Bedeutung, da technologische Innovationen und industrielle Prozesse zunehmend in Wechselwirkung mit ökologischen Gegebenheiten treten. Ein Beispiel hierfür ist die Entstehung von Umweltauswirkungen durch industrielle Produktion, die die natürlichen Ressourcen beeinträchtigen und den Klimawandel bedingen und beschleunigen. Andererseits können ökologische Veränderungen gleichermaßen die technologische Entwicklung beeinflussen, etwa durch die Einführung von Umweltauflagen oder durch das Bedürfnis, nachhaltigere Produktionsmethoden zu entwickeln.

Unternehmen müssen somit nicht nur die direkten wirtschaftlichen und technologischen Trends beobachten, sondern auch die ökologischen Rahmenbedingungen berücksichtigen, die sich optional auf die langfristige Wettbewerbsfähigkeit auswirken. Eine erfolgreiche Unternehmensstrategie berücksichtigt daher notwendigerweise die Wechselwirkungen zwischen Technosphäre und Ökosphäre, indem sie zum einen umweltfreundliche Innovationen fördert, zum anderen gleichzeitig die negativen ökologischen Auswirkungen der eigenen Tätigkeiten minimiert. Dies erfordert eine ganzheitliche und integrierte Betrachtung von technologischen Entwicklungen und ökologischen Zielen, mit dem Ziel, sowohl nachhaltige als auch zukunftsfähige Produkte und Prozesse zu entwickeln, zu produzieren und in den Markt zu bringen.

Diese definierten Ziele dienen als Grundlage für die in der Folge festzulegende Strategiebestimmung. Aus dieser müssen wiederum geeignete Maßnahmen für beispielsweise Personal, Organisation und Produktplanung abgeleitet und umgesetzt werden.

Im Kontext der Entwicklung nachhaltiger Produkte sind innovative Geschäftsmodelle gefragt und zielführend. Dieser Mehrwert ergibt sich häufig aus der Eignung für eine Mehrfachnutzung und durch längere Lebensdauern, die den Rohstoff- und Energieeinsatz für die Herstellung reduzieren. Voraussetzung ist häufig allerdings auch eine Verhaltensänderung der Kundinnen und Kunden selbst.

2.4 Neue Geschäftsmodelle

In der Diskussion alternativer Geschäftsmodelle finden vor allem folgende Ansätze eine relevante Erwähnung:

- Leihmodelle (Renting)
- Ratenkaufmodelle mit Rückgabegarantie (Leasing)
- Kollektive Nutzungsmodelle (Sharing)
- Produkt-Service-Systeme (kurz: PSS)

Als konkretes Beispiel zur Entwicklung von Geschäftsmodellideen soll im Folgenden die Methode des „Business Model Canvas" vorgestellt werden. Im Kontext der Entwicklung nachhaltiger Produkte soll dieses Konzept, zusätzlich zu seiner ursprünglichen Form, im weiteren Verlauf um Aspekte der Nachhaltigkeit erweitert werden. Eine grafische Übersicht des klassischen Business Model Canvas ist in der nachstehenden Abb. 2.8 dargestellt.

Das Modell gliedert die notwendigen Überlegungen entsprechend vier Dimensionen: Angebotsmodell, Kundenmodell, Wertschöpfungsmodell und Finanzmodell. Diesen Dimensionen sind dann die in der Abbildung aufgeführten Elemente Wertangebot, Kundschaftsbeziehungen, die Kundschaft selbst, Umsatz, Wege, zentrale Ressourcen, Kosten, wichtige Partner und Aktivitäten zugeordnet. Dabei beeinflussen alle Dimensionen des Geschäftsmodells die Nachhaltigkeit. Wesentliche Faktoren für die Bewertung ergeben sich jedoch aus der Wertschöpfung. Hier sind in der Regel die beeinflussbaren relevanten Ressourcen und energieverbrauchenden Aktivitäten allokiert.

Die Integration der dreidimensionalen Nachhaltigkeit (ökologisch, sozial und ökonomisch) in das gesamte Business Model Canvas erfordert eine Erweiterung des klassischen

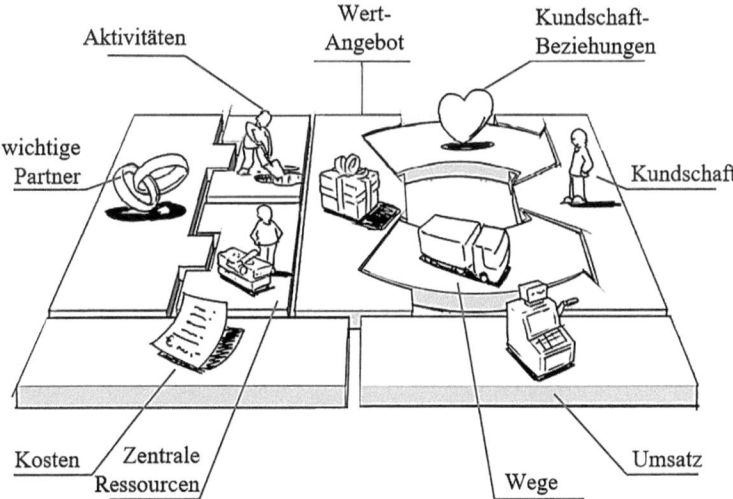

Abb. 2.8 Business Model Canvas: Dimensionen der Geschäftsmodellentwicklung nach Osterwalder und Pigneur [21]

Modells, um alle relevanten Aspekte der nachhaltigen Entwicklung. Folgend sind drei Möglichkeiten aufgelistet, mit Hilfe derer das Business Model Canvas umfassend auf Nachhaltigkeit ausgerichtet werden kann:

- **Nachhaltigkeit als zentrales Geschäftsmodell**: Eine Möglichkeit besteht darin, das gesamte Business Model Canvas so zu gestalten, dass alle Bausteine direkt auf Nachhaltigkeit ausgerichtet sind. Das Unternehmen könnte sich verpflichten, in allen Bereichen (Wertangebot, Kundschaft, Aktivitäten, Partnerschaften, etc.) nachhaltige Praktiken zu integrieren. Zum Beispiel könnte es in der Wertschöpfungskette nach ressourcenschonenden oder regenerativen Prozessen suchen und sicherstellen, dass alle Lieferanten und Partner nachhaltige Standards erfüllen. In der Kostenstruktur könnte das Unternehmen transparent machen, wie Investitionen in nachhaltige Technologien oder faire Arbeitsbedingungen langfristig zu einem reduzierten ökologischen Fußabdruck oder einer besseren sozialen Wirkung führen. Insbesondere können funktional nachhaltige Produkte, also solche die nachhaltiges Wirtschaften im Zuge des Geschäftsmodells fokussieren (bspw. Wärmepumpen), genannt werden.
- **Einführung zusätzlicher Dimensionen für Nachhaltigkeit:** Eine weitere Möglichkeit zur Integration von konkreten Nachhaltigkeitsaspekten wäre die Erweiterung des Business Model Canvas um spezielle Bausteine, welche die drei Dimensionen der Nachhaltigkeit explizit adressieren. Dies könnte beispielsweise durch das Hinzufügen eines „ökologischen Werts" und/oder eines „sozialen Werts" als separate Bausteine geschehen. Diese Bausteine würden die ökologischen und sozialen Auswirkungen der Unternehmensaktivitäten in den Fokus rücken und sicherstellen, dass die Berücksichtigung dieser Dimensionen gesondert in die Unternehmensstrategie integriert werden. Im Bereich der Kundensegmente könnte beispielsweise ein zusätzlicher Baustein für nachhaltigkeitsorientierte Zielgruppen eingeführt werden, welche in besonderem Maße an umweltfreundlichen oder sozial verantwortungsvollen Produkten interessiert sind (bspw. Fahrradrahmen aus Holz).
- **Triple-Bottom-Line-Ansatz:** Eine weitere Erweiterung könnte die Einführung des Triple-Bottom-Line-Ansatzes (kurz: TBL) im gesamten Business Model Canvas sein. Dabei wird nicht nur der finanzielle Profit (ökonomische Dimension) als Erfolgskriterium betrachtet, sondern auch die ökologischen und sozialen Auswirkungen des Unternehmens. Das Business Model Canvas würde dann so angepasst, dass es drei zentrale Ziele berücksichtigt: Profit, Planet und People. Jede Entscheidung im Canvas würde geprüft, ob sie einen positiven Beitrag zu diesen drei Bereichen leistet. Zum Beispiel könnte die Partnerschaftsstrategie so angepasst werden, dass Unternehmen nur mit Partnern zusammenarbeiten, die sowohl soziale als auch ökologische Kriterien erfüllen, wodurch eine nachhaltige Wirkung entlang der gesamten Wertschöpfungskette sichergestellt wird (bspw. vertikale Begrünung/Bepflanzung zum Anbau von Lebensmitteln im urbanen Raum).

Mithilfe dieser Erweiterungen wird das Business Model Canvas zu einem umfassenden strategischen Werkzeug, durch dessen Anwendung es Unternehmen ermöglicht werden

2.4 Neue Geschäftsmodelle

kann, ihre Geschäftsmodelle entlang der drei Dimensionen der Nachhaltigkeit auszurichten und in der Folge nicht nur wirtschaftlichen, sondern auch ökologischen und sozialen Mehrwert zu schaffen.

Eine weiterführende und zu beantwortende Kernfrage könnte also sein, wie Angebotsmodell und Kundenmodell im Rahmen der Geschäftsmodellentwicklung so zu optimieren sind, dass mit möglichst wenig materiellem Aufwand eine möglichst große Marktleistung erbracht werden kann.

Grundsätzlich kann dies durch eine stärkere Fokussierung, weg vom Hardwareverkauf hin zum Erfüllen eines Nutzenversprechens erreicht werden. Eine vergleichsweise stärke Ausprägung des Produkt-Service-System-Gedankens führt bei gleichem Nutzen in der Regel zu weniger Materialeinsatz und bei guter Wartung zu längerer nutzbarer Lebensdauer und höherer Zuverlässigkeit. Aus Perspektive des Business Model Canvas beeinflusst die Untersuchung von Produkt-Service-Systemen nahezu alle Elemente. Exemplarisch verändert sich die Kundenbeziehung weg von einer nur auf den Produktverkauf fokussierten Interaktion hin zu einer umfassenden, den gesamten Produktlebenszyklus umspannenden Beziehung zwischen den produzierenden Organisationen und den Nutzenden. Die Ausprägung dieser Beziehung ist vom individuellen Konzept des Produkt-Service-Systems abhängig.

In der folgenden Abb. 2.9 ist dieses Vorgehen beziehungsweise das Konzept des Produkt-Service-Systems am Beispiel von verschiedenartig ausgeprägten Bohrmaschinen exemplarisch dargestellt.

Während die kleine günstige Maschine in der Regel gekauft und bei Defekt weggeworfen wird, gibt es im mittleren Segment Anbietende, die Maschinen und Services leisten. Im rechten Bereich der Grafik, an welcher Stelle die Maschineninvestitionen sehr hoch sind, werden zum Teil nur Dienstleistungen, in diesem Beispiel also die fertigen Bohrlöcher, verkauft. Am Beispiel einer Bohrmaschine lässt sich das PSS-Modell wie im folgenden Absatz formuliert, umsetzen, um Aspekte der Nachhaltigkeit gezielt zu adressieren:

Anstatt eine Bohrmaschine zu verkaufen, kann ein Unternehmen ein Leasing- oder Mietmodell anbieten, bei dem die Bohrmaschine regelmäßig gewartet, repariert und bei Bedarf mit neuen Komponenten ausgestattet wird. Dies verlängert die Lebensdauer des

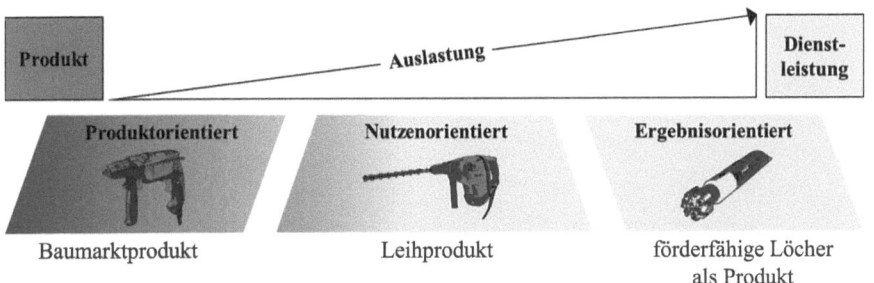

Abb. 2.9 Unterschiedliche Ausprägungen von Produkt-Service-Systemen in Abhängigkeit zur Auslastung

Produkts und reduziert den Bedarf an Ressourcen für die Herstellung neuer Maschinen, was zu einer Verringerung des ökologischen Fußabdrucks führt. In einem Shared-Economy-Modell könnten Bohrmaschinen für eine begrenzte Zeit an Endkunden vermietet werden, wodurch die Maschinen nur dann produziert werden, wenn sie benötigt werden. Dies minimiert den Bedarf an überflüssigen Geräten, da mehrere Nutzende eine Maschine gemeinsam verwenden können. Hierdurch werden sowohl die Ressourcennutzung als auch der Energieverbrauch in der Nutzungsphase optimiert. Das Unternehmen kann die alte Bohrmaschine zurücknehmen, recyceln und die Rohstoffe für neue Geräte verwenden. Dies reduziert den Abfall und fördert eine Kreislaufwirtschaft, in der wertvolle Materialien und Halbzeuge wiederverwendet werden.

Die Auslastung von Produkten spielt im Kontext von Produkt-Service-Systemen eine zentrale Rolle – insbesondere dann, wenn es darum geht, den Kundennutzen und die Effizienz des Produkts zu maximieren. Am Beispiel von Autos wird deutlich, dass zwei Faktoren entscheidend für den Verschleiß sind: die Laufleistung und das Alter des Fahrzeugs. Die Laufleistung wirkt sich vor allem auf mechanische Komponenten aus, da sie mit tribologischen Verschleißmechanismen wie dem Abrieb in Motor und Getriebe zusammenhängt. Je mehr ein Fahrzeug gefahren wird, desto stärker treten diese Belastungen auf. Im Gegensatz dazu betrifft das Fahrzeugalter eher materialbezogene Alterungsprozesse – etwa das Verspröden von Kunststoffen oder das Nachlassen von Dichtungen – was sich langfristig negativ auf Sicherheit und Funktionalität auswirken kann. Produkt-Service-Systeme wie Car Sharing bieten hier eine Lösung: Durch die gemeinsame Nutzung wird die Auslastung der Fahrzeuge deutlich erhöht. Das bedeutet, dass ein Fahrzeug in kürzerer Zeit eine höhere Nutzung erfährt, wodurch sich der Nutzen pro Zeiteinheit und pro investierter Ressource verbessert. Gleichzeitig werden durch diese gleichmäßigere Nutzung extreme Beanspruchungen einzelner Fahrzeuge vermieden, was wiederum den Verschleiß reduziert. Zudem erhöht sich die wirtschaftliche Effizienz: Fahrzeuge stehen weniger ungenutzt herum, was die Kapitalrendite für Anbieter verbessert und zugleich ein attraktives Angebot für Nutzende darstellt. Insgesamt schafft der Car-Sharing-Ansatz ein Gleichgewicht zwischen intensiver Nutzung und kontrollierbarem Verschleiß – und macht das betrachtete Produkt-Service-System sowohl ökologisch als auch ökonomisch nachhaltiger.

3 Compliance, Regeln und Richtlinien

Gesetze, Regeln, Richtlinien und Normen beeinflussen die Produktentwicklung schon seit Menschen miteinander Warenhandel betreiben. Zum einen können diese als starker Innovationstreiber fungieren und so eine industrielle Wertschöpfung in Unternehmensnetzwerken erst in effizienter Form ermöglichen. Zum anderen regeln sie den unkontrollierten Gewinn des Einen zu Lasten des Anderen, der Gesellschaft oder auch der Umwelt. Ebenso tragen sie zur Sicherheit aller und zum Schutz der Natur bei, indem sie Vorschriften und Vorgaben enthalten, die das Risiko im Zusammenhang mit der Technik und deren Umsetzung minimieren. Im vorliegenden Kapitel soll sich diesem Zusammenhang mit besonderem Fokus auf Aspekte der Nachhaltigkeit gewidmet werden. In den nachfolgenden Abschnitten werden dabei drei wesentlichen Aspekte genauer beleuchtet und ausgeführt:

- Compliance, Sicherstellung der Einhaltung von Regeln im Unternehmen;
- Gesetze und Regeln, welche Verantwortlichkeiten von Unternehmen bindend regeln;
- Richtlinien und Normen, welche die Produkt- und Prozessentwicklung definieren.

3.1 Compliance und Reporting

Compliance meint die zuverlässige Einhaltung sämtlicher Regeln in Unternehmen, seien es interne Richtlinien oder gesetzliche Bestimmungen. Mithilfe des Compliance Managements können Unternehmen sicherstellen, dass sich sowohl die Unternehmensleitung als auch Mitarbeitende regelkonform verhalten. Betroffen sind die Unternehmensstrategie, das Produkt und Produktionsprogramm, die Organisation, die Standorte, das Reporting aber auch so etwas wie der „Code of Conduct", das unternehmenseigene „Commitment" sowie der grundlegende Umgang mit Mitarbeitenden. Der Begriff „Compliance Management" ist nach wie vor relativ modern, obwohl er ein Konzept beschreibt, dass grundsätzlich selbstverständlich sein sollte: die Verpflichtung von Unternehmen, sich an geltende gesetzliche Reglungen und Vorschriften zu halten. Dass dies nicht ganz so einfach ist, liegt schon daran, dass Gesetze sich ständig weiterentwickeln sowie politischen Dynamiken unterliegen. Zusätzliche Herausforderungen entstehen dadurch, dass Compliance neben der Befolgung gesetzlicher Vorschriften auch die Einhaltung unternehmenseigener Regeln mit inhaltlichen Unterschieden umfasst.

Die Organisation eines Compliance Managements kann je nach Unternehmenskomplexität unterschiedlich aufwendig sein. In der Regel kann dabei in vier Teilaspekte gegliedert werden:

- Informieren mit den Aspekten transparente Richtlinien, Schulungen und Beratung;
- Inhaltliche und operative Weiterentwicklung zu Berichten und Prozessen;
- Durchführung von Audits, Berichterstattung sowie Risiko- und Problemerkennung;
- Umsetzung und Lösung von Problemen auch unter Berücksichtigung lokaler Gesetzgebung und Kultur.

Das Zusammenspiel von Compliance und den zu Beginn dieses Buches adressierten Nachhaltigkeitszielen wird geprägt durch interdisziplinare Zusammenarbeit sowie eine aktive Verknüpfung verschiedener Handlungsfelder, Ziele und Strategien. Die notwendige Transparenz gegenüber Stakeholdern ist ein wichtiger Aspekt des Compliance, wobei zunehmend Unternehmen an der Erfüllung von Nachhaltigkeitsvorgaben interessiert sind. Zu beobachten ist weiterhin eine zunehmende Verrechtlichung nicht finanzieller Themen beziehungsweise der ökologischen und sozialen Dimension der Nachhaltigkeit.

Im Rahmen der Compliance werden verschiedene Kennwerte überwacht, die sowohl ökonomische als auch sozio-ökologische Aspekte adressieren. Wichtige sozio-ökologische Kennzahlen umfassen die Einhaltung von Umweltvorschriften (z. B. Emissionswerte, Abfallmanagement), Arbeitsbedingungen (z. B. Arbeitsunfälle, faire Arbeitspraktiken) und ethische Beschaffungspraktiken innerhalb der Lieferketten. Weitere Kennzahlen betreffen die Einhaltung von Antikorruptionsrichtlinien sowie die Nachhaltigkeit von Produkten und die Bilanzierung der CO_2-Äquivalente des Unternehmens. Diese Kennwerte tragen dazu bei, sowohl ökologische als auch soziale Verantwortung zu übernehmen und sicherzustellen, dass das Unternehmen ethischen und umweltfreundlichen Standards entspricht. Sie ermöglichen es Unternehmen außerdem, ihre Compliance zu überwachen und nachhaltige Praktiken entlang der gesamten Wertschöpfungskette umzusetzen.

Der Versuch der Messung des sozio-ökologischen Impacts führt im Compliance Kontext zum vier Ebenen Modell des Unternehmensmanagements, welches in der folgenden Abb. 3.1 dargestellt wird.

Auch im Kontext der Produktentwicklung lassen sich die vier Ebenen des Unternehmensmanagements unterscheiden: operativ, taktisch, strategisch und normativ. Auf der

3.1 Compliance und Reporting

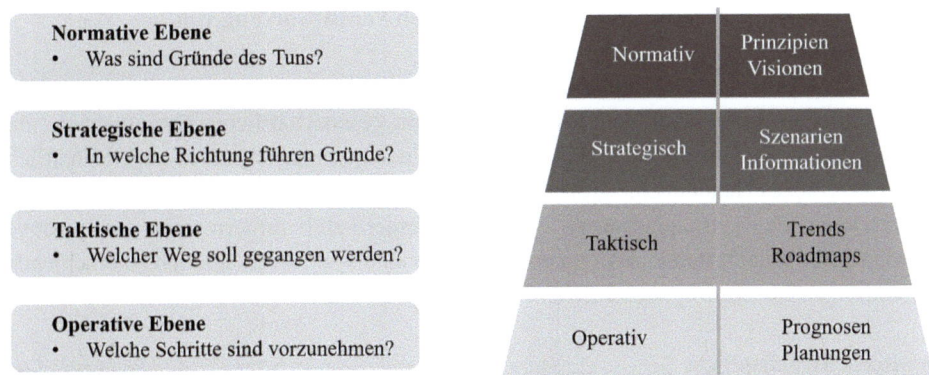

Abb. 3.1 Ebenen des Unternehmensmanagements. (Eigene Darstellung nach Dyckhoff und Souren [22])

operativen Ebene werden konkrete Entwicklungsprojekte durchgeführt, bei denen technische Details, Zeitpläne und Ressourcenmanagement im Vordergrund stehen. Hier geht es um die Umsetzung kurzfristiger Ziele und die Optimierung von Produktionsprozessen. Die taktische Ebene befasst sich mit der Planung und Koordination von Produktentwicklungsstrategien über mittelfristige Zeiträume, beispielsweise der Anpassung von Produktlinien an Marktanforderungen. Auf dieser Ebene werden Entscheidungen getroffen, die die Effizienz steigern und die Marktfähigkeit der Produkte sichern. Die strategische Ebene ist auf langfristige Zielsetzungen ausgerichtet, wie die Entwicklung innovativer Produkte, die Stärkung der Wettbewerbsposition und die Marktdiversifikation. Hier wird das Portfolio an Produkten auf zukünftige Trends ausgerichtet und das Unternehmen für kommende Herausforderungen positioniert. Die normative Ebene umfasst Unternehmenswerte, ethische Richtlinien und grundlegende Prinzipien, die das Unternehmen bei der Produktentwicklung leiten, insbesondere in Hinblick auf Nachhaltigkeit, Qualität und soziale Verantwortung. Diese vier Ebenen arbeiten zusammen, um eine kohärente und zukunftsorientierte Produktentwicklung sicherzustellen.

Während ökonomische Aspekte heute durch Geschäftsplanungswerkzeuge über alle Unternehmensebenen hinweg aggregiert werden, ist dies für die sozio-ökologischen Dimensionen der Nachhaltigkeit in der Regel weniger ausgeprägt möglich – wäre aber für ein erfolgreiches Reporting und entsprechende Zielfokussierung notwendig. Compliance Management kann hier, auch in Kombination mit den in Kap. 2 angesprochenen Balanced Score Cards strukturiert unterstützen.

Im Folgenden sollen ausgewählte und im Kontext von Compliance und Berichterstattung sowie von Monitoring und Reporting relevante Beispiele mit besonderer Auswirkung auf die Entwicklung nachhaltiger Produkte vorgestellt werden. Mit der Auswahl wird kein Anspruch auf Vollständigkeit erhoben, die Aufzählung gibt lediglich einen groben Überblick darüber, wie verschiedene Vorgaben die Rahmenbedingungen einer nachhaltigen Entwicklung beeinflussen können.

DIN ISO 26000: Leitfaden zur gesellschaftlichen Verantwortung von Organisationen
Über die ökonomischen Compliance Themen hinausgehende Anregungen in Form eines ganzheitlichen Referenzrahmens zum Umgang mit gesellschaftlicher Verantwortung im Unternehmen umfasst die DIN ISO 26000. Die Idee dahinter ist, durch gesellschaftlich verantwortliches Handeln eine größere Akzeptanz für die Organisation im lokalen Umfeld zu erreichen, den Vertrauensaufbau zu Vertragspartnern zu befördern sowie eine positive Wirkung auf Mitarbeitende zu erzielen. Nicht überall als selbstverständlich zu erachtende Grundsätze sind wie folgt beschrieben:

- Rechenschaftspflicht
- Transparenz
- Ethisches Verhalten
- Achtung der Interessen der Stakeholder
- Achtung der Rechtsstaatlichkeit
- Achtung internationaler Verhaltensstandards
- Achtung der Menschenrechte

Der Detaillierungsgrad von DIN EN ISO 26000 ist recht konkret und umfasst etwa 600 Anforderungen im Detail von denen nachfolgend einige komprimiert dargestellt sind (Abb. 3.2).

EMAS: Eco-Management und Audit Schema
Beim EMAS handelt es sich um ein grundlegend freiwilliges Konzept sowie Schema zur Implementierung von Maßnahmen zur systematischen Ressourceneinsparung als Empfehlung des Bundesministeriums für Umwelt (kurz: BMU) [24] nach Ideen der Europäischen Gemeinschaft aus dem Jahr 2014. EMAS zielt darauf ab, die unternehmensspezifische Umweltleistung zu optimieren, einen systematischen und betriebsintern entwickelten Umweltschutz zu entwickeln sowie anschließend zu etablieren. Im Ergebnis soll die Einhaltung aller Umweltvorschriften sowie die öffentliche Dokumentation aller umweltrelevanten Tätigkeiten und Daten sichergestellt werden. Die entsprechend des EMAS durchzuführenden Aktivitäten und Maßnahmen sind in der folgenden Aufzählung aufgelistet:

- Planen und vorbereiten
- Leitbild festlegen
- Umweltprogramm erarbeiten
- System einführen
- Intern prüfen
- Umwelterklärung erstellen
- Extern prüfen lassen
- Eintragung in das EMAS-Register

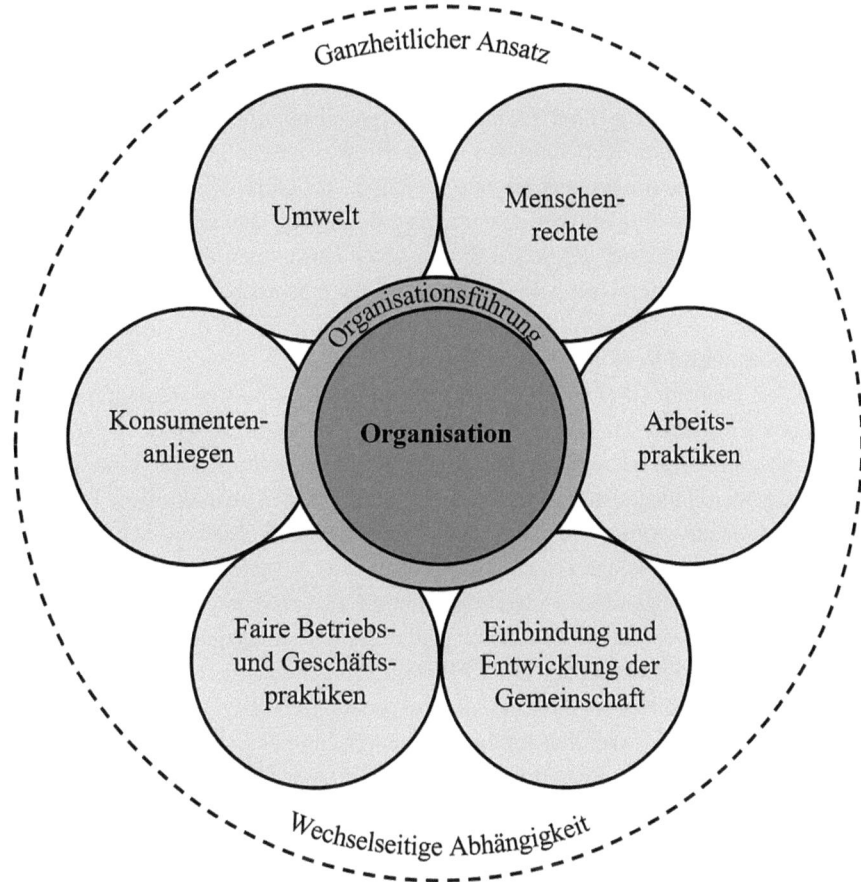

Abb. 3.2 Kernthemen gesellschaftlicher Verantwortung nach DIN ISO 26000 [23]

Dem Schema zur Folge ergeben sich ebenfalls ökonomische Möglichkeiten für teilnehmende Unternehmen. Durch das systematische Vorgehen können Ressourceneinsparungen frühzeitig erkannt werden, während Rechtsvorschriften geprüft und die Rechtssicherheit gewährleistet werden. Ein weiterer Vorteil ergibt sich aus der EMAS-Umwelterklärung. Durch Vorlage dieser Erklärung sind EMAS-konforme Unternehmen in der Lage, glaubhaft und belegbar über ihre Umweltleistungen und Umweltauswirkungen in der Öffentlichkeit zu werben. Zusammenfassend kann festgehalten werden, dass mit Hilfe des EMAS ein wesentlicher Beitrag zu nachhaltigem Wirtschaften geleistet werden kann [25].

GRI: Global Reporting Initiative
Bei der GRI handelt es sich um eine Stiftung mit gemeinnützigem Charakter und wesentlichem Fokus auf einem Multi-Stakeholder-Ansatz nach Ideen des Umweltprogramms der Vereinten Nationen. In der Abgrenzung zum zuvor beschriebenen EMAS handelt es sich bei der GRI vorwiegend um einen weltweit anerkannten Leitfaden zur Nachhaltigkeits-

berichterstattung. Das wesentliche Ziel ist, Unternehmen und Organisationen bei der Erstellung von Nachhaltigkeitsberichten systematisch, einheitlich und nachvollziehbar durch die Definition und Ausgabe von Richtlinien zu unterstützen. Die GRI beinhaltet alle Aspekte der Berichterstattung über ökonomische, gesellschaftliche und ökologische Indikatoren. Maßgebliches Werkzeug zur Umsetzung dieses Konzeptes sind die GRI-Standards und GRI-Leitlinien, welche eine modulare, strukturierte und nutzerfreundliche Systematik zur Nachhaltigkeitsberichterstattung definieren. Im Ergebnis sind Berichte über standardisierte Module vergleichbar und unter Umständen auch kombinierbar mit den jeweilig lokal gültigen Nachhaltigkeitskodizes der entsprechenden Länder [26].

EPD: Environmental Product Declaration
Eine EPD, auf Deutsch Umwelt-Produktdeklaration, stellt eine Umweltdeklaration eines ausgewählten Produktes dar. Sie wird basierend auf international gültigen Normen zur Umweltkennzeichnung, beispielsweise der ISO 14025, erstellt. Mithilfe einer EPD werden Produkte oder Dienstleistungen hinsichtlich ihrer Umweltauswirkungen, bezogen auf den gesamten Lebenszyklus, auf Basis von Ökobilanzen beschrieben. Mit Hilfe der ermittelten Informationen können dann gezielt Vergleiche angestellt werden, um zwischen Produkten oder Dienstleistungen gleicher Funktion zu entscheiden. Grundlage für eine EPD-Erstellung sind objektive, unabhängig geprüfte und verifizierte, sowie quantitative Daten aus Öko- oder Sachbilanzen. Die EPD stellt, ähnlich wie das bekannte CE-Zeichen, ein Umweltkennzeichen dar, in diesem Fall ist es jedoch freiwillig. Von zentralem Charakter ist dabei die neutrale, sachlich fundierte und wissenschaftlich belegte Charakterisierung ohne den Zusatz einer Bewertung. Eine EPD ist nicht als Zertifikat mit bestimmten Anforderungen an ein Produkt zu verstehen, vielmehr als einheitliche Bewertungsform zur Einordnung der Nachhaltigkeit verschiedener Produkte. Einsatz findet die EPD vor allem bei der Auswahl, Deklaration und Bewertung von Bauprodukten [27].

SCI: Sustainability Compliance Index
Neben der Gesetzeskonformität und der Berücksichtigung von Normen und Richtlinien ergeben sich bei der Entwicklung von Produkten vielfältige andere Gestaltungsräume zur Verbesserung der Nachhaltigkeit und vor allem auch der Sicherheit eines Produkts. In Anlehnung an die bereits vorgestellten Inhalte zu unternehmensinternen Compliance-Maßnahmen, bildet der SCI eine weitere konkretisierte Ergänzung. Der Themenbereich des Monitorings und Reportings spielt hier eine entscheidende Rolle. Im Zuge solcher Bewertungsverfahren lassen sich verschiedenste Aspekte der Nachhaltigkeit gezielt adressieren und detailliert nachvollziehen.

Der SCI ist eine qualitative Bewertungsskala die der Entscheidungsfindung innerhalb der Produktentwicklung hin zu nachhaltigeren Produkten dient. Im Eigenschaftskatalog des SCI sind ausgewählte Entscheidungsmerkmale entsprechend der Phasen des Produktlebenszyklus sowie die ihnen zugeordneten, qualitativ beschreibenden Werte zusammengestellt. In Tab. 3.1 sind exemplarisch Auszüge aus diesem aufgeführt, eine ausführliche Aufstellung findet sich in [28].

3.1 Compliance und Reporting

Die numerischen Werte in der Tabelle zeigen jeweils den Skalenwert des SCI an. Ein SCI-Wert von neun beschreibt dabei das bestmögliche Niveau der strategischen Nachhaltigkeit, ein Wert von eins das niedrigste Niveau. Ein SCI-Wert von null zeigt an, dass zu wenige oder keine Informationen zur Erstellung eines Wertes vorliegen, in diesem Fall sind zusätzliche Untersuchungen notwendig.

Neben der Bestandsaufnahme mittels oben gezeigter Matrix (vgl. Tab. 3.1) können im SCI auch Gestaltungsrichtlinien nachgeschlagen oder auch strategische Ziele definiert werden. Ein Variantenvergleich wird durch eine entsprechende Zuordnung von Eigenschaften ebenfalls möglich.

Abschließend lässt sich festhalten, dass auch wenn die einzelnen hier beschriebenen Möglichkeiten des Berichtswesens zur Nachhaltigkeit jeweils lediglich als Empfehlungen oder Möglichkeiten beschrieben werden, Unternehmen trotz alledem Umweltreports erstellen und publizieren müssen. Diese sind je nach Standort, Branche, Historie usw. unterschiedlicher Qualität. Für die Zukunft ist aber davon auszugehen, dass die jeweils geltenden Regeln immer weiter konkretisiert respektive verschärft werden.

Tab. 3.1 Auszüge aus dem Eigenschaftskatalog des SCI nach Hallstedt [28]

Produktion: Produktion bei Zulieferern von Teil-komponenten und Materialien, sowie Produktion von Produkten im eigenen Unternehmen	Nachhaltigkeitsaspekte unter Berücksichtigung des Nachhaltigkeitsprinzips 1		Nachhaltigkeitsaspekte unter Berücksichtigung des Nachhaltigkeitsprinzips 2	
	9	(i) Es werden nur solche Materialien verwendet, die keine Metallemissionen aufweisen, und alle Abfallmetalle in reine Fraktionen recycelt werden (ii) In den Produktionsprozessen werden nur erneuerbare Energiequellen verwendet und die Energienutzung hat einen Wirkungsgrad von 2 %	9	Keine Emissionen und Abfallprodukte von Produktionsstandorten (auch nicht bei Zulieferern) enthalten Stoffe der SIN-Liste
	1	(i) Es werden keine recycelten Materialien verwendet und/oder es ist nicht bekannt, in welchem Umfang Emissionen und Metallabfälle aus der Produktion anfallen. (ii) Bei der Produktion werden ausschließlich fossile Energieträger verwendet.	1	Es entstehen Emissionen und Abfälle aus Produktionsstätten, die Stoffe aus der REACH-Kandidatenliste enthalten.
	0	(i) Unbekannt, ob und wie viel recycelte Materialien verwendet werden. Keine Kenntnis über Menge an Emissionen und Schrott aus der Produktion. (ii) Unbekannt, ob und wie viele erneuerbare Energiequellen in den Produktionsprozessen eingesetzt werden und ob der Energieeinsatz in den Produktionsprozessen effizient ist.	0	Unbekannt, ob es Emissionen und Abfallprodukte aus Produktionsstätten gibt, die Stoffe aus der REACH-Kandidatenliste enthalten

3.2 Gesetze zur Unternehmensverantwortung

Gesetze regeln und ordnen rechtsverbindlich. In Gesetzen zur Unternehmensverantwortung sind zum Teil sehr allgemeine Verständnisse geregelt, wie beispielsweise im Produkthaftungsgesetz oder der Elektrogeräteverordnung. Konkret bedeutet dies, dass Prozesse, zum Beispiel im Kreislaufwirtschaftsgesetz und der Gefahrstoffverordnung, verbindlich definiert sind oder dass es sich in anderen Gesetzen, wie zum Beispiel den Gesetzen zur Vermeidung schädlicher Substanzen, um sehr konkrete Verbote handelt.

Wie bereits im vorherigen Abschnitt sollen im Folgenden, ausgewählte und relevante Beispiele im Kontext der Gesetzgebung mit besonderer Auswirkung auf die Entwicklung nachhaltiger Produkte aufgezählt werden. Die beschriebenen Gesetze erheben, wie zuvor bereits erwähnt, auch hier keinen Anspruch auf Vollständigkeit hinsichtlich aller von einem Unternehmen zu berücksichtigenden Regeln.

ProdHaftG: Produkthaftungsgesetz
Im Produkthaftungsgesetz ist die Pflicht eines Produktherstellers zur Haftung bei Tötung, Verletzung des Körpers oder der Gesundheit sowie von Eigentum im Fall eines Produktfehlers geregelt. Das Gesetz gilt in der Bundesrepublik, andere Länder haben gegebenenfalls ähnliche Gesetze. Hersteller ist im Sinne des Gesetzes, wer das Endprodukt, einen Grundstoff oder ein Teilprodukt hergestellt hat. Als Hersteller gilt auch jeder, der sich durch das Anbringen seines Namens, seiner Marke oder eines anderen unterscheidungskräftigen Kennzeichens als Hersteller ausgibt.

Fehler, die zur Haftung führen sind:

- **Fabrikationsfehler** (Abweichen des Produkts vom Standard der Produktserie, z. B. wenn Lebensmittel mit Fremdkörpern versetzt sind oder schadhafte Bauteile, falsche Materialqualitäten, veränderte Fertigungsparameter).
- **Konstruktionsfehler** (Konstruktionen, die vom Stand der Technik und/oder geltenden Normen und Regeln abweichen, z. B. wenn sicherheitsrelevante Dimensionierungen fehlerhaft ausgeführt wurden, unerwünschte Materialien eingepflegt wurden oder Gefahrenpotenziale als zu gering abgeschätzt wurden).
- **Instruktionsfehler** (Fehlerhafte Bedienungsanleitung bezüglich der Art und Weise der Verwendung. Dabei handelt es sich allerdings nicht um einen Instruktionsfehler, wenn allgemeines Erfahrungswissen vorausgesetzt werden kann, wie zum Beispiel, dass Katzen nicht in der Mikrowelle getrocknet werden sollten) [29].

CE-Zertifizierung
Die CE-Zertifizierung, frei übersetzt auch „Europäische Konformität", ist ein weit verbreitetes und verbindliches Kennzeichen zur Sicherstellung einer bestimmten Produktqualität. Im Gegensatz zum zuvor beschriebenen ProdHaftG ist diese Art der Zertifizierung

kein klassisches Gesetz, sondern vielmehr als rechtliche Anforderung zu verstehen, welche in vielen EU-Richtlinien verankert ist. Ebenfalls hat diese Zertifizierung im Gegensatz zum ProdHaftG eine europaweite Gültigkeit und findet dementsprechend im gesamten EU-Raum als Standard Anwendung.

Durch Anbringen beziehungsweise das Ausweisen der CE-Kennzeichnung versichert das einem Produkt zugehörige produzierende Unternehmen, dass das entsprechende Produkt alle EU-weiten Anforderungen an Sicherheit, Umweltschutz und Gesundheitsschutz erfüllt und durch entsprechende Stellen hinsichtlich dieser Faktoren geprüft wurde und es einer vorgeschriebenen Konformitätsbewertung unterzogen wurde. Mit der CE-Kennzeichnung übernimmt das Unternehmen somit die vollständige Verantwortung für die (EU-)Konformität eines Produktes. Es bringt in diesem Zuge zum Ausdruck, dass es spezifische Anforderungen an die vertriebenen Produkte kennt und das die selbigen ebendiesen Anforderungen entsprechen.

Für verschiedenste in der EU vermarktete Produkte besteht im Kontext der CE-Zertifizierung eine Kennzeichnungspflicht. Die Pflicht zur Kennzeichnung besteht beispielsweise bei Medizinprodukten, Maschinen, elektrotechnischen Erzeugnissen, Spielzeugen oder Telekommunikationseinrichtungen [30].

ElektroG: Elektro- und Elektronikgerätegesetz
Durch das ElektroG wird die europäische WEEE-Richtlinie (*Waste of Electrical and Electronic Equipment*) 2012/19/EU in deutsches Recht umgesetzt. Darunter fällt die Regelung des Inverkehrbringens, der Rücknahme und der umweltverträglichen Entsorgung von Elektro- und Elektronikgeräten. Im Jahr 2005 trat das Gesetz erstmalig in Kraft und wurde 2015 (ElektroG2) sowie 2022 (ElektroG3) ergänzend erweitert.

Wesentliches Ziel des ElektroG ist der Schutz von Gesundheit und Umwelt, insbesondere durch den Kontakt mit schädlichen Substanzen aus elektronischen Geräten. Das Gesetz verpflichtet die jeweiligen Hersteller außerdem zu einer ordnungskonformen Rücknahme und Sammlung von Altgeräten. In diesem Kontext zielt das ElektroG darauf ab, natürliche Ressourcen zu schonen und den Einsatz dieser zu verringern. Wesentliche Bestandteile des Gesetzes sind die effiziente und hochwertige Verwertung elektronischer Abfälle sowie eine insgesamte Vermeidung von Abfällen. Mit Konformität zum ElektroG werden produzierende Unternehmen verpflichtet, den gesamten Lebenszyklus der von ihnen hergestellten und in Verkehr gebrachten Produkte zu verantworten. Im Gesetz werden verschiedene Bereiche des genannten Lebenszyklus elektronischer Produkte betrachtet. Dies umfasst beispielsweise Richtlinien für die Produktkonzeption, die Kennzeichnung, Rücknahmekonzepte, Entsorgungsstrategien, Zertifizierungen, Verwertungspraktiken, Informationspflichten und viele weitere [31].

KrWG: Kreislaufwirtschafts- und Abfallgesetz
Der Begriff „Abfall" umfasst alle Stoffe oder Gegenstände, derer sich ihre Besitzer entledigen wollen oder müssen. Im Kreislaufwirtschaftsgesetz ist die ganzheitliche Kreislauf-

wirtschaft und umweltverträgliche Beseitigung von Abfällen geregelt. Umfasst sind dabei folgende Verordnungen:

- Nachweisverordnung (dient einer Überwachung; umzusetzen über das elektronische Abfallnachweisverfahren (eANV) und die zentrale Koordinierungsstelle (ZKS)). Alle die Erzeuger, Besitzer, Beförderer, Sammler oder Entsorger von gefährlichen deklarierten Abfällen sind, werden verpflichtet, elektronische Nachweise zu führen.
- Abfallverzeichnisverordnung (regelt die einheitliche Bezeichnung und das Datenmanagement).
- Entsorgungsfachbetriebsverordnung (stellt die Eignung und Fähigkeiten des Fachbetriebs entsprechend den zu entsorgenden Stoffen sicher).
- Gewerbeabfallverordnung (stellt sicher, dass gewerbliche Siedlungsabfälle und bestimmte baustellenähnliche Abfälle möglichst umweltgerecht entsorgt und recycelt werden).
- Deponieverordnung (dient der langfristigen Nachvollziehbarkeit der Einlagerung sowie dem umweltsicheren Verbringen von Abfällen beispielsweise in Bezug auf den Gewässerschutz) [32].

GefStoffV: Gefahrstoffverordnung
Durch die Gefahrstoffverordnung werden Maßnahmen zur Regelung, Einstufung, Kennzeichnung und Verpackung gefährlicher Stoffe und Gemische umfassend festgelegt. Darüber hinaus enthält sie wichtige Vorschriften zum Schutz von Beschäftigten und anderen Personen, die mit Gefahrstoffen arbeiten oder in Kontakt kommen könnten. Diese Schutzmaßnahmen beinhalten unter anderem klare Vorgaben zur sicheren Handhabung, Lagerung und Entsorgung solcher Stoffe. Zudem schränkt die Verordnung die Herstellung und Verwendung bestimmter gefährlicher Stoffe ein, um potenzielle Risiken für die Gesundheit von Nutzenden und die Umwelt zu minimieren. Ziel dieser umfassenden Regelungen ist es, ein sicheres Arbeitsumfeld zu gewährleisten, die öffentliche Sicherheit zu fördern und toxische Umweltauswirkungen zu reduzieren [33].

RoHS: Restriction of Hazardous Substances
Mit der EU-Richtlinie 2011/65/EU zur Beschränkung der Verwendung bestimmter gefährlicher Substanzen in Elektro- und Elektronikprodukten beziehungsweise -geräten (auch RoHS-Richtlinie) wird die Belastung für Gesundheit und Umwelt durch besonders gefährliche Stoffe rechtlich geregelt. Die Richtlinie verfolgt das insgesamte Ziel, Voraussetzungen für die Inverkehrbringung elektrischer und elektronischer Geräte einheitlich zu definieren. Im Zuge dieser Voraussetzungen wird der Einsatz bestimmter, als gefährlich eingestufter, Substanzen verboten beziehungsweise durch Grenzwerte eingeschränkt. Konkret umfasst dies beispielsweise die Verbote von Quecksilber, Blei, Cadmium, sechswertigem Chrom sowie verschiedener Weichmacher und bromhaltiger Flammschutzmittel. Die verringerte Emission von Schadstoffen soll sowohl die schädliche Wirkung auf Menschen und Umwelt reduzieren als auch das Recycling alter Geräte verbessern. Einschränkungen dieser Art haben in den vergangenen Jahren zu vielen neuen, weniger schäd-

3.2 Gesetze zur Unternehmensverantwortung

lichen technischen Lösungen geführt. Ausnahmen sind nur bei Unterschreitung bestimmter Grenzwerte wie beispielsweise für Blei in Gasentladungslampen zulässig. Die Erfüllung von RoHS ist Voraussetzung für die zuvor beschriebene CE-Zertifizierung [34].

Beispiele für Stoffe dieser Art, die in Elektro- und Elektronikgeräten Verwendung finden, sind folgend aufgeführt:

- Blei (Pb): beispielsweise in Lötzinn und als Komponente in Elektronikgeräten;
- Quecksilber (Hg): beispielsweise in Thermometern, Leuchtstofflampen und anderen elektronischen Komponenten;
- Cadmium (Cd): beispielsweise in Batterien, elektrischen Anschlüssen und einigen Leiterplatten;
- Sechswertiges Chrom (Cr6+): korrosionsbeständiger Stoff, häufig in beispielsweise Metallbeschichtungen und als Rostschutzmittel in elektronischen Geräten;
- Polybromierte Biphenyle (PBB): Gruppe von bromhaltigen chemischen Verbindungen, die als Flammschutzmittel in Kunststoffen verwendet wurden;
- Polybromierte Diphenylether (kurz: PBDE): Flammschutzmittel, beispielsweise in Kunststoffen und Textilien eingesetzt;
- Phthalate (z. B. DEHP, BBP, DBP, DIBP): Weichmacher, die in Kunststoffen verwendet werden, insbesondere in Kabelisolierungen und PVC-basierten Produkten.

Wie eingangs beschrieben, erheben die hier aufgeführten Gesetze, Verordnungen und Richtlinien keinen Anspruch auf Vollständigkeit und bilden keineswegs alle für die Produktentwicklung relevanten Bereiche ab. Die getroffene und hier übersichtlich ausgeführte Auswahl versucht ein exemplarisches Abbild der rechtlichen Situation zu geben. Anhand der an dieser Stelle gegebenen Beispiele soll aufgezeigt werden, in welchem juristischen Rahmen die Produktentwicklung im Allgemeinen, insbesondere aber auch die Entwicklung nachhaltigerer Produkte stattfindet beziehungsweise stattfinden muss. Für die Entwicklung nachhaltigerer Produkte ist eine Berücksichtigung solcher rechtlichen Rahmenbedingungen unabdingbar und in vielerlei Hinsicht weiter auszubauen. Relevante Gesetze, Verordnungen und Richtlinien sind jeweils produktspezifisch zu recherchieren und zu berücksichtigen. Möglichkeiten hierzu bieten die offiziellen Internetseiten der betroffenen Bundesministerien (bspw. BMUKN, BMWE, BMJV) oder die Seite des Bundesumweltamtes. Auch sind offizielle Seiten des europäischen Parlaments und des europäischen Rates zu berücksichtigen. Weitere Gesetze, die die Unternehmensverantwortung adressieren, umfassen das Lieferkettengesetz, das Unternehmen verpflichtet wird, Menschenrechte und Umweltstandards in ihren globalen Lieferketten zu achten und Missstände zu verhindern. Das Bundesnaturschutzgesetz regelt den Schutz der natürlichen Lebensräume und verlangt von Unternehmen, ihre Geschäftspraktiken entsprechend anzupassen, um Umweltzerstörung zu vermeiden. Die Energieeinsparverordnung (kurz: EnEV) fordert Unternehmen dazu auf, ihre Gebäude energieeffizient zu gestalten, um den Energieverbrauch zu senken. Zudem gibt es die Abfallrahmenrichtlinie der EU, die die Entsorgung und das Recycling von Abfällen regelt, um eine nachhaltige Kreislaufwirtschaft zu fördern. Gesetze, Regeln sowie Verordnungen dieser Art adressieren dabei in erster Linie die (Eigen-)Verantwortung von Unternehmen.

Diese und viele weitere Gesetze führen in Bezug auf die Entwicklung nachhaltiger Produkte zu Festanforderungen (siehe Abschn. 7.3). Aus diesen Festanforderungen können neben verbindlichen Regelungen auch eine Vielzahl neuer Märkte sowie die Notwendigkeit neuer unterstützender Technologien abgeleitet werden.

3.3 Richtlinien und Normen

Richtlinien und Normen sind Dokumente, die Anforderungen an Produkte, Dienstleitungen oder Verfahren festlegen. Diese schaffen Klarheit über deren Eigenschaften und unterstützen zugleich die Rationalisierung sowie Qualitätssicherung in Wirtschaft, Wissenschaft, Technik und Verwaltung. Die Anwendung von Normen ist grundsätzlich freiwillig. Ihre Anwendung weist jedoch korrektes Verhalten nach. Im Zusammenhang mit dem Produkthaftungsgesetz kann die Missachtung von Normen und Richtlinien unter Umständen auch als Fehler interpretiert werden, für den ein Unternehmen im Schadensfall haftbar gemacht wird. Bei grobfahrlässigem Umgang mit dem in Richtlinien und durch Normen dokumentierten Stand der Technik, können verantwortliche Personen darüber hinaus auch individuell haftbar gemacht werden.

Eine große Anzahl von allgemein zugänglichen ISO-Normen (International Standardisation Organisation) oder DIN-Normen (Deutsches Institut für Normung), die teilweise durchaus identischen Inhalt haben, können über die Datenbank des Deutschen Instituts für Normung eingesehen werden. Von besonderer Relevanz für die Entwicklung nachhaltiger Produkte sind beispielsweise:

- ISO 14062 (Leitlinien zur Integration von Umweltaspekten in der Produktentwicklung)
- ISO 14067 (Treibhausgase – Carbon Footprint von Produkten – Anforderungen an und Leitlinien für Quantifizierung)
- ISO 26001 (Leitfaden zur gesellschaftlichen Verantwortung von Organisationen)
- ISO 59004 (Circular Economy – Vokabular, Grundsätze und Leitlinien für die Umsetzung)

Bei allgemein verfügbaren Richtlinien, wie sie häufig in der Produktentwicklung eingesetzt werden, handelt es sich oft um vom VDI (Verein Deutscher Ingenieure) publizierte Dokumente. Für die Entwicklung nachhaltiger Produkte sind neben den in diesem Buch häufiger zitierten, auf den Entwicklungsprozess oder Entwicklungsmethoden bezogene Richtlinien, zum Beispiel folgende interessant:

- VDI 2243 (Recyclingorientierte Produktentwicklung)
- VDI 4605 (Nachhaltigkeitsbewertung)

3.3 Richtlinien und Normen

- VDI 4803 (Methoden zum effizienten und schonenden Umgang mit Ressourcen in Unternehmen)
- CSE (Ganzheitliche Nachhaltigkeitszertifizierung)

Wie auch in Abschn. 3.2 bereits erklärt, stellt die hier getroffene Auswahl, eine grobe Übersicht dar. Erneut wird an dieser Stelle kein Anspruch auf Vollständigkeit erhoben – viel mehr gilt, dass es sich bei den aufgeführten Richtlinien und Normen um Beispiele im Kontext der Entwicklung nachhaltigerer Produkte handelt. Im Zuge der Übersicht soll nach bekanntem Schema aufgezeigt werden, dass für die Entwicklung nachhaltiger Produkte eine Vielzahl an Richtlinien und Normen besteht, welche es zu berücksichtigen gilt. Im spezifischen Fall sind diese gesondert und je thematischem Schwerpunkt zu recherchieren und zu berücksichtigen.

Ein Unternehmen erhält Informationen zu geltenden Regeln und Richtlinien für die Entwicklung nachhaltiger Produkte hauptsächlich über staatliche Vorschriften, branchenweite Standards und zertifizierende Organisationen. Relevante gesetzliche Regelungen können über staatliche Behörden oder aber auch Online-Datenbanken eingesehen werden, die Umwelt- und Produktsicherheitsvorschriften bündeln.

Nachfolgend sind einige Beispiele für solche Online-Datenbanken aufgelistet und um eine kurze Beschreibung erweitert:

- EUR-Lex: Eine EU-Datenbank, die Zugang zu europäischen Gesetzen und Verordnungen bietet, einschließlich Umweltvorschriften und Produktsicherheitsstandards;
- Global Data: Eine Plattform, die Informationen zu globalen Märkten, Regulierungen und nachhaltigen Praktiken bietet;
- EcoLabel Index: Eine Datenbank für Umweltlabels und -zertifikate, die nachhaltige Produkte und Dienstleistungen auflistet.

Branchenverbände und Fachgesellschaften bieten ebenfalls aktuelle Informationen zu Best Practices und aktuellen Trends. Zunehmend nutzen Unternehmen, Beratungsgesellschaften und Rechtsanwaltskanzleien diese Angebote, um sich über spezifische gesetzliche Anforderungen und neue Richtlinien zu informieren. Auch der Austausch mit Lieferanten und Kunden hilft, Anforderungen an die Dimensionen der Nachhaltigkeit zu erkennen und in die Produktentwicklung zu integrieren. Beispiele für Branchenverbände sind:

- Bündnis für Nachhaltigkeit (BSR): Ein globaler Verbund von Unternehmen, der nachhaltige Geschäftspraktiken fördert und relevante Informationen für Unternehmen zur Verfügung stellt;
- Deutsches Institut für Normung (DIN): Deutscher Verband, der Normen und Standards zu verschiedenen Themen, einschließlich Nachhaltigkeit und Produktentwicklung, erstellt;

- Verband Deutscher Ingenieure (VDI): Ein Branchenverband, der Unternehmen der Industrie über relevante Vorschriften und Standards zur nachhaltigen Entwicklung informiert.

Zusammenfassend haben auch Richtlinien und Normen einen direkten Einfluss auf die Spezifikation von Produkten und können sowohl innovationsfördernde, aber auch restriktive Auswirkungen haben.

Produktlebenszyklus und Kreislaufwirtschaft

4

Das folgende Kapitel befasst sich ausführlich mit dem Produktlebenszyklus, zugehörigen Phasen und deren weiterführender Bedeutung. Einleitend dazu, wird der Produktlebenszyklus im Allgemeinen definiert und vorgestellt, um ein einheitliches Verständnis für die nachstehenden Abschnitte zu schaffen. Anschließend wird das Konzept der technischen Vererbung und in Erweiterung dessen die Bedeutung von Technologiezyklen und Produktgenerationen erörtert. Im Anschluss soll das Prinzip der Kreislaufwirtschaft, aufbauend auf den vorher beschriebenen Grundlagen, diskutiert werden. Zur Einleitung ist in der nachstehenden Abb. 4.1 ein klassischer Produktlebenszyklus mit zugehörigen Phasen dargestellt.

Produktlebenszyklen und Technologiezyklen sind in der Produktentwicklung eng miteinander verknüpft, da die technologische Entwicklung einen wesentlichen Einfluss auf die Dauer und die Phasen des Lebenszyklus eines Produkts hat. Der Produktlebenszyklus beschreibt die verschiedenen Phasen eines Produkts von der Produktentstehung über die Nutzungsphase, der Wartung bis hin zum Lebensende und möglichen Nachnutzungen. Der Technologiezyklus hingegen bezieht sich auf die Einführung neuer Technologien sowie deren Entwicklung von der ersten initialen Innovation bis zur vollständigen Marktdurchdringung und dem möglichen Ersetzen durch eine neue Technologie.

Jedes Produkt unterliegt einem Lebenszyklus, von der Produktplanung über die in Abb. 4.1 dargestellten Phasen, bis hin zur Verwertung. Strategisch ist mit dem Lebenszyklus die Entwicklung, Produktion, Vertrieb, Entsorgung sowie das aus dem Markt nehmen ganzer Produktgenerationen mit Hunderten oder Millionen von individuellen Produktausführungen gemeint. Manchmal wird sogar der gesamte Einfluss einer Technologie, in unterschiedlicher Ausprägung, über mehrere Produktgenerationen hinweg betrachtet. Eine Bewertung kann dann, zumindest retrospektiv, auch mit den Methoden des Life-

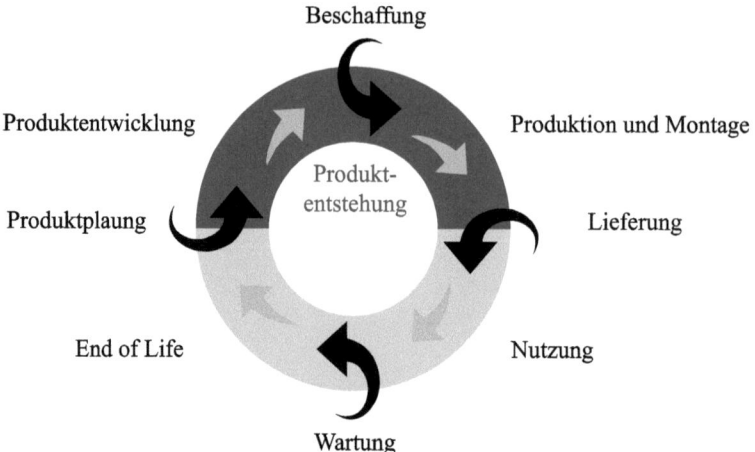

Abb. 4.1 Produktlebenszyklus mit zugehörigen Phasen

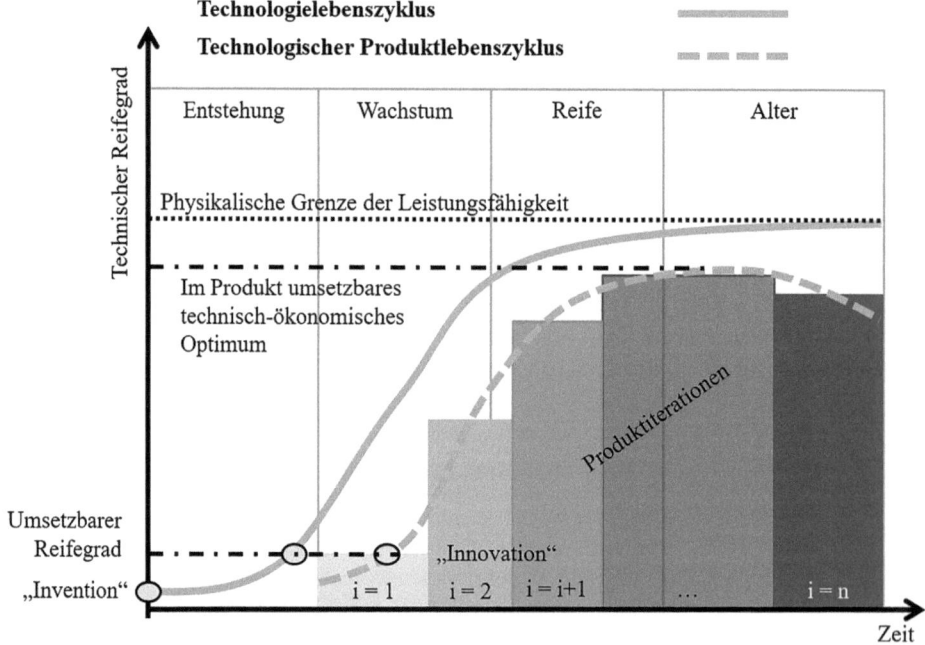

Abb. 4.2 Technologielebenszyklus und Produktgenerationen

Cycle-Assessments (siehe Kap. 5), durchgeführt werden. In der nachstehenden Abb. 4.2 werden Zusammenhänge zwischen Entstehung, Wachstum, Reife und Alter im technologischen Lebenszyklus mit einzelnen, unterlegten Produktgenerationen, vorgestellt.

Die Technologiezyklen beeinflussen den Produktlebenszyklus, indem sie neue Funktionen und Verbesserungen ermöglichen, die das Produkt während seiner Lebensdauer

4 Produktlebenszyklus und Kreislaufwirtschaft

weiterentwickeln oder die Notwendigkeit einer Anpassung oder Neuentwicklung hervorbringen. Nach einer anfänglich langsamen Entwicklung der Technologie kann ab einem bestimmten Reifegrad ein Produkt umgesetzt und in den Markt gebracht werden. Über Produktgenerationen erreicht der technologische Lebenszyklus das technisch-ökonomische Optimum, wobei die physikalische Grenze der Leistungsfähigkeit stets etwas höher liegt und nie voll ausgeschöpft wird.

Im Kontext der Produktgenerationen soll sich im weiteren Verlauf detaillierter mit den Konzepten der technischen Evolution und der technischen Vererbung auseinandergesetzt werden. Die vier Begriffe – Individuum, Genotyp, Generation und Population – spiegeln die ständige Weiterentwicklung und das kollektive Lernen in der Technologieentwicklung wider. Der Perspektivwechsel von einer Stufe zur nächsten fördert nicht nur die Optimierung einzelner Produkte, sondern auch die Entstehung neuer Paradigmen und die Verbreitung von Innovationen in der Gesellschaft. Besonders gut erläutern lässt sich das Prinzip an einem konkreten Beispiel – für die folgenden Ausführungen wurde daher das Beispiel eines VW Golf gewählt. Für die Entwicklung dieses Autos ergibt sich, dass die Population die Generationen Golf 1 bis Golf 8 umfasst. Eine dieser Generationen besteht wiederum aus unterschiedlichen Genotypen – im Fall des Golfs beispielsweise ein Kombi oder ein Fahrzeug der Kompaktklasse. Innerhalb der Genotypen sind die einzelnen produzierten Fahrzeuge jeweils als Phänotypen zu sehen, die sich unter anderem in Bezug auf Toleranzen und Verschleiß charakterisieren lassen.

In der nachstehenden Abbildung sind die beschriebenen Zusammenhänge der technischen Evolution zusammenfassend dargestellt (Abb. 4.3).

Das Paradigma der technischen Vererbung bezieht sich auf den Prozess, bei dem technologische Innovationen und Produktdaten sowie -informationen von einer Generation auf die nächste übertragen und weiterentwickelt werden.

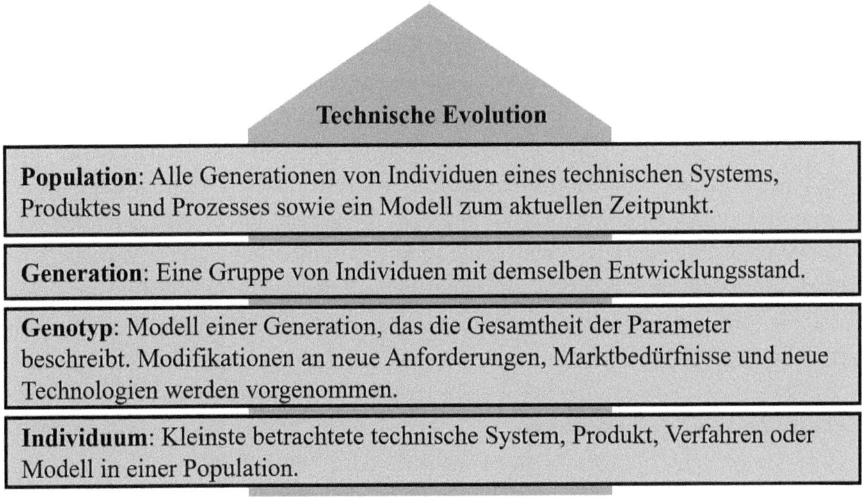

Technische Evolution

Population: Alle Generationen von Individuen eines technischen Systems, Produktes und Prozesses sowie ein Modell zum aktuellen Zeitpunkt.

Generation: Eine Gruppe von Individuen mit demselben Entwicklungsstand.

Genotyp: Modell einer Generation, das die Gesamtheit der Parameter beschreibt. Modifikationen an neue Anforderungen, Marktbedürfnisse und neue Technologien werden vorgenommen.

Individuum: Kleinste betrachtete technische System, Produkt, Verfahren oder Modell in einer Population.

Abb. 4.3 Prozessschaubild Technische Evolution

In der Produktentwicklung bedeutet dies, dass ein technisches System oder ein Produkt nicht isoliert betrachtet wird, sondern als Teil eines kontinuierlichen Entwicklungsprozesses, bei dem Innovationen auf den bestehenden Technologien aufbauen. Technische Vererbung fördert auch die Standardisierung und die Schaffung von Kompatibilität, da Technologien häufig so entwickelt werden, dass sie mit älteren Systemen oder Produkten interoperieren. Diese kontinuierliche Weiterentwicklung trägt dazu bei, dass neue Technologien effizienter, robuster und benutzerfreundlicher werden. Produkt und Prozessinnovationen leisten Beiträge zur optimalen Nutzung von Technologien und sind entweder durch den Markt (also einen Mehrwert für den Kunden) oder durch Qualitäts- bzw. Produktivitätsverbesserungen geprägt. Im Rahmen von Entwicklungsprojekten können je nach Aufwand Produkt- und Prozessinnovationen erzwungen werden. Nicht erzwungen werden können hingegen neue Technologien, auch nicht durch hohe Aufwendungen. Diese müssen im Rahmen der naturwissenschaftlichen Rahmenbedingungen erfunden werden. Die technische Vererbung und die Kreislaufwirtschaft sind eng verknüpft, da beide Konzepte die kontinuierliche Nutzung und Verbesserung von Ressourcen fördern. Durch die technische Vererbung können Produkte beispielsweise modularer gestaltet werden, was ihre Reparaturfähigkeit und Wiederverwendbarkeit einzelner Komponenten oder Baugruppen verbessert, was wiederum der Kreislaufwirtschaft sowie Qualitäts- und Zuverlässigkeitsaspekten zugutekommt.

Ausgehend vom in Abb. 4.1 dargestellten Produktlebenszyklus, baut das Konzept der Kreislaufwirtschaft darauf auf, dass am Ende der Nutzung nicht die wertlose Entsorgung des Produktes steht, sondern dass Teile und Stoffe aus dem Produkt in die Wertschöpfung bei der Erzeugung neuer Produkte zurückgeführt werden. Noch besser ist es, wenn das gesamte Produkt wieder aufbereitet und einem zweiten Zyklus zugeführt wird – in diesem Fall wird dann auch von Refurbishment oder Reuse gesprochen. Die grundlegende Vision der Kreislaufwirtschaft besteht darin, den gesamten Bedarf für die Herstellung zukünftiger Produktgenerationen durch bereits im Kreislauf befindliche Materialien zu decken, um dadurch die Notwendigkeit zur weiteren (Über-)Beanspruchung der natürlichen Ressourcen der Erde zu vermeiden. Real wurde durch das in Abschn. 3.2 beschriebene Kreislaufwirtschaftsgesetz erreicht, dass viele Wertstoffe bereits heute recycelt und in die jeweiligen Kreisläufe zurückgeführt werden können. Wobei aber, wie beispielsweise bei der Wiederverwendung von Stahl- oder Aluminiumschrott, für das Einschmelzen im Ofen oft erneut hohe Energiemengen zugeführt werden müssen, die derzeit noch nicht aus erneuerbaren Quellen bereitgestellt werden können. Eine andere Einschränkung dieses Vorgehens ist bei der Wiederverwendung von Thermoplasten zu beobachten, wobei häufig die originäre Materialqualität nicht wieder erreicht wird. In diesem Fall ist dann von einem sogenannten Downcycling zu sprechen.

Kreislauffähigkeit eines Produkts
Der Grad der Kreislauffähigkeit eines Produktes wird durch diverse Einflussfaktoren im Produktentstehungsprozess bestimmt. In der nachstehenden Abbildung sind einige solcher Faktoren ausgewählt und veranschaulichend dargestellt. Die ausgewählten Einflüsse stel-

4 Produktlebenszyklus und Kreislaufwirtschaft

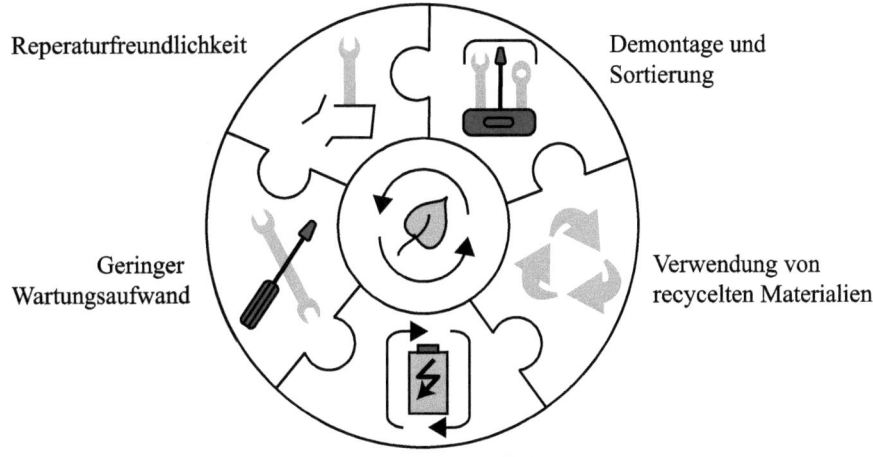

Abb. 4.4 Einflussfaktoren auf den Grad der Kreislauffähigkeit eines Produktes

len dabei keineswegs ein Abbild der Gesamtheit dar – sie präsentieren vielmehr eine Auswahl relevanter Faktoren.

Wie in Abb. 4.4 dargestellt, gehört zu den Faktoren mit einem Einfluss auf die Kreislauffähigkeit eines Produktes beispielsweise die Wiederverwendung recycelter Materialien in der Konstruktion oder noch besser die Wiederverwendung ganzer Bauteile oder Subsysteme. Für die Produktion sind eine Flexibilität zur Kombination und ein sparsamer Umgang mit aufzuwendender Energie anzustreben. In der Nutzung sind Reparaturfreundlichkeit und geringe Wartungsaufwendungen notwendig. Für die Rückführung sind zunächst Demontier- und Sortierbarkeit sowie die erforderlichen miteinander verknüpften Prozessschritte wichtig.

Bevor sich mit diesen Zusammenhängen im Detail beschäftigt werden soll, ist ein Rückblick auf die drei wesentlichen Größen der Technik notwendig. Wie in den vorherigen Kapiteln bereits adressiert, wird ein technisches System und der damit verknüpfte Kreislauf stets durch alle drei dieser allgemeinen Größen, nämlich Stoff, Energie und Information charakterisiert. Dabei hat der Mensch im Wesentlichen zunächst die Stoffflüsse, dann die Energieflüsse und in den vergangenen Jahrzehnten auch die Informationsflüsse auf technische Systeme übertragen [35].

Je nachdem, ob es sich beim technischen System um eine Einrichtung zur Stoffumsetzung, zur Energieumsetzung oder zur Informationsumsetzung handelt, wird – umgangssprachlich häufig nicht ganz korrekt – von Apparaten, Maschinen oder Geräten gesprochen [36].

Die allgemeinen Größen Stoff, Energie- und Information sind für die Beschreibung und Analyse technischer Systeme und ihrer Wirkungsweise auf einer abstrakten Ebene gut geeignet. Um Systeme in Raum und Zeit näher (bspw. auch in Form von Schaltbildern) beschreiben zu können, gehören zu den Größen Stoff, Energie und Information außerdem

Tab. 4.1 Erscheinungsformen der allgemeinen Größen

Größe	Stoff		Energie		Informationen	
Maß	Fluss [kg/s]	Menge [kg]	Fluss [kg/s]	Menge [J]	Fluss [bit/s]	Menge [bit]
Merkmale	• Stoffart • Zustand (z. B. Druck, Temperatur) • Aggregatzustand • Form		• Energieart • Aufteilung auf Komponenten • Stoffliche Träger		• Informationsart (Bild, Sprache, Ton) • Codes • Signalart	

auch ausführbare Operationen. Diese Operationen sind unter anderem das Wandeln, Umformen, Speichern, Leiten und Verknüpfen, wobei es jeweils viele verschiedene technische Ausführungsformen gibt. Auch können die Merkmale der allgemeinen Größen sehr unterschiedlich sein – siehe dazu einige Beispiele in Tab. 4.1.

Im Folgenden wird ein technisches System anhand eines Beispiels aus der Elektromobilität analysiert. Ziel ist die exemplarische Anwendung der allgemeinen Größen und Operationen unter Berücksichtigung physikalischer Einheiten zur Beschreibung eines E-Mobilitäts-Ladesystems. Dieses Beispiel dient der Veranschaulichung zuvor theoretisch eingeführter Konzepte. Das betrachtete Ladesystem umfasst verschiedene physikalische Komponenten. Dazu zählen unter anderem das Ladekabel (Länge in Meter [m]), Energiespeicher wie Fahrzeugbatterien (Masse in Kilogramm [kg]), elektrische Speicherelemente wie Kondensatoren (Kapazität in Farad [F]) sowie das Elektrofahrzeug selbst (Masse in Kilogramm [kg]). Der innerhalb des Systems auftretende Stofffluss beschreibt den Transport beziehungsweise Verbrauch materieller Ressourcen während des Ladevorgangs. Die dem System zugeführte Energie liegt in Form elektrischer Energie vor und wird in Wattstunden [Wh] beziehungsweise Kilowattstunden [kWh] angegeben. Der Energiefluss während des Ladeprozesses kann durch die elektrische Leistung in Kilowatt [kW] charakterisiert werden, wohingegen der Energieverbrauch über eine bestimmte Zeitspanne durch die verbrauchte Energiemenge in Kilowattstunden [kWh] ausgedrückt wird.

Die Systemeffizienz lässt sich als das Verhältnis der an das Fahrzeug abgegebenen elektrischen Energie zur vom Stromnetz aufgenommenen Energie beschreiben. Neben materiellen und energetischen Größen spielt auch der Informationsfluss eine zentrale Rolle im Ladesystem. Dieser betrifft insbesondere die Steuerung und Überwachung des Ladeprozesses. Relevante Informationsgrößen umfassen beispielsweise den Ladezustand der Fahrzeugbatterie (in Prozent [%]) oder die aktuelle Ladeleistung (in Kilowatt [kW]). Die Informationsverarbeitung erfolgt in digitalen Einheiten wie Bit [bit] oder Byte [B].

Für die Kommunikation zwischen Fahrzeug und Ladesäule kommen standardisierte Protokolle zum Einsatz, die Daten mit bestimmten Übertragungsraten (in Bit pro Sekunde [bps] oder Kilobit pro Sekunde [kbps]) austauschen. Diese Kommunikationsprozesse ermöglichen die kontinuierliche Anpassung des Ladevorgangs auf Basis aktueller Systemdaten. Der Energiefluss erfolgt typischerweise durch Umwandlung von Wechselstrom (AC) in Gleichstrom (DC), der über das Ladekabel in die Fahrzeugbatterie eingespeist wird. Der parallel verlaufende Informationsfluss dient der Überwachung und Steuerung des Ladeprozesses, wobei entsprechende Daten digital codiert, übertragen und unter anderem zwecks Abrechnung auf Energiekarten gespeichert werden.

Insgesamt zeigt das Ladesystem exemplarisch die Vernetzung von Stoff-, Energie- und Informationsflüssen innerhalb eines technischen Systems. Die Beschreibung erfolgt dabei unter Rückgriff auf physikalische Einheiten und technische Größen, wie sie in der ingenieurwissenschaftlichen Systembeschreibung üblich und anhand der allgemeinen Größen und Operationen systematisiert sind.

4.1 Stoffkreisläufe

Das Leben in einer realen und materiellen Welt bedingt, dass Rohstoffe, aus denen Materialien erzeugt werden, um diese wiederum in Produkten zu verbauen, für alle Gegenstände des täglichen Gebrauchs notwendig sind. Dies gilt insbesondere auch für solche der Digitalwirtschaft (Handys, Computer, Laptops, Drucker, Bildschirme, Cyberbrillen, Rechenzentren, etc.). Das Ziel eines Stoffstrommanagements beziehungsweise der Kreislaufwirtschaft ist dabei eine möglichst intensive Nutzung von den der Natur entnommenen Stoffen, um Ressourcen einzusparen und Abfälle zu vermeiden. Die Enquete Kommission der UN „Schutz des Menschen und der Umwelt" hat dazu bereits 1994 folgende Regeln formuliert:

- **Regeneration:** Die Abbaurate erneuerbarer Ressourcen sollte ihre Regeneration nicht überschreiten;
- **Substitution:** Nutzung nicht-erneuerbarer Energie nur bei gleichwertigem Ersatz oder höherer Produktivität von erneuerbaren Ressourcen;
- **Anpassungsfähigkeit:** Stoffeinträge in die Umwelt sollen sich an der Belastbarkeit der Umweltmedien orientieren;
- **Reaktionsvermögen:** Zeitmaß der anthropogenen (vom Menschen erschaffenen) Einträge in die Umwelt muss im ausgewogenen Verhältnis zum Zeitmaß der für das Reaktionsvermögen der Umwelt relevanten Prozesse stehen;
- **Vorsorge:** Gefahren und unvertretbare Risiken für die menschliche Gesundheit durch anthropogene Einwirkungen sind zu vermeiden [37].

In der folgenden Abb. 4.5 ist der Produktlebenszyklus (siehe Abb. 4.1) wiederholt und weiterführend ergänzt um potenzielle Stoffflüsse zur Wiederverwendung im Sinne eines kreislauforientierten Ansatzes.

Wichtige Begriffe in der Abbildung sind an entsprechende, durch Pfeile dargestellte, Zuordnungen gekoppelt. Nachfolgend werden einige dieser Begriff zum verbesserten Verständnis erörtert:

- Primärressourcen: Das erstmalige Zuführen von Rohstoffen in den Kreislauf;
- Abfall: Wertlos zu entsorgender Stoff;

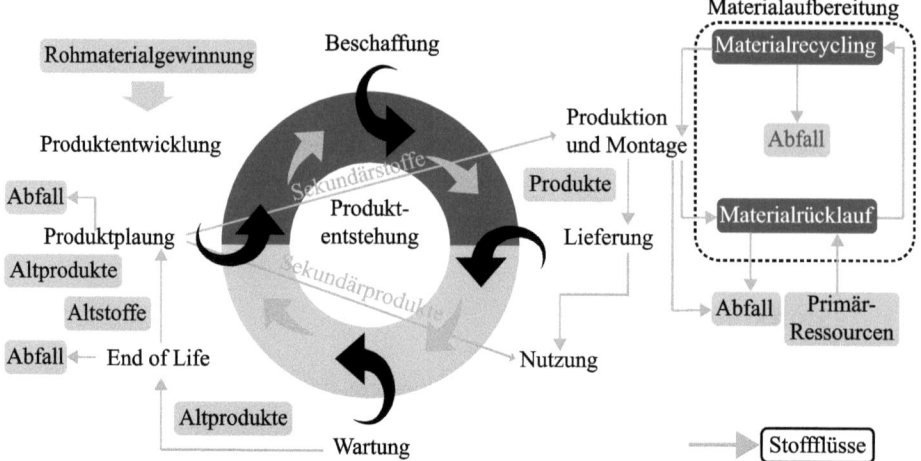

Abb. 4.5 Stoffrückflüsse innerhalb der Kreislaufwirtschaft im Produktlebenszyklus. (Eigene Darstellung in Anlehnung an Herrmann [38])

- Recycling: Die Rückführung in den Rohstoffkreislauf;
- Altstoffe: Die Verwertung von Sekundärstoffen und erneute Zufuhr in die Produktion;
- Thermisches Recycling: Das Verbrennen von Altstoffen zur Energiegewinnung;
- Sekundärprodukte: Bereits einmal aus der Nutzungsphase ausgeschiedene Produkte die als Ganzes oder in Modulen wieder einer erneuten oder weiterführenden Nutzung zugeführt werden;
- Refurbishment: Die Aufarbeitung und Wertsteigerung von Altprodukten mit dem Ziel diese wieder einer Nutzungsphase zuzuführen;
- Reuse: Die Wiederverwendung vollständiger Produkte;
- Upgrade: Die Aufwertung beziehungsweise Anpassung bereits existierender Produkte an geänderte Randbedingungen.

In der folgenden Abb. 4.6 sollen die bisher beschriebenen Eigenschaften der Kreislaufwirtschaft um den Einflussfaktor einer hierarchischen Betrachtungsebene erweitert werden. Die Abbildung zeigt in diesem Zusammenhang eine Hierarchie des Nutzens der Rückführung in der Kreislaufwirtschaft. Je größer die Anzahl höherwertiger Teile, also ganze Produkte oder Module dieser, die einer Wiederverwendung zugeführt werden, desto kürzer wird der Stoffkreislauf geschlossen und desto weniger zusätzliche Ressourcen werden benötigt. Im Idealfall werden ganze Produkte einem zweiten Lebenszyklus zugeführt.

Neben der Untersuchung von materiellen Rückführungen in Form der Materialzirkularität, vornehmlich aus der Produktentstehung, in den Betrieb sowie die Realisierung zurück, ist in dem Ansatz von Gräßler und Pottebaum [39] ebenfalls die Informationszirkularität untersucht. Dabei werden Informationen in alle Phasen der Produktentstehung zurückgeführt. Diese Annahme erhöht die Relevanz und Notwendigkeit eines konsistenten Datenmanagements innerhalb von Organisationen. Im weiteren Verlauf dieses Abschnittes

4.1 Stoffkreisläufe

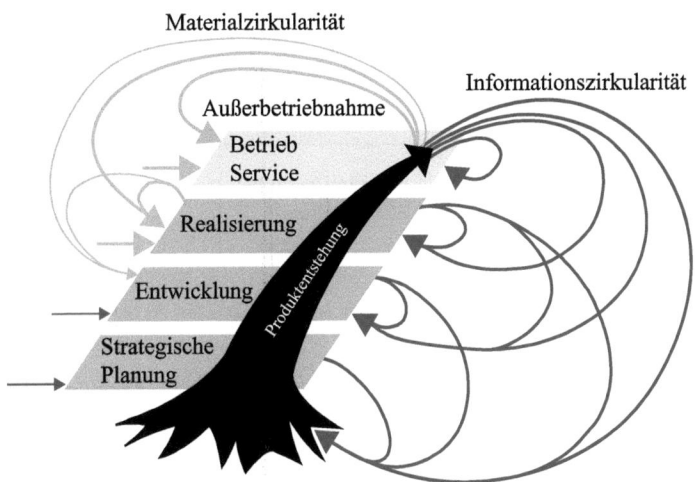

Abb. 4.6 Hierarchie der Rückführung in der Kreislaufwirtschaft. (Eigene Darstellung in Anlehnung an Gräßler und Pottebaum [39])

soll sich, in Erweiterung der bisher erörterten Grundlagen, genauer mit Details des Stoffstrommanagements beschäftigt werden. Zur Untersuchung und Beschreibung von Stoffströmen innerhalb eines Systems eignet sich die sogenannte Stoffstromanalyse. Solche Stoffstromanalysen können anhand der in Abb. 4.7 dargestellten Zusammenhänge quantifiziert und grafisch veranschaulicht werden.

Das vereinfachte Systemmodell besteht aus den Elementen Neugeräte-Produktion, Primärmarkt, Remanufacturing-System, Sekundärmarkt und Entsorgung. Zwischen diesen Elementen verlaufen initiale Stoffströme (z. B. neue Produkte treten in den Primärmarkt und somit das System ein), Rückflussströme (z. B. gebrauchte Geräte zurück ins System) und Aufbereitungsströme (z. B. zur Wiederverwendung im Anschluss an den Primärmarkt). Sowohl die Rückflussrate als auch die Aufbereitungsrate können durch Entscheidungen des Herstellers – etwa über Produktgestalt oder gezielte Rücknahme- und Vertriebsstrategien innerhalb des Geschäftsmodells – beeinflusst werden. Nicht rückführbare Produkte verlassen das System über den Pfad der Verluste. Die Aufbereitungsrate, als Maß der aufbereiteten Produktmengen, kann zumindest teilweise durch aktive Entscheidungen der produzierenden Unternehmen in der Phase der Produktentwicklung beeinflusst werden. Im Rahmen des Kreislaufwirtschaftsgesetzes und des Labels „grüner Punkt" spielt es bei der Aufbereitungsrate keine primäre Rolle, an welcher Stelle der Prozesskette eine Rückführung in den Kreislauf erfolgt. Auch ist die potenzielle Option des Recyclings oft nicht ausreichend, da in vielen Fällen weder Prozesse noch technische Möglichkeiten für eine Rückführung oder ein Recycling auf lokaler Ebene vorhanden sind.

Analog zur Aufbereitungsrate ist die Rückflussrate maßgeblich ebenfalls durch den Hersteller beeinflussbar. Hiermit ist allerdings gemeint, dass Stoffe oder Teile durch den Hersteller selbst für seine nächsten Produktionen wiederverwendet werden – eine

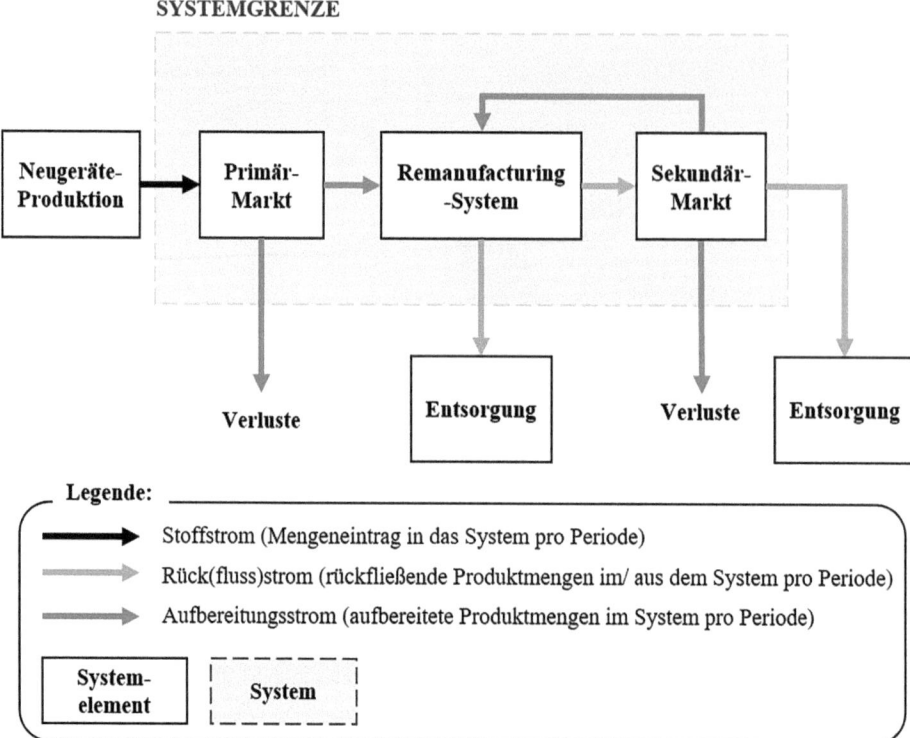

Abb. 4.7 Stoffstromanalyse am Beispiel einer Geräteproduktion. (Eigene Darstellung nach Walther et al. [40])

Downcycling soll so an dieser Stelle vermieden werden. Es wird erwartet, dass in den nächsten Jahren verbindliche Rückflussraten vom Gesetzgeber vorgeschrieben werden.

Abb. 4.8 zeigt beispielhaft die Stoffflüsse pro Monat in einem produzierenden Unternehmen. In Summe werden 200 t als Material bezogen. Davon gehen 144 t in die Produktion/Fertigung. 40 t gehen als vorgefertigte Halbzeuge oder Normteile direkt in die Montage. 20 t werden der Qualitätsprüfung zugeführt und ergänzen die Versandbereitstellung des Produktes. Verloren gehen in diesem Beispiel 12 t bei der spanenden Fertigung und 6 t bei der Montage, hier z. B. als Überschuss oder Verpackung.

Beide Darstellungen in Abb. 4.9 dienen der Analyse von Stoffströmen, jedoch auf unterschiedliche Weise und voneinander abweichende Entscheidungsunterstützung. Während Sankey-Diagramme den Fluss visuell und intuitiv darstellen, bietet die Materialflussmatrix detaillierte numerische Daten und Zusammenhänge zwischen den einzelnen Flusspunkten. Sankey-Diagramme können aus Materialflussmatrizen abgeleitet werden, um die gleichen Daten auf eine verständliche und visuell ansprechende Weise darzustellen. In der Praxis werden Materialflussmatrizen oft verwendet, um Daten zu sammeln und zu analysieren, die dann in ein Sankey-Diagramm überführt werden, um die Ergebnisse der Analyse anschaulich zu visualisieren. Ausgehend der Betrachtung von Ansätzen des Stoff-

4.1 Stoffkreisläufe

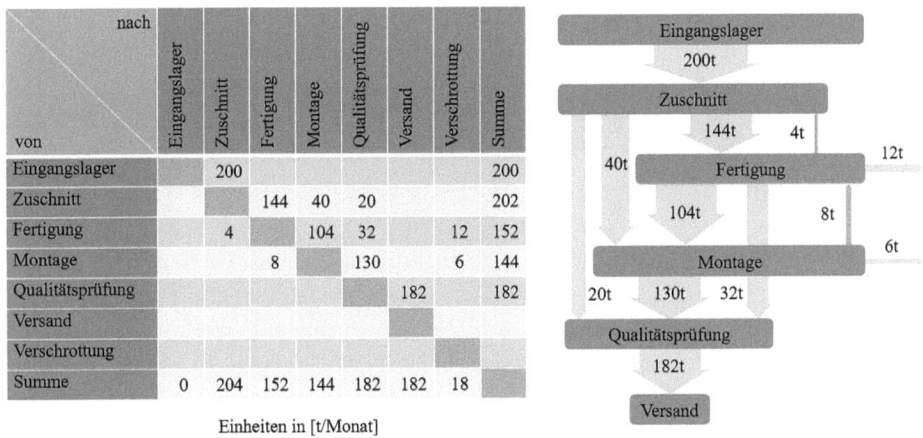

Abb. 4.8 Materialflussmatrix und Darstellung der Flüsse als Sankey-Diagramm

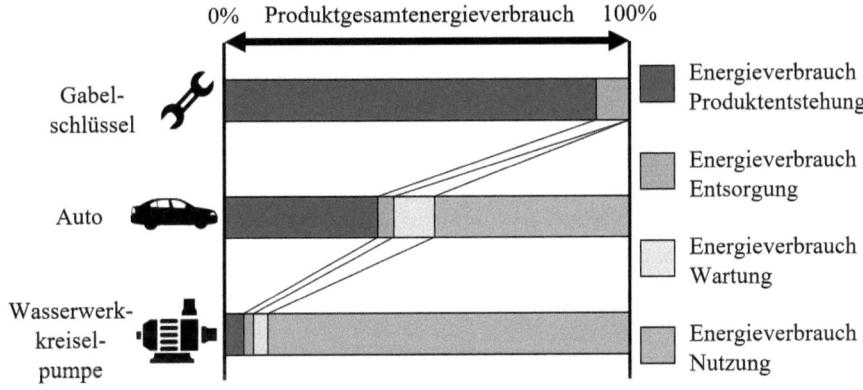

Abb. 4.9 Prozentuale Energieverbräuche für die Erzeugung und Nutzung unterschiedlicher Produkte in Anlehnung an Ehrlenspiel et al. [41]

strommanagements und der Visualisierung von Stoffströmen, ist der Umgang mit Abfällen sowie Emissionen essenziell. In der Produktentwicklung konzentrieren sich aktuelle Entwicklungen zunehmend auf den umweltfreundlichen Umgang mit Abfällen und Emissionen. Ein Beispiel dafür ist die Verwendung von Recyclingmaterialien in der Automobilindustrie, wie die Recycling-Aluminium-Legierungen, die den Materialverbrauch und die Emissionen verringern. Auch die Einführung von Kreislaufwirtschaftsmodellen, etwa durch Unternehmen wie Patagonia oder IKEA, fördert die Wiederverwendung von Materialien und reduziert Abfall. In der Elektronikbranche wird die Recyclingquote von Smartphones durch Initiativen wie Fairphone gesteigert, die die Reparaturfähigkeit und den Recyclingprozess verbessern.

Auf nationaler Ebene regeln Gesetze wie das bereits zuvor erwähnte Kreislaufwirtschaftsgesetz (KrWG) in Deutschland, das Unternehmen dazu verpflichtet, ihre Abfälle zu minimieren und Stoffkreisläufe zu schließen. Diese und weitere in Abschn. 3.2 beschriebenen Initiativen tragen dazu bei, Abfälle zu reduzieren und Emissionen zu senken, indem sie nachhaltige Produktionsmethoden in die Unternehmen integrieren.

4.2 Energie

Wie zuvor beschrieben, sollen in diesem Kapitel die allgemeinen Größen Stoff, Energie und Information beschrieben und in den Kontext der Kreislaufwirtschaft gesetzt werden. Der folgende Absatz bezieht sich in diesem Zusammenhang auf die Größe Energie, zugehörige Energieflüsse sowie deren Auswirkungen auf Produktentwicklungsprozesse, Analyseformen und den Zusammenhang zur Kreislaufwirtschaft.

Im Kontext der Nachhaltigkeitsdiskussion stellt die allgemeine Größe Energie – einschließlich des Umgangs mit dieser sowie der Struktur des Energiesystems – die nächste wesentliche allgemeine Größe dar. Dabei werden im Rahmen der Produktentwicklung zum einen die Verbräuche für die Produktion eines Gutes, zum anderen sollen auch die Verbräuche in der Nutzungsphase optimiert werden. Insbesondere wird aber die grundsätzliche Entscheidung zur Form der im System umgesetzten Energie ebenfalls am Anfang einer Entwicklung definiert. Dass sich je nach Produkt hier sehr unterschiedliche Herausforderungen ergeben, zeigt sich in den Abb. 4.9 und 4.10.

Bei Betrachtung der allgemeinen Größe Energie kann festgehalten werden, dass sobald einem System Energie von außen zugeführt wird, Arbeit (Einheit: Kilowattstunden [kWh]) verrichtet wird. In Abhängigkeit der dafür benötigten Zeit resultiert die Leistung (Einheit: Watt [W]) eines Systems, die auch als Energiefluss oder Energiestrom angegeben werden kann.

Abb. 4.10 Unterschiedliche Arten der Energiebereitstellung am Beispiel eines Rasenmähers

4.2 Energie

Die Erzeugung und Nutzung von Energie im Lebenszyklus eines Produkts unterscheidet sich je nach Art des Produkts und seiner Funktionalität. Während ein Gabelschlüssel während seiner gesamten Lebensdauer nur einen geringen Energieaufwand in der Herstellung erfordert und keine nennenswerte Energie für die Nutzung verbraucht, ist dies bei Produkten wie einer Wasserwerkkreiselpumpe anders. Letztere verursacht im Betrieb einen hohen Energieverbrauch, da sie Energie für die Förderung von Wasser benötigt und häufig Jahrzehnte im Einsatz sind. Zwischen diesen Extrembeispielen befinden sich oft Produkte des Mobilitätssektors, wie beispielsweise Autos, welche in der Produktentstehung und der Nutzungsphase hohe Energieaufwendungen vorweisen.

Analog zu der ökonomischen Betrachtung von Investitionskosten (kurz: CapEx) und Betriebskosten (kurz: OpEx) ist es in der Produktentwicklung ebenso entscheidend, sowohl die Energieaufwendungen in der Herstellung als auch den Betriebsenergieverbrauch zu berücksichtigen, um den gesamten Lebenszyklus eines Produkts hinsichtlich der Energieeffizienz zu optimieren. Im folgenden Beispiel soll sich daher genauer mit unterschiedlichen Arten der Energiebereitstellung auseinandergesetzt werden. Hierzu ist nachfolgend exemplarisch das Produktbeispiel eines Rasenmähers betrachtet und im Kontext verschiedener Arten der Energiebereitstellung ausgeführt.

Bei der Energiebereitstellung für Rasenmäher gibt es verschiedene Optionen, die jeweils unterschiedliche Anforderungen an die Produktentwicklung stellen. Batterieelektrische Rasenmäher bieten den Vorteil einer mobilen Nutzung ohne Kabel, jedoch erfordert ihre Entwicklung leistungsstarke und langlebige Akkus sowie effiziente Ladezyklen, um eine angemessene Laufzeit zu gewährleisten. Elektrische Rasenmäher mit Kabel sind günstiger, effizienter und bieten eine ununterbrochene Energieversorgung, es muss jedoch bei der Entwicklung das Kabelmanagement berücksichtigt werden, um eine flexible Handhabung zu ermöglichen. Benzinrasenmäher bieten hohe Leistung und Flexibilität, erfordern jedoch den Einsatz von Verbrennungsmotoren und fossilen Energieträgern, was Produktentwickelnde vor die Herausforderung der Minimierung von Emissionen und Lärm stellt. Der Handrasenmäher stellt die einfachste Form der Energiebereitstellung dar, bei der keine externe Energiequelle notwendig ist. Einzig müssen hier der mechanische Widerstand und damit verbunden die Benutzerfreundlichkeit optimiert werden, um den Kraftaufwand von nutzenden Personen zu reduzieren. Aus der Perspektive der Produktentwicklung ist es entscheidend, die Energiequelle in Einklang mit den Nachhaltigkeitszielen und Benutzeranforderungen zu bringen. Die Wahl der Energiequelle beeinflusst nicht nur die Umweltauswirkungen, sondern auch Kosten, Wartungsaufwand, Kompliziertheit und Langlebigkeit des Produkts.

Wesentlich beim Umgang mit Energie ist die Erkenntnis, dass diese durch technische Maßnahmen nicht erzeugt werden kann. Energie, egal in welcher Form, ist lediglich von einer Erscheinungsform in eine andere wandelbar und in der Folge diese Wandlung nutzbar. Tab. 4.2 zeigt eine Übersicht verschiedener Energieformen, zugehörige Definitionen sowie einige Beispiele.

In abgeschlossenen Systemen bleibt die Gesamtenergie unveränderlich, jedoch sind nicht alle Energieumwandlungen durchführbar, selbst wenn sie dem Energieerhaltungs-

Tab. 4.2 Energieformen, Definitionen, technische Beispiele

Energieform	Definition	Beispiele für Energieträger oder -speicher
Chemische Energie	Energie, die in chemischen Bindungen zwischen Atomen und Molekülen besteht	Erdgas, Erdöl, galvanische Zelle, Fotosynthese, Brennstoffzelle
Elektrische Energie	Energie, die durch einen Fluss von elektrischen Ladungen in einem Feld gewandelt wird	Elektromotor, Kondensator, Akkumulator
Kernenergie	Auch Atomenergie; Energie, die in Bindungen innerhalb des Atomkerns gespeichert ist	Kernkraftwerk, Atomwaffen, Fusionsgenerator
Kinetische Energie	Energie, die Körper aufgrund seiner Bewegung besitzt	Fliegender Ball, Schwungrad, Wind, fahrendes Auto, laufende Person
Potenzielle Energie	Energie, die Körper durch seine Lage in einem Kraftfeld oder durch seine Konfiguration besitzt	Apfel am Baum, Stausee, Gespannte Feder
Strahlungsenergie	Energie, die über elektromagnetische Wellen übertragen wird	Mikrowellen, Licht, Infrarotstrahlung, Röntgenstrahlen
Thermische Energie	Energie, die ein Objekt durch die Bewegung seiner Moleküle besitzt – auch als Wärmeenergie bezeichnet	Verbrennungsmotor, Wärmflasche, Heizkessel, Abwärme

satz entsprechen. Eine Umwandlung kann nur erfolgen, wenn die Erhaltungsgrößen des Systems vor und nach der Umwandlung unverändert bleiben. Zum Beispiel wird die Umwandlung kinetischer Energie durch die Erhaltung des Impulses und Drehimpulses eingeschränkt. Auch auf molekularer Ebene können viele theoretisch mögliche chemische Reaktionen nicht ablaufen, weil sie die Impulserhaltung verletzen würden. Weitere Erhaltungsgrößen, wie beispielsweise die Zahl der Baryonen und Leptonen, schränken Kernreaktionen und die Umwandlung von Energie ein.

Elektrische Energie lässt sich beispielsweise mit geringem Aufwand in viele andere Energieformen überführen, wie zum Beispiel in kinetische Energie durch Elektromotoren. Bei fast allen Umwandlungen geht jedoch ein Teil der Energie in Form von Wärme verloren, was als Dissipation bezeichnet wird. Technische Systeme sind zumeist nicht perfekt isoliert, wodurch das Auftreten von Energieverlusten unvermeidlich ist. Eine Umwandlung von Wärme in andere Energieformen erfordert immer eine Temperaturdifferenz und führt zu einem unvermeidlichen Teil an dissipierter Energie, die als Wärme verloren geht. In technischen Anwendungen erfolgen häufig mehrere gekoppelte Arten von Energiewandlung. Ein Kohlekraftwerk etwa wandelt die chemische Energie der Kohle durch Verbrennungsprozesse in Wärme um, die dann zur Erzeugung von Wasserdampf genutzt wird, welcher durch die Wandlung zu kinetischer Energie letztlich in elektrischen Strom umgewandelt wird. Der erste Hauptsatz der Thermodynamik, der die Energieerhaltung beschreibt, gilt auch hier. Der zweite Hauptsatz der Thermodynamik wiederum legt fest, dass die Umwandlung von Wärme in andere Energieformen mit technischem Aufwand verbunden ist und nicht vollständig ohne Verluste erfolgen kann.

Zusammenfassend lässt sich festhalten, dass die Umwandlung von Energie in einem System immer durch physikalische Gesetze sowie Entropie begrenzt wird. Systeme tendieren dazu, Zustände maximaler Unordnung zu erreichen, wobei eine vollständige Umwandlung aller Energieformen ist praktisch nicht möglich ist. Jede Energiewandlung ist verlustbehaftet und insofern ist jeweils das gesamte System energetisch zu betrachten. Die Wahl der Energieformen hat einen direkten Einfluss auf die Entwicklung nachhaltigerer Produkte, da sie die Energieeffizienz und die Umweltauswirkungen eines Produkts bestimmen. Bei Batterie-elektrischen Produkten, wie beispielsweise dem beschriebenen Rasenmäher, müssen Akkutechnologien entwickelt werden, die eine längere Lebensdauer, kürzere Ladezeiten und eine geringere Umweltbelastung aufweisen. Energieeffiziente Lösungen erfordern oft die Integration von intelligenten Steuerungssystemen, die den Energieverbrauch optimieren. Produkte, die mit erneuerbaren Energien betrieben werden, fördern eine nachhaltige Nutzung und reduzieren die resultierenden CO_2-Emissionen. Aus technischer Sicht ist es entscheidend, die Energiequelle in Einklang mit den verfügbaren Ressourcen und Nutzeranforderungen zu bringen, um langfristig ganzheitliche nachhaltige Lösungen zu schaffen und die Zahl der Energieverluste in einem System zu minimieren.

Bereits im 19ten Jahrhundert hat sich der Ingenieur Sankey intensiv mit der thermischen Effizienz von Dampfmaschinen auseinandergesetzt. Es heißt: „Hat man durch Bilanzierung die Notwendigkeit einer Bewirtschaftung festgestellt, so wird man Wege suchen müssen unter Heranziehung der Wissenschaft und des Fortschritts der Technik, Sparmaßnahmen einzuführen. Ferner sind alle Mittel zur Verminderung von Verlusten und zur Verwertung von Abfällen aufzubieten." [42] Zu diesem Zweck hat Sankey Stoff- und Energiebilanzen berechnet und die Dampfströme grafisch dargestellt, sodass die Stärke der Pfeile zwischen den einzelnen Knoten der Quantität der Stoffe entspricht. Diese Bilder wurden in der Folge als Sankey-Diagramme bezeichnet. Nachstehend ist ein solches Diagramm in seiner ursprünglichen Form dargestellt (Abb. 4.11).

Ein Sankey-Diagramm ist diesen Ausführungen zur Folge, als eine spezielle Art von Flussdiagramm zu charakterisieren, welches Flussmengen über mengenproportionale Pfeile darstellt. Dabei verlaufen die Flüsse immer zwischen zwei Knoten beziehungsweise zwischen zwei Prozessen. In seiner frühen Anwendung veranschaulichte solch ein Diagramm, wie Energie von einer Quelle, wie einem Kessel, durch den Dampfprozess in eine Maschine übergeht und welche Verluste (z. B. Wärme) dabei auftreten. Diese Diagramme sind besonders hilfreich, um Energieverluste und die Effizienz von Maschinen analysieren und anschaulich darstellen zu können.

Anwendungen finden Sankey-Diagramme heute im Bereich des Energiemanagements, der Verfahrenstechnik sowie der Prozesssteuerung. In einem weiteren Beispiel soll das Thema des Energieflusses um eine zugehörige Effizienzbetrachtungsweise erweitert werden. Konkret soll dabei die Effizienz in Fahrzeugscheinwerfern untersucht und betrachtet werden. Grundsätzlich kann in diesem Zusammenhang festgehalten werden, dass die

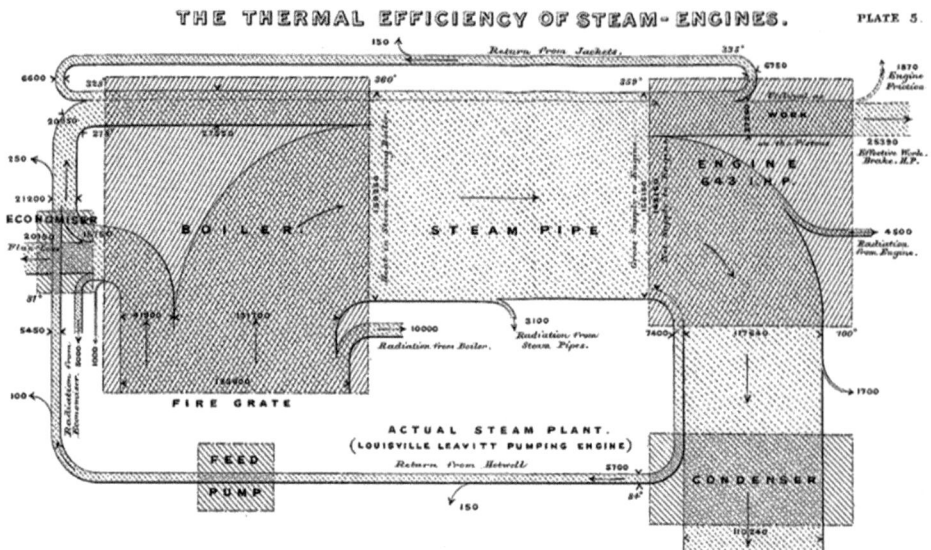

Abb. 4.11 Ursprüngliche Darstellung der thermischen Effizienz einer Dampfmaschine nach Sankey [43]

Effizienz herkömmlicher Fahrzeugscheinwerfer vergleichsweise gering ist, da ein großer Teil der zugeführten elektrischen Energie in Wärme anstatt in sichtbares Licht umgewandelt wird. In traditionellen Halogenscheinwerfern wird die elektrische Energie hauptsächlich als Infrarotstrahlung abgegeben, was in der Folge zu hohen Wärmeverlusten führt. Diese Leistungsbilanz zeigt, dass nur ein kleiner Teil der Energie als Licht genutzt wird, während der Großteil als Wärme verloren geht, wobei Wirkungsgrade der elektrischen Leistung zu Licht für Halogensysteme bei 3 % liegen.

In der nachstehenden Abb. 4.12 sind die beschriebenen Zusammenhänge der Energiewandlung und -effizienz am Beispiel eines am Institut entwickelnden Scheinwerfers dargestellt. Dabei ist die jeweilig relative Leistung des Scheinwerfers für unterschiedliche Phasen der Lichterzeugung und der im Strahlengang befindlichen Komponenten dargestellt.

Das hier beschriebene und in der Abb. 4.12 dargestellte Kfz-Laserscheinwerfersystem hat einen insgesamten Wirkungsgrad von 8,7 %, wobei der Hauptanteil der auftretenden Verluste auf die vier verbauten Laserdioden entfällt. Diese Verluste entstehen, indem die Dioden insgesamt 8,17 W beziehungsweise 78,3 % der ihnen zugeführten elektrischen Energie in Form von Wärme abgeben. Die elektrische Eingangsleistung im dargestellten Versuch beträgt 10,43 W. Das Modul emittiert 0,91 W optische Nutzleistung. Die Werte für Eingangsleistung, Leistung nach Kollimation, Leistung auf dem Leuchtstoff sowie Nutzleistung basieren auf durchgeführten Messreihen. Alle weiteren Werte resultieren aus diesen Ergebnissen und berücksichtigen die separat gemessenen Wirkungsgrade der im Strahlengang befindlichen Komponenten [44].

Während bei der klassischen Entwicklung technischer Systeme die Energiebereitstellung an der Systemgrenze häufig als gegeben vorausgesetzt wird (der Strom kommt

4.2 Energie

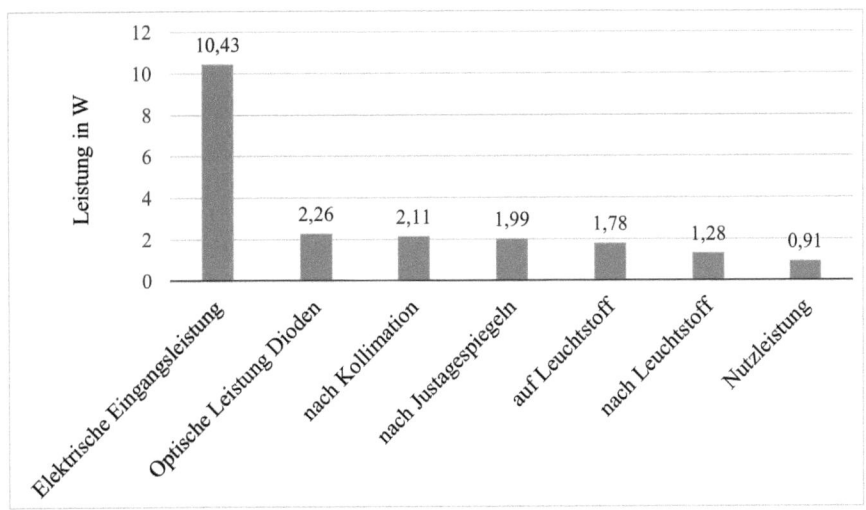

Abb. 4.12 Darstellung der Effizienz eines Kfz-Laserscheinwerfersystems für Phasen der Lichterzeugung [44]

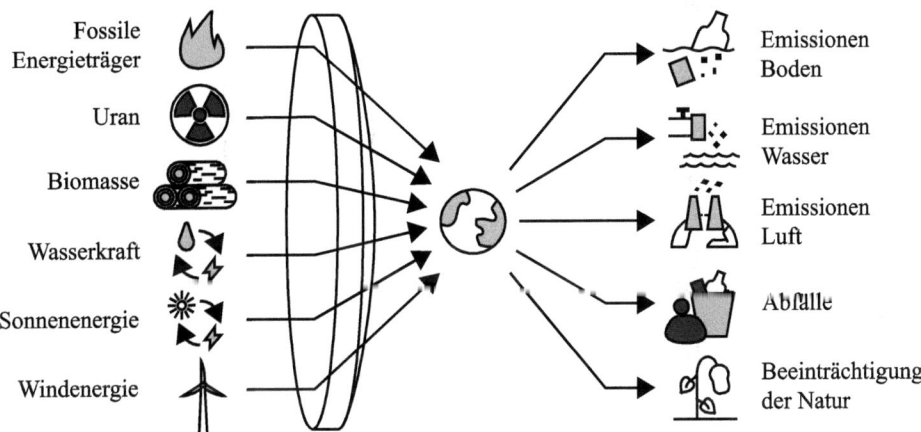

Abb. 4.13 Primärenergiequellen und Emissionen qualitativ

aus der Steckdose, das Benzin wird von der Tankstelle bezogen) und weiterführende Fragestellungen in vielen Fällen nur unter Aspekten der Betriebskostenrechnung Berücksichtigung finden, spielt insbesondere die Analyse der gesamten Prozesskette für die ökologische Betrachtung eine entscheidende Rolle. Von Interesse sind bei solch einer prozesskettenorientierten Sichtweise sowohl die initiale Bereitstellung als auch die Zusammensetzung der zur Verfügung stehenden und genutzten Primärenergie.

Die nachstehende Abb. 4.13 zeigt in diesem Zusammenhang schematisch die prinzipiell zur Verfügung stehenden Primärenergiequellen. Diese sind dabei zum einen in erneuerbare und zum anderen nicht erneuerbare Energiequellen unterschieden. Außerdem sind

Tab. 4.3 Primärenergieverbrauch nach Energieträgern 1990 und 2023 nach BMU [45]

1990	2023
35,1 % Mineralöl	35,6 % Mineralöl
21,5 % Braunkohle	24,8 % Gase
15,5 % Steinkohle	19,6 % Erneuerbare Energien
15,5 % Gase	8,7 % Steinkohle
11,2 % Kernenergie	8,3 % Braunkohle
1,2 % Erneuerbare Energien	2,3 % Sonstige Energieträger
	0,7 % Kernenergie
Gesamt: 3905 Terawattstunden	**Gesamt: 2982 Terawattstunden**

aus diesen Primärenergiequellen resultierend entstehende Arten von Emissionen aufgeführt und ebenfalls schematisch dargestellt.

Die Bewertung von Maßnahmen hinsichtlich ihrer Nachhaltigkeit oder im Speziellen auch ihrer Ökoeffizienz, wie beispielsweise die Umstellung des Straßenverkehrs auf Elektromobilität, hängt folglich unmittelbar von der Bereitstellung der jeweiligen Form der Primärenergie für die Stromerzeugung ab.

Nachfolgend sind einige Zahlen zum Primärenergieverbrauch für Deutschland absolut und nach Energieträgern recherchiert und für die Jahre 1990 und 2023 aufgearbeitet sowie dargestellt. Für die beiden Jahre ergeben sich folgende Primärenergieverbräuche und entsprechende Energieträgeranteile. Die Auflistung erfolgt in diesem Zuge absteigend vom größten bis zum kleinsten Anteil des Energieträgers (Tab. 4.3).

Eine Terawattstunde (TWh) entspricht dabei der enormen Menge von 10^{12} Wh beziehungsweise 1 Mrd. Kilowattstunden (kWh). Zum Vergleich: Mit einer kWh Strom lassen sich etwa eine Stunde die Haare föhnen, 70 Tassen Kaffee zubereiten oder zehn Stunden ein Notebook betreiben. Ein Smartphone verbraucht bei häufigem Aufladen etwa 4 kWh pro Jahr, wobei der zugehörige Primärenergieverbrauch aufgrund der ineffizienten Ladevorgänge und Verluste im Netz etwa doppelt so hoch sein dürfte. Im Vergleich der beiden Jahre sind enorme Effizienzgewinne zu erkennen, die sich bei fast verdreifachtem Bruttoinlandsprodukt und dem um ca. 25 % gesunkenen Primärenergiebedarf widerspiegeln. Ebenfalls ist eine erhebliche Verlagerung von fossilen zu erneuerbaren Primärenergieformen zu beobachten.

4.3 Information

Gemäß den vorherigen Abschnitten, soll, nach Ausführungen zu den allgemeinen Größen Stoff und Energie, nun die Größe der Information beschrieben und in einen Zusammenhang zur Produktentwicklung sowie einer angestrebten Kreislaufwirtschaft gesetzt werden. Zu Beginn soll dazu der Begriff der Information definiert werden. Bei Stellung der Frage, was Informationen überhaupt bedeuten und wie diese beschrieben werden können, so ist der Erklärungsversuch über die sogenannte Wissenspyramide nach Aamodt und Ny-

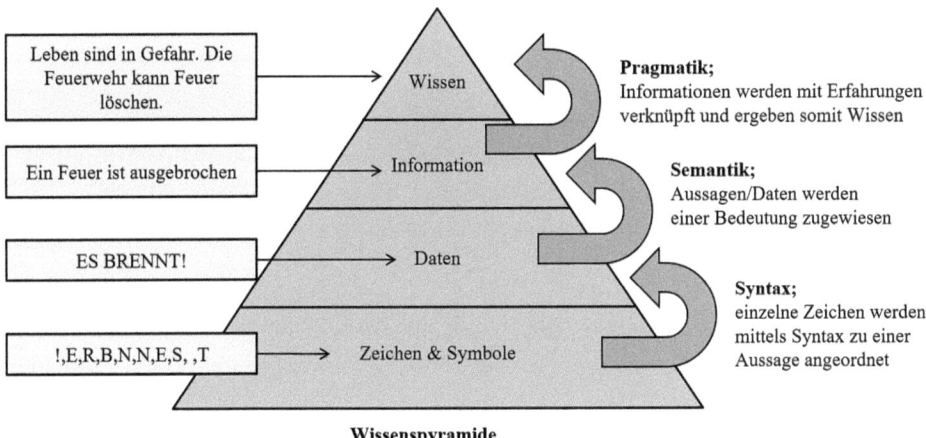

Abb. 4.14 Wissenspyramide nach Aamodt und Nygård [46]

gård [46] ein sinnvoller Ansatz. In der nachstehenden Abb. 4.14 ist die Wissenspyramide schematisch dargestellt und um Beispiele erweitert.

In einem initialen Schritt werden aus Symbolen und Zeichen mittels Syntax Daten erzeugt, welche in diesem Zuge bereits eine Aussage formulieren. Der nächste Schritt auf dem Weg zur Information kennzeichnet sich durch die Zuweisung einer Bedeutung zu den zuvor generierten Daten und Aussagen. Dieser Vorgang wird auch mit dem Begriff Semantik gleichgesetzt. Nachdem den sprachlichen Zeichen eine Bedeutung zugeordnet worden ist, können sie bereits Information genannt werden. Die Wissenspyramide beschreibt außerdem noch einen letzten Schritt, den Übergang von Information zu Wissen. Dies geschieht, indem Informationen mit Erfahrungen verknüpft und interpretiert werden. Dieser Schritt beziehungsweise Übergang wird Pragmatik genannt.

Digitale Kreislaufwirtschaft
Das Prinzip der digitalen Kreislaufwirtschaft beschreibt die Erweiterung und auch Umsetzung der zuvor bereits beschriebenen Grundlagen zum Thema Kreislaufwirtschaft mit smarten, digitalen, mitunter intelligenten und informationsspezifischen Faktoren. Unter dem Begriff der digitalen Kreislaufwirtschaft lassen sich grundlegend die Erfassung, Integration und Analyse von Daten und Informationen im Kontext einer Kreislaufwirtschaft verstehen. Das explizite Ziel ist dabei, Bewertungen objektiver vornehmen zu können und die aktuell bestehenden Probleme des End-of-Lifes unter anderem in der Recyclingwirtschaft durch geeignete Dateninformationssysteme verbessern beziehungsweise beheben zu können. Um diese Informationen effizient zu speichern, zu verwalten und abzurufen, kommen Datenbanken als strukturierte Systeme für die langfristige Aufbewahrung und schnelle Verarbeitung von Daten zum Einsatz. In der folgenden Auflistung sind ausgewählte und relevante Datenbanken im Kontext von ökologischen Bewertungen ausgewählt und um die jeweilige Web-Adresse erweitert aufgeführt.

- **ProBas:** Prozessorientierte Basisdaten, Bibliothek für Lebenszyklusdaten
  - Kategorien: Energie, Materialien und Produkte, Transport, Entsorgung
  - Link: probas.umweltbundesamt.de
- **GaBi:** Ganzheitliche Bilanzierung
  - Primärdatenkategorien: Landwirtschaft, Bauwesen und Konstruktion, Chemikalien und Materialien, ausgewählte Konsumgüter, Bildung, Elektronik und Informationstechnologie, Energie und Versorgungsunternehmen sowie erneuerbare Rohstoffe
  - Link: gabi.sphera.com
- **Ecoinvent:**
  - Sachbilanzdaten zu Energie, Materialien, Abfallentsorgung, landwirtschaftliche Produkte und Prozesse, Transporte, Elektronik, Metallverarbeitung und Gebäudelüftung
  - Link: ecoinvent.org
- **ELCD:** European Platform on Life Cycle Assessment
  - Prozessdatensätze zu Transportleistungen, Materialproduktion, Energiebereitstellung, Landnutzung
  - Link: eplca.jrc.ec.europa.eu

All diese Datenbanken adressieren jedoch die realen Produkte, ihre Mengen und ihren Gebrauchszustand im Feld nur unzureichend. Konkrete Probleme für eine effiziente Kreislaufwirtschaft sind:

- Unterentwickelte Informationsverfügbarkeit, insbesondere über die Qualität und Verfügbarkeit von Rezyklaten.
- Erhöhte Transport und Suchkosten sowie erhöhter Aufwand für die Kalkulation und allgemein Informationsbeschaffung.
- Verzerrte Wahrnehmung potenzieller Kunden über die Qualität der Produkte und Minderwertigkeit von Sekundärmaterialien.
- Technologischer Aufwand und keine Wahrnehmung des Nutzens der Rezyklierbarkeit als Wettbewerbsvorteil.

In der Folge dieser Probleme ergeben sich grundlegend Lösungsansätze in drei Richtungen:

1. Produkte sollten so gestaltet werden, dass Materialien leicht sortenrein voneinander getrennt werden können. Dies betrifft Demontage, Kennzeichnung sowie den Umgang mit Multimaterialität und wird in Kap. 8 weiter diskutiert.
2. Gentelligente Bauteile können darüber hinaus inhärent Daten über ihren Lebenszyklus speichern und so Informationen für ihre weitere Verwendung direkt bereitstellen. Beispiele, wie dies möglich ist sind in Abb. 4.15 dargestellt.
3. Gentelligente Bauteile, wie bauteilinhärente Sensoren, integrieren direkt in ihre Struktur Sensorfunktionen, die eine kontinuierliche Überwachung des Zustands und der Umweltbedingungen ermöglichen. Ein Beispiel sind laserstrukturierte Dehnungsmess-

4.3 Information

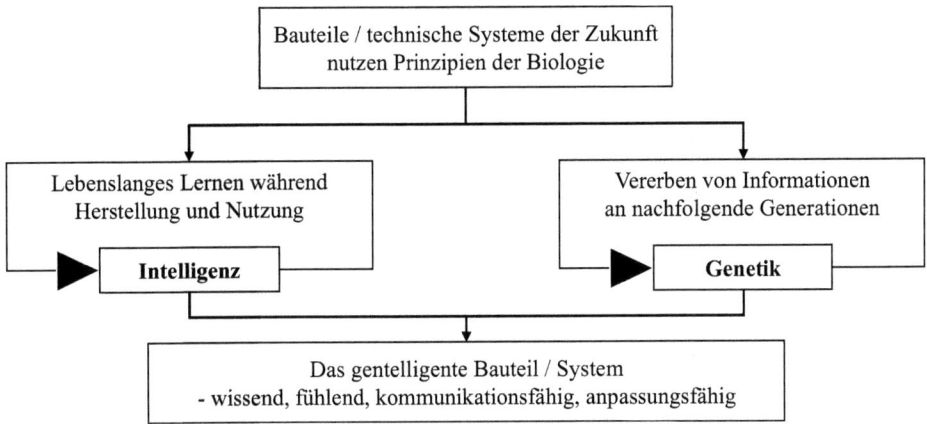

Abb. 4.15 Schematische Übersicht gentelligenter Bauteile [47]

sensoren, die auf Basis von Mikrosensoren Veränderungen in der Dehnung und Spannung eines Bauteils messen, was insbesondere in der Strukturüberwachung von Maschinen und Gebäuden Anwendung findet. Faseroptische Sensoren können entlang von Bauteilen integriert werden und ermöglichen eine hochpräzise Messung von Temperatur, Druck oder mechanischen Belastungen. Bauteile passen sich durch ihre Materialeigenschaften dynamisch an Temperaturänderungen an, wodurch eine verbesserte Effizienz und Lebensdauer der Produkte erreicht werden. Diese Technologien tragen so zur Entwicklung von selbstüberwachenden, ressourcenschonenden Systemen bei, die frühzeitig auf Veränderungen reagieren und somit die Wartungskosten und Ausfallrisiken verringern.

Ein weiterer Ansatz ist in Abb. 4.17 dargestellt. An vielen Stellen treten heutzutage sogenannte Cyber-Physikalischen Systeme auf. Diese kommunizieren, primär aus funktionalen Gründen, mit dem Internet sowie darüber hinaus mit anderen umliegenden Systemen. Produkt-Service-Systeme (PSS) können beispielsweise bereits automatisiert Verbrauchsmaterialien nachbestellen, Wartungen initiieren sowie Aussagen über ihren Gebrauchszustand übermitteln. Ein weiterer Ausbau dieser Fähigkeiten könnte unter Bereitstellung entsprechend großer KI unterstützter Datenbanken die Erzeugung von Märkten durch die Produkte selbst ermöglichen. Das Konzept oder Paradigma des Internet of Things (IoT) geht von einer allgegenwärtigen Präsenz einer Vielzahl an Dingen, oder Artefakten, beziehungsweise Objekten in der Umwelt aus. Diese sind über drahtlose oder konventionell drahtgebundene Verbindungen und eindeutige Schemata in der Lage, miteinander zu interagieren und mit anderen, ebenfalls vernetzten, Dingen oder Objekten zu kommunizieren und zusammenzuarbeiten. Dies kann in der Folge dazu führen, dass neue Anwendungen oder Dienste geschaffen und gemeinsam Ziele erreicht werden.

Herausforderungen großer Datenmengen

Im Umgang mit extremen Datenmengen entstehen eine Reihe von Herausforderungen hinsichtlich Effizienz, Parallelität, Zugriffskontrolle und Datensicherheit.

Existierende Lösungsansätze sind beispielsweise sogenannte „Relational Database Management Systems" (RDBMS) die, basierend auf einem relationalen Modell, eine intuitive und einfache Art Daten und Tabellen darzustellen, bieten. RDBMS zeichnen sich durch eine Trennung von logischen Datenstrukturen und physischen Speicherstrukturen aus. Zur Abfrage von Daten wird in häufigen Fällen die „Structured Query Language" (SQL) eingesetzt, wodurch die Daten für jeden Informationsbedarf anwendbar sind, bei dem sich verschiedene Datenpunkte aufeinander beziehen.

Mit Hilfe von verschiedenen Algorithmen können darüber hinaus künstliche Intelligenzen (bspw. Multi-Agentensysteme) in verschiedenen, mitunter extrem ausgeprägten Datensätzen Muster erkennen und Prognosen überprüfen. Aufgrund des zu erwartenden sehr großen Datenvolumens bei der Digitalisierung der Kreislaufwirtschaft besteht hier zukünftig die Notwendigkeit des Ausbaus der Fähigkeiten.

Der dritte Aspekt ist die Nutzung von Daten für die Entwicklung neuer Rohstoffe, Materialkreisläufe und Geschäftsmodelle. Dabei liegen die Herausforderungen in der Bestimmung und Harmonisierung verfügbarer, im Prozess befindlicher und benötigter Mengen sowie der anschließend notwendigen Qualitätsbestimmung und Dokumentation. Eine zentrale Herausforderung bei der konsistenten Datenverfügbarkeit entlang von Produktlebenszyklen besteht darin, dass Daten oft in unterschiedlichen Formaten vorliegen und von verschiedenen Akteuren und Akteurinnen (z. B. Herstellenden, LieferantInnen, Nutzenden) erfasst werden, wodurch die Integration und Nutzung dieser Daten erschwert wird. Diese mangelnde Interoperabilität hindert eine effektive Nutzung von Daten und Informationen, welche notwendig sind, um beispielsweise neue Materialien zu entwickeln, die den Anforderungen der technischen Umsetzbarkeit sowie angestrebten Kreislaufwirtschaft gerecht werden. Darüber hinaus sind Daten über den gesamten Lebenszyklus eines Produkts oft lückenhaft oder nicht ausreichend dokumentiert, was eine präzise Nachverfolgbarkeit und Analyse von Materialflüssen sowie deren Wiederverwendbarkeit behindert. Um aus diesen Informationen neue Geschäftsmodelle entwickeln zu können, müssen Unternehmen Systeme schaffen, die eine lückenlose Erfassung und Verarbeitung von Daten über Entwicklung, Design, Produktion, Nutzung und Recycling ermöglichen. Dies erfordert notwendigerweise eine enge Zusammenarbeit zwischen allen Beteiligten sowie die Einführung standardisierter und transparenter Datenmanagementlösungen. Nur durch eine konsistente Datenbasis lassen sich innovative Lösungen für Materialkreisläufe und nachhaltige Geschäftsmodelle realisieren.

Abschließend sei noch auf den Einfluss der weitgreifenden Digitalisierung auf den insgesamten Energiebedarf und die damit verbundenen Emissionen hingewiesen. Die nachfolgende Abb. 4.16 zeigt in diesem Kontext den über der Zeit aufwachsenden Strombedarf der Rechenzentren in Europa von gegenwärtig knapp 100 TWh pro Jahr (entsprechen 360 Petajoule pro Jahr).

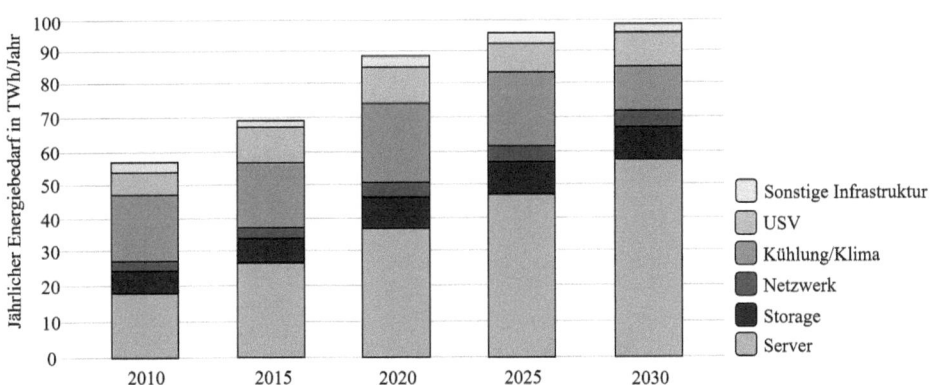

Abb. 4.16 Energiebedarf der Rechenzentren in Europa (Prognose ab 2020) nach Hintemann et al. [48]

Die Erzeugung, Speicherung und Übertragung von Daten erfordert erhebliche Energieaufwendungen. Rechenzentren, die für die Verarbeitung und Speicherung von Daten zuständig sind, verbrauchen große Mengen an Strom, der häufig noch aus fossilen Quellen stammt, was zu CO2-Emissionen führt. Auch die Netzwerkinfrastruktur, die den Datenverkehr ermöglicht, erfordert Energie für den Betrieb von Servern, Routern und anderen Geräten, beziehungsweise Infrastruktur, was ebenfalls zur Emission von unter anderem Treibhausgasen beiträgt. Zudem können die Herstellungs- und Entsorgungsprozesse von Hardwarekomponenten, die zur Datenverarbeitung notwendig sind, zusätzliche Umweltauswirkungen verursachen. Daher ist es wichtig, den Energieverbrauch und die Emissionen im Zusammenhang mit der jeweiligen digitalen Infrastruktur zu berücksichtigen, um deren ganzheitliche Nachhaltigkeit zu verbessern.

Eine Erweiterung dieser Statistik beschäftigt sich mit dem zuvor beschriebenen und immer größer werdenden Einsatz von Anwendungen der Künstlichen Intelligenz (kurz KI). Mithilfe des nachstehenden Vergleiches soll aufgezeigt werden, dass insbesondere der zunehmende Einsatz solcher KI-basierter Technologien einen enorm großen Anstieg des Energiebedarfs verursacht. In Abb. 4.17 ist dazu ein Vergleich zwischen einer konventionellen Google-Suche und weiteren, KI-basierten Suchanfragen dargestellt.

Im Zuge eines zunehmenden Einsatzes von künstlicher Intelligenz ist zu erwarten, dass der Energiebedarf in naher Zukunft stark ansteigt. Dies ist vor allem in der immer größer werdenden Komplexität der Algorithmen und der zunehmenden Datenmengen, die für das Training und den Betrieb von KI-Systemen benötigt werden, begründet. Zum aktuellen Zeitpunkt ist es schwierig, das genaue Ausmaß dieses Anstiegs zu quantifizieren, da die benötigten Datenmengen sowie die damit verbundenen Energieanforderungen noch nicht vollständig erfasst sind.

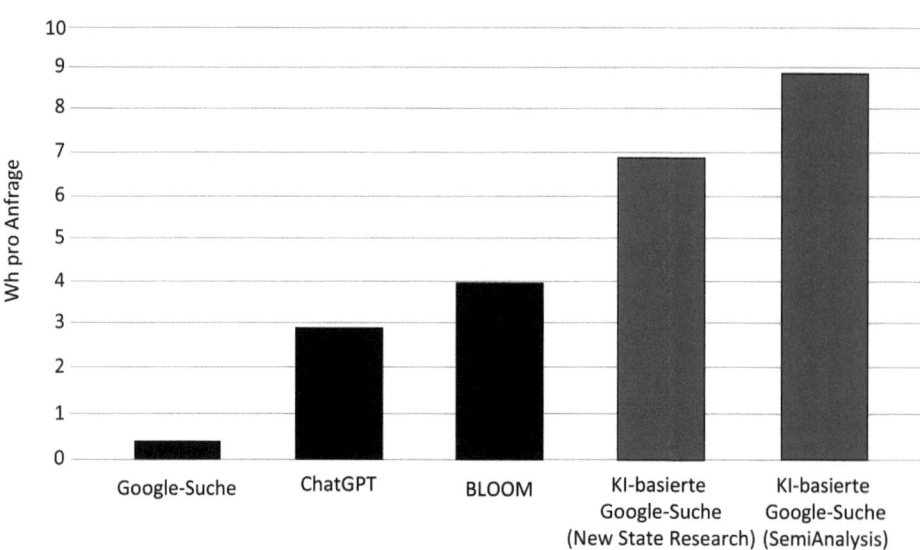

Abb. 4.17 Geschätzter Energieverbrauch für verschiedene Suchsysteme pro Anfrage nach de Vries [49]

Fußabdruck und Bewertung

5

Die Bewertung von Produkten hinsichtlich ihrer ökologischen, ökonomischen und/oder sozialen Nachhaltigkeit stellt Unternehmen, Forschende und politische Entscheidungsträger vor komplizierte und auch zunehmend komplexe Herausforderungen. Ein zentrales Problem besteht darin, dass es keine universelle Definition oder Methode gibt, um Nachhaltigkeit in allgemeingültiger und ganzheitlicher Form zu messen. Verschiedene Branchen und Interessengruppen priorisieren unterschiedliche Nachhaltigkeitsziele, was zu einer Vielzahl von mitunter schwierig zu vergleichenden oder intransparenten Bewertungsansätzen führt.

In diesem Kapitel werden verschiedene Ansätze und Methoden zur Bewertung der ein- sowie mehrdimensionalen Nachhaltigkeit von Produkten untersucht. Dabei soll aufzeigt werden, wie unternehmerische Verantwortung und innovative Bewertungsansätze dazu beitragen, die Thematik „Nachhaltigkeit" in all ihren Facetten zu beleuchten. Ziel ist, einen Rahmen zu definieren, der Anwendenden in der Praxis hilft, fundierte Entscheidungen zu treffen, indem er nicht nur die Wirtschaftlichkeit eines Produkts, sondern auch Auswirkungen auf die umgebende Umwelt berücksichtigt. Dabei wird ein besonderes Augenmerk auf ganzheitliche Modelle gelegt, die es ermöglichen, die Auswirkungen eines Produktes während seines gesamten Lebenszyklus zu analysieren.

Neben der theoretischen Fundierung sollen praktische Beispiele und Fallstudien vorgestellt werden, die erfolgreiche Anwendungen dieser Bewertungsmethoden veranschaulichen. Durch die Auseinandersetzung mit bewährten Praktiken und innovativen Ansätzen wird angestrebt, einen Beitrag dazu zu leisten, nachhaltige Entwicklungen in der Produktgestaltung weiter voranzutreiben. In einer Welt, in der die Forderung nach Nachhaltigkeit immer lauter wird, kann eine umfassende und ganzheitliche Bewertung von Produkten den Schlüssel zu verantwortungsvollen und zukunftsfähigen Entscheidungen darstellen.

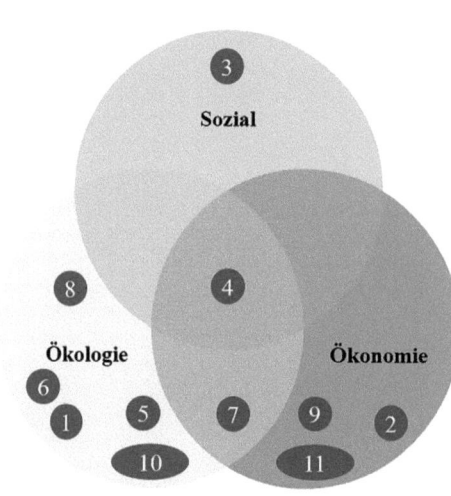

Nr.	Bewertungswerkzeug
1	Life Cycle Assessment
2	Life Cycle Costing
3	Social Life Cycle Assessment
4	Sustainable Life Cycle Assessment
5	Carbon Footprint
6	Ecological Footprint
7	Materialflussanalyse
8	Materialinput pro Serviceeinheit
9	Ökoeffizienzanalyse
10	Methode der ökologischen Knappheit
11	Green Accounting

Abb. 5.1 Bewertungswerkzeuge im integrierenden Nachhaltigkeitsdreieck

Die in diesem Kapitel beschriebenen Method(ik)en und Modelle lassen sich alle, wie folgt, in das nachstehend abgebildete integrierende Nachhaltigkeitsdreieck einordnen (Abb. 5.1).

Je nach der Ausprägung der jeweiligen Method(ik)en und Methoden wird eine Zuordnung innerhalb des Nachhaltigkeitdreiecks vorgenommen. So lassen sich Ansätze identifizieren, die sich rein auf eine Dimension des Nachhaltigkeitsdreiecks fokussieren und zugleich andere Ansätze, die in der Bewertung das Spannungsfeld mehrerer Dimensionen miterfassen.

Relevant ist für die Bewertung der Nachhaltigkeit von Produkten die Erfassung von dimensions- und prozessspezifischen Indikatoren sowie Elementarflüssen. Diese lassen sich unter anderem in Ressourcen (energetischer, materieller sowie personeller Form), Emissionen in Luft, Boden und Wasser sowie Sicherheit (Gesundheit, Umwelt und weitere Bedürfnisse) unterscheiden.

Nachfolgend werden zunächst eindimensionale Bewertungsmethoden vorgestellt und erläutert.

5.1 Eindimensionale Bewertungsmethoden

Zur eindimensionalen Bewertung und damit verbundenen Quantifizierung der Nachhaltigkeit lassen sich drei häufig angezogene Bewertungsmethodiken zur Berechnung von sogenannten „footprints" oder „Fußabdrücken" identifizieren:

- Product Carbon Footprint
- Ecological Footprint
- Water Footprint

5.1 Eindimensionale Bewertungsmethoden

Diese verschiedenen Ausführungen von Fußabdrücken haben alle das Ziel, den Impact eines Produktes oder Prozesses quantifizierbar und vergleichbar zu machen. Jeder dieser Fußabdrücke unterscheidet sich jedoch in der Einheit sowie dem erhobenen Messgegenstand.

Der **Product Carbon Footprint (kurz: PCF)** ermöglicht beispielsweise die Erfassung der Menge an Treibhausgasen, die ein Mensch in einer bestimmten Zeit, ein Produkt während der Produktion oder ein Prozess verursacht. Da es sich bei dieser Form der Bewertung um eine outputorientierte Betrachtung handelt, werden jegliche Emissionen von Treibhausgasen über einen gewissen Zeitraum beziehungsweise innerhalb einer Systemgrenze betrachtet und bilanziert. Die Bilanzsumme aller verursachten Treibhausgase wird dabei in der Gesamtmenge CO_2-Äquivalenten (kurz: kg CO_2-Äq.) angegeben, wodurch eine Umrechnung der verschiedenen Treibhausgase notwendig wird. Gemäß der Intergovernmental Panel on Climate Change (kurz: IPCC) lässt sich das Treibhausgaspotenzial verschiedener Treibhausgase wie folgt angeben (Tab. 5.1).

Somit handelt es sich bei dem Product Carbon Footprint um eine Ökobilanzierung, die sich „lediglich" auf eine Wirkungskategorie – in diesem Fall die Kategorie „Klimawandel" – fokussiert. Die Leitlinien für die Durchführung und somit tatsächliche Anwendung dieser Methode finden sich in der EN ISO 14067 („Treibhausgase – Carbon Footprint von Produkten") und unterstreichen die Notwendigkeit von konsistenten, transparenten und wissenschaftlich hochwertigen Dokumentationen der jeweiligen Bewertungen.

Ein konkretes Beispiel für eine Kühlanlage in der Lebensmittelindustrie wäre eine Industriekühlanlage, die R-134a (1,1,1,2-Tetrafluorethan) als Kältemittel verwendet, welches ein Treibhausgaspotenzial von etwa 1430 CO_2-Äquivalenten hat. Diese Kühlanlagen werden typischerweise für die Lagerung und Kühlung von Lebensmitteln in großen Lagerräumen und in der Lebensmittelverarbeitung eingesetzt.

Ein Beispiel zur Bilanzierung des Product Carbon Footprints von Rindern mit Fokus auf den Methan-Ausstoß ist die Betrachtung der Rinderhaltung in der Landwirtschaft, ins

Tab. 5.1 Faktoren zur Berechnung der Treibhausgaspotenziale nach IPCC [50]

Treibhausgas	Treibhausgaspotenzial in CO_2-Äq. Nach IPCC07	Wichtige Quellen
Kohlendioxid (CO_2)	1	Fossile Energieträger
Methan (CH_4)	25	Rinderhaltung, Nutzung von Biomasse
Lachgas (N_2O)	298	Dünger, fossile Energieträger
Voll halogenierte Kohlenwasserstoffe (FKW)	7390–12.200	Aluminiumherstellung, Halbleiterproduktion, Feuersicherung, Löschmittel
Teilhalogenierte Fluorkohlenwasserstoffe (HFKW)	124–14.800	Kühlmittel, Treibgas (bspw. in Sprays)
Schwefelhexafluorid (SF_6)	22.800	Elektroindustrie, Isolationsgas (bspw. für Schallschutzfenster)
Stickstofftrifluorid (NF_3)	17.200	Produktion von Flachbildschirmen und Solarzellen

besondere der Fleischproduktion. Rinder produzieren während ihrer Verdauung Methan (CH_4) als Nebenprodukt der Fermentation von Nahrung in ihrem Pansen, einem Prozess, der durch Mikroben im Verdauungssystem angestoßen wird. Dieses Methan wird größtenteils durch Aufstoßen in die Atmosphäre freigesetzt.

Die Emissionen von Methan durch Rinder stellen einen erheblichen Teil des CO_2-Äquivalents des Product Carbon Footprints dar. Gemäß [51] können 100 kg Methan pro Jahr pro Tier in intensiven Produktionssystemen hochgerechnet werden. Konkret lässt sich für das Produkt in Form von 100 g Rindfleisch (ca. 30 % eines Rinds sind Fleisch) auf einen Mittelwert von 50 kg CO_2-Äq. oder eine Landnutzung von 175 m³ pro Jahr berechnen [52].

Darüberhinausgehend bietet der Ansatz des **Ecological Footprints** eine weitere Möglichkeit der Erfassung der biologisch produktiven Landfläche, die für einen konkreten Prozess in ganzheitlicher Form benötigt wird [53]. Angegeben wird das Ergebnis dieser Bewertung in „Hektar Landfläche" (Zum Vergleich: Ein Hektar entspricht 10.000 m²). Diese Wahl der Einheit lässt sich über die Definition des Ecological Footprints als „Verbrauch der Biokapazität" für ein Produkt oder einen Prozess erklären. Dieser Gesamtverbrauch der Biokapazität setzt sich aus der Summe des Verbrauchs der Biokapazität innerhalb von Produktionsprozessen innerhalb einer betrachteten Systemgrenze beziehungsweise der darin enthaltenen Produkte und der Differenz der in das System ein- sowie ausgeführten Biokapazität zusammen. Die Biokapazität selbst lässt sich in die folgenden fünf Kategorien unterscheiden:

• Built-Up Land:	Bebautes beziehungsweise genutztes Land
• Forest Land:	Waldflächen
• Fishing Ground:	Befischte Fläche
• Grazing Land:	Weidefläche
• Cropland:	Ernteflächen

Die Qualität von Flächen, die für unterschiedliche Nutzungsarten wie Landwirtschaft, Forst- oder Weidewirtschaft eingesetzt werden, wird durch viele Faktoren bestimmt. Diese Faktoren beeinflussen sowohl die Ertragsfähigkeit als auch die ökologische Nachhaltigkeit der jeweiligen Flächen. In der folgenden Tab. 5.2 sind die wichtigsten Kriterien zusammengefasst, die bei der Bewertung der Flächenqualität berücksichtigt werden. Sie umfassen sowohl natürliche Gegebenheiten wie Bodenart und -qualität, Wasserverfügbarkeit und Klima als auch anthropogene Einflüsse wie Nutzungsgeschichte und Pflegepraktiken. Eine fundierte Einschätzung dieser Kriterien ist unerlässlich, um eine nachhaltige Bewirtschaftung und langfristige Nutzung der Flächen zu gewährleisten (vgl. Tab. 5.2).

In Deutschland verteilt sich die Nutzung der Gesamtfläche von 35,8 Mio. Hektar wie folgt:

- Landwirtschaftliche Flächen: 50,4 % (18,0 Mio. ha)
- Waldflächen: 29,9 % (10,7 Mio. ha)

Tab. 5.2 Sammlung an Kriterien zur Beschreibung der Flächenqualität

Kriterium	Beschreibung
Bodenqualität	• Bodenart (sandig, lehmig, tonig) • Bodenfruchtbarkeit (Nährstoffgehalt) • Bodenstruktur (Belüftung und Wurzelwachstum) • pH-Wert (Nährstoffverfügbarkeit)
Wasserverfügbarkeit	• Grundwasserstand (Verfügbarkeit für Pflanzen) • Niederschlagsverhältnisse (Regionale Regenmengen)
Topografie	• Hangneigung (geeignet für Landwirtschaft und Weiden) • Erosion (Anfälligkeit des Bodens)
Nutzungsgeschichte	• Frühere Nutzung (Übernutzung, Bodenmüdigkeit) • Naturschutzgebiete (Biodiversität und ökologische Qualität)
Bodenbearbeitung und -pflege	• Fruchtwechsel (Nachhaltigkeit in der Landwirtschaft) • Beweidung (Pflege der Weideflächen, nachhaltige Nutzung)
Klima	• Frostgefahr (Auswirkungen auf den Anbau) • Jahreszeiten (Länge der Vegetationsperiode)

- Siedlungs- und Verkehrsflächen: 14,6 % (5,2 Mio. ha)
- Sonstiges: 5,1 % (1,8 Mio. ha)

Im Regionalatlas der Statistischen Ämter des Bundes und der Länder [54] können bundesweit die Flächennutzungen angezeigt werden. Der tägliche Flächenverbrauch beläuft sich in Deutschland aktuell auf ca. 50 ha. Dieser Flächenverbrauch betrifft vor allem die Land- und Forstwirtschaft.

Als drittes Beispiel für eindimensionale Bewertungsmethoden kann der Water Footprint vorgestellt werden. Dieser erfasst den direkten und indirekten Wasserverbrauch, der während eines Prozesses, wie beispielsweise der Realisierung eines Produktes, anfällt. Diese inputorientierte Betrachtung ermöglicht eine möglichst ganzheitliche Erhebung jeglicher Ressourceneinträge in das untersuchte System in Form von Wasser. Innerhalb dieser Datenerhebung wird in verschiedene Formen der Ressource, wie Niederschlag, Oberflächen-, Meer-, Brack-, Grund- und fossiles Wasser unterschieden.

5.2 Multikriterielle Entscheidungsverfahren

Im Spannungsfeld der mehrdimensionalen Nachhaltigkeitsbetrachtung und -bewertung bietet ein Verständnis der Technologie als „Mittel zum Zweck" die Möglichkeit für IngenieurInnen Nachhaltigkeitsziele zu verfolgen. Durch die Nutzung von Technologien als „Kommunikation in ingenieur-, natur-, sozial- und wirtschaftswissenschaftlichen Disziplinen" sowie „Artefakte der (aktuellen) Entwicklungen" bildet der Einsatz von innovativen Technologien die Basis für nachhaltigkeitsorientierte Entscheidungsfindungen [55].

Nach Lindemann [56] lässt sich der Prozess der Entscheidungsfindung in bewusste und unbewusste Entscheidungen unterscheiden. Die bewussten Entscheidungen müssen nicht rein rationaler Gestalt sein, sondern können auch aus rein intuitiven, improvisierten oder methodisch unterstützten Entscheidungsfindungen resultieren. Unabhängig dieser Ausprägung der Entscheidungsfindung ist es das Ziel eine möglichst objektive Entscheidungsgrundlage zu schaffen, um das Risiko für Fehlentscheidungen zu minimieren. Aus Perspektive der Produktentwicklung führen derartige Fehlentscheidungen zu signifikanten ökonomischen sowie ökologischen Auswirkungen entlang des gesamten Produktlebenszyklus. Am Beispiel der Automobilindustrie wird deutlich, dass diese Konsequenzen sowohl kostenintensiv als auch weitreichend für Organisationen sein können. Beispielsweise führen Rückrufaktionen von Millionen von Fahrzeugen zu hohen organisatorischen sowie finanziellen Aufwendungen der produzierenden Unternehmen.

Der allgemeingültige Ablauf einer methodischen Entscheidungsfindung bei verschiedenen Alternativen ist in Abb. 5.2 dargestellt – beginnend mit der Vorauswahl und Bestimmung eindeutiger Kriterien. Anschließend wird im Rahmen einer Erstbewertung der Erfüllungsgrad der einzelnen Kriterien anhand von Punkten abgebildet. Die Summe der Punkte aller Kriterien einer Alternative bildet die Gesamtwertigkeit dieser Alternative. In einer anschließend aufgebauten Einflussmatrix, werden Abhängigkeiten zwischen den Kriterien aufgeschlüsselt, um konkrete Zielkonflikte zu identifizieren. Eine abschließende Gewichtung der verschiedenen Kriterien erlaubt eine Beurteilung und Priorisierung der Alternativen in Abhängigkeit der Relevanz der Kriterien (linear oder progressiv).

Diese grundlegende Prozesskette findet sich in weiteren Werkzeugen der Entscheidungsfindung wieder. So lassen sich sowohl in der Nutzwertanalyse als auch der Technisch-Wirtschaftlichen-Analyse (vgl. VDI 2225) [57] ähnliche Schritte identifizieren. In Tab. 5.3 sind die verschiedenen Aspekte gemäß Lindemann [56] für die Nutzwertanalyse nach VDI 2808 [58] gegenübergestellt.

Vorauswahl	Punktbewertung	Einflussmatrix	Gewichtung
Beurteilung gemäß wichtiger, eindeutiger und leicht einzuschätzender Kriterien (Fest- und Bereichsanforderungen, Realisierbarkeit)	Vergabe von Punkten für jeweiligen Erfüllungsgrad der einzelnen Kriterien: → Summe der Punkte aller Kriterien einer Alternative bildet die Gesamtwertigkeit	Aufschlüsseln von Abhängigkeiten dienen der Identifizierung von Zielkonflikten	Beurteilung und Priorisierung der Alternative in Abhängigkeit der Relevanz der Kriterien (linear/progressiv)

Abb. 5.2 Prozesskette der methodischen Entscheidungsfindung durch Punktebewertung in Anlehnung an VDI 2225 [57]

Tab. 5.3 Vergleich verschiedener Werkzeuge der methodischen Entscheidungsfindung nach Lindemann [56]

Reihenfolge.	Teilschritt	Nutzwertanalyse	Technisch-wirtschaftliche Analyse
1	Erkennen der Ziele bzw. Bewertungskriterien, die zur Lösungsvarianten herangezogen werden müssen unter der Verwendung der Anforderungsliste und einer Leitlinie	Aufstellen eines hinsichtlich Abhängigkeit und Komplexität abgestuften Zielsystems (Zielhierarchie) auf der Grundlage der Anforderungsliste und weiterer allgemeiner Bedingungen	Zusammenstellen wichtiger technischer Eigenschaften sowie von wünschen und Mindestforderung der Anforderungsliste
2	Untersuchen der Bewertungskriterien hinsichtlich ihrer Bedeutung für den Gesamtwert der Lösung. Gegebenenfalls Festlegen von Gewichtungsfaktoren	Stufenweise gewichten der Zielkriterien (Bewertungskriterien) und ggf. Ausscheiden unbedeutender Kriterien	Festlegen von Gewichtungsfaktoren nur bei stark unterschiedlicher Bedeutung der Bewertung der Bewertungskriterien
3	Zusammenstellen der für die einzelnen Lösungsvarianten zutreffenden Eigenschaftsgrößen	Aufstellen einer Zielgrößenmatrix	Nicht generell vorgesehen
4	Beurteilung der Eigenschaftsgrößen nach Wertvorstellung (0–10 oder 0–4 Punkte)	Aufstellen einer Zielwertmatrix mit Hilfe einer Punktbewertung oder mit Wertfunktionen; 0–10	Punktbewertung der Eigenschaften; 0–4 Punkte
5	Bestimmen des Gesamtwertes der einzelnen Lösungsvarianten, in der Regel unter Bezug auf eine Ideallösung (Wertigkeit)	Aufstellen einer Nutzwertmatrix mit der Berücksichtigung von Gewichten; Ermitteln von Gesamtnutzwerten durch Summenbildung	Ermittlung einer technischen Wertigkeit durch Summenbildung ohne oder mit Berücksichtigung von Gewichten unter Bezug auf eine Ideallösung, gegebenenfalls Ermittlung einer wirtschaftlichen Wertigkeit aufgrund von Herstellkosten
6	Vergleichen der Lösungsvarianten	Vergleichen der Gesamtnutzungswerten	Vergleichen der technischen und wirtschaftlichen Wertigkeiten; Aufstellen eines s-(Stärke-)Diagramms
7	Abschätzen von Beurteilungsunsicherheiten	Abschätzen von Zielgrößensteuerungen und Nutzwertverteilungen	Nicht explizit vorgesehen
8	Suche nach Schwachstellen zur Verbesserung ausgewählter Varianten	Aufstellung von Nutzwertprofilen	Feststellen der Eigenschaften mit geringer Punktzahl

Unabhängig der Ausprägung dieser Werkzeuge lassen sich weitere Aspekte in Form von zusätzlichen ökologischen oder sozialen Kriterien ergänzen, sodass durch den Einsatz konventioneller Werkzeuge nachhaltigkeitsorientierte Entscheidungen getroffen werden können.

Der paarweise Vergleich ist eine Bewertungsmethode, bei der Alternativen oder Kriterien miteinander verglichen werden, um eine Rangfolge oder Gewichtung zu ermitteln [59]. Der Prozess besteht darin, jede Alternative oder jedes Kriterium systematisch gegen jede andere zu bewerten, um die relative Bedeutung oder Präferenz zu bestimmen. Typischerweise wird eine Skala mit Zahlenwerten von 1 bis 9 verwendet, um die Stärke der Präferenz oder Überlegenheit einer Alternative über eine andere zu quantifizieren. Diese Bewertungen werden dann verwendet, um eine aggregierte Gesamtreihenfolge der Alternativen zu erstellen. Im Fall des Analytic Hierarchy Process (AHP) ist der paarweise Vergleich eine zentrale Methode. Hier werden die Entscheidungsträger gebeten, jede Alternative hinsichtlich eines bestimmten Kriteriums zu vergleichen und zu bewerten, wie viel stärker oder schwächer eine Option im Vergleich zur anderen ist. Diese Bewertungen werden in eine Paarvergleichsmatrix eingetragen, die ausgewertet wird, um die endgültigen Gewichtungen und Rangfolgen der Alternativen zu ermitteln. Ein Beispiel für eine Skala im paarweisen Vergleich ist:

- 1: Beide Alternativen sind gleich.
- 3: Eine Alternative ist etwas bevorzugt.
- 5: Eine Alternative ist deutlich bevorzugt.
- 7: Eine Alternative ist sehr deutlich bevorzugt.
- 9: Eine Alternative ist extrem bevorzugt.

Der paarweise Vergleich ermöglicht eine präzise und transparente Entscheidungsfindung, indem er die subjektiven Wahrnehmungen der Entscheidungsträger strukturiert erfasst und in eine quantitative Bewertung übersetzt.

Als simples Beispiel für einen paarweisen Vergleich werden im Folgenden Leuchtmittel (Halogenlampen, LED-Lampen und Gasentladungslampen) anhand von Kriterien mittels Punkten bewertet. Die in Tab. 5.4 angeführten Kriterien adressieren sowohl die ökologische als auch die ökonomische Dimension der Nachhaltigkeit.

Die Ergebnisse der Punktbewertung zeigt, dass LED-Lampen die überlegene Alternative darstellen. Sie kombinieren in den entscheidenden nachhaltigkeitsrelevanten Aspekten wie Energieeffizienz und Lebensdauer die besten Werte, was ihnen im Paarvergleich eine dominierende Position verleiht. Gasentladungslampen sind gegenüber Halogenlampen eine bessere Wahl, insbesondere hinsichtlich der Energieeffizienz und Lebensdauer.

Alternativ umfasst die Multi-Criteria Decision Analysis (kurz: MCDA) eine Vielzahl von Methoden zur gleichzeitigen Bewertung mehrerer Alternativen anhand verschiedener Kriterien. Im Gegensatz zum AHP kann MCDA sowohl numerische als auch qualitative Bewertungsmaßstäbe berücksichtigen und ist flexibler in der Anwendung. Häufig verwendete MCDA-Methoden sind die Weighted Sum Model (WSM), bei der Alternativen

Tab. 5.4 Beispielhafter paarweiser Vergleich von Leuchtmitteln zur Bewertung der ökologisch/ökonomischen Nachhaltigkeit

Kriterium	Halogenlampe vs. LED	LED vs. Gasentladungslampe	Halogenlampe vs. Gasentladungslampe
Energieeffizienz	LED: 9	LED: 5	Gasentladung: 5
Lebensdauer	LED: 9	LED: 3	Gasentladung: 7
Entsorgung/Umweltbelastung	Halogen: 5	LED: 5	Halogen: 3
Lichtqualität	LED: 3	LED: 1	Gasentladung: 3
Anschaffungskosten	Halogen: 3	LED: 3	Halogen: 5
Wärmeentwicklung	LED: 5	LED: 5	Gasentladung: 5

anhand gewichteter Kriterien bewertet werden. Die SWOT-Analyse (Stärken, Schwächen, Chancen, Bedrohungen) ist hingegen eine strategische Planungsmethode, die Unternehmen dabei hilft, frühzeitig verschiedene Handlungsalternativen unterschiedlicher Abstraktionsgrade zu bewerten. Sie wird häufig in frühen Phasen der Entscheidungsfindung eingesetzt, um sowohl interne als auch externe Faktoren zu berücksichtigen. Durch Anwendung der Analyse können Entscheidungsträger die bestmöglichen Strategien entwickeln und auswählen sowie Risiken minimieren.

5.3 Mehrdimensionale Bewertungsverfahren

Im Gegensatz zu den eindimensionalen Bewertungsverfahren, wie dem Product Carbon Footprint oder dem Life Cycle Costing, die jeweils die ökologische oder die ökonomische Dimension der Nachhaltigkeit adressieren, fokussieren mehrdimensionale Bewertungsverfahren das Spannungsfeld zwischen absoluten Dimensionen. In Anlehnung an das integrierende Nachhaltigkeitsdreick, kann der Bedarf für sozio-ökologische oder ökoeffiziente Ansätze abgeleitet werden.

Zwei bedeutende Ansätze, um die Nachhaltigkeit von Produkten und Prozessen mehrdimensional und möglichst ganzheitlich zu bewerten, sind der *Material Input pro Serviceeinheit (MIPS)* und das *Life Cycle Sustainability Assessment (LCSA)*. Diese Ansätze ermöglichen es, die Auswirkungen eines Produkts umfassend entlang des Produktlebenszyklus zu analysieren. Während MIPS sich auf die Ressourcenintensität und Effizienz eines Produkts während seiner Lebensdauer konzentriert, bietet LCSA einen systematischen Rahmen zur Bewertung der gesamten ökologischen, ökonomischen und sozialen Nachhaltigkeit. Durch die Anwendung dieser Ansätze können Unternehmen fundierte Entscheidungen zur Produktentwicklung treffen und zur Förderung nachhaltiger Konsummuster beitragen.

Als „Materialinput pro Serviceeinheit" (MIPS) entwickelt das Wuppertal-Institut für Klima, Umwelt, Energie [60] eine Methode zur Abschätzung des Ressourcenverbrauchs sowie der resultierenden Auswirkungen auf die Umwelt ausgehend eines Produktes. Für diese Abschätzung wird die Annahme getroffen, dass jedes Produkt (auch im Sinne eines nicht physischen Produktes oder eines Produktes mit Serviceanteil) einen „ökologischen Rucksack" trägt, der im Laufe des Produktlebens durch Eingaben verschiedener Kategorien gefüllt werden wird:

- **Biotische Rohmaterialien** (Pflanzliche Biomasse aus bewirtschafteten und nicht bewirtschafteten Bereichen)
- **Abiotische Rohmaterialien** (Mineralische Rohstoffe, Fossile Energieträger)
- **Bodenbewegungen in Land- und Forstwirtschaft** (Mechanische Bodenbearbeitung, Erosion)
- **Wasser** (Oberflächen-, Grund- und Tiefengrundwasser)
- **Luft** (Chemische Umwandlungen, Verbrennungen, Physikalische Veränderungen)

Die zugehörigen Daten werden unter Einbezug produktspezifischer Prozessketten erhoben. Entscheidend für eine zielgerichtete Datenerhebung ist an dieser Stelle die Systemgrenze zwischen der Technosphäre (menschliche Aktivitäten) und der umliegenden Ökosphäre (natürliche Umwelt). Der Austausch zwischen diesen Sphären bildet die Bilanzsumme [60]. Um ein umfangreicheres Verständnis über MIPS zu schaffen, soll das Vorgehen bei Durchführung der Methode weiterführend erörtert werden. Ein erster Anhaltspunkt ist dafür die Prozesskette der MIPS-Methode. In der nachfolgenden Auflistung sind die zugehörigen Phasen nach Schmidt-Bleek aufgezählt:

1. Definition von Ziel, Objekt und Serviceeinheit
2. Darstellung des betrachteten Produktlebenszyklus als Prozesskette
3. Datenerhebung von In- und Outputs jedes Prozesses und Darstellung als Prozessbild
4. Berechnung der Material-Inputs von der „Wiege bis zum Produkt"
5. Berechnung der Material-Inputs von der „Wiege bis zur Bahre" unter Einbezug der vor- und nachgelagerten Prozesse
6. Berechnung der Material-Inputs pro Serviceeinheit (MIPS)
7. Interpretation der Ergebnisse

Ausgehend der Definitionen des Ziels, des betrachteten Objekts sowie der betrachteten Serviceeinheit wird der zugehörige Produktlebenszyklus als Prozess dargestellt. Für die jeweiligen Prozessschritte werden In- sowie Outputs definiert und als gesamtes Prozessbild in Schritt 3 als Ergebnis der Datenerhebung dargestellt. In den anschließenden Schritten 4 und 5 werden die Materialinputs zunächst von der „Wiege bis zum fertigen Produkt" und der „Wiege bis zur Bahre" unter Einbezug aller der Produktion vor- und nachgelagerten Prozesse berechnet. Diese Materialinputs werden anschließend in das Verhältnis zu erreichten Serviceeinheiten gesetzt, sodass eine Interpretation der Ergebnisse eine abschließende Bewertung der Produkte ermöglicht.

Um diese Methode für die Perspektive der Anwendenden zu erklären, hat das Wuppertal-Institut verschiedene Leitfäden sowie Vorlagen zur vereinfachten Datenerhebung erstellt

5.3 Mehrdimensionale Bewertungsverfahren

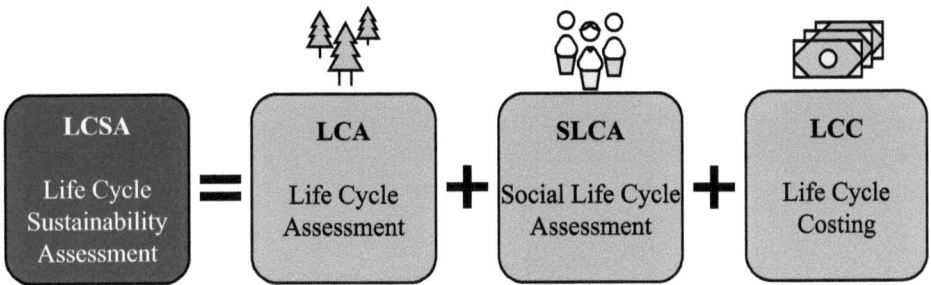

Abb. 5.3 Zusammensetzung des Life Cycle Sustainability Assessments

und als Open-Source-Informationen veröffentlicht. Ein ausführliches Beispiel (u. a. Erzeugung von Roheisen) zur praktischen Anwendung der MIPS-Methode ist in Ritthoff et al. [60] zu finden.

In Anlehnung an die Idee der MIPS-Methode, dass jedes Produkt einen individuellen Rucksack mit ökologischen Auswirkungen füllt, erweitert der Ansatz des „Life Cycle Sustainability Assessments" (LCSA) diese Idee um die weiteren Dimensionen der Ökonomie sowie des Sozialen. Wie in Abb. 5.3 dargestellt, setzt sich das LCSA aus dem ökologisch orientierten Life Cycle Assessment (LCA), dem ökonomischen Life Cycle Costing (LCC) und dem sozialen Social Life Cycle Assessment (SLCA) zusammen.

Für die Durchführung von Life Cycle Sustainability Assessments (kurz: LCSA) sowie auch der MIPS können verschiedene Datenbanken verwendet werden, die spezifische Umweltdaten und Informationen zu verschiedenen Produktlebenszyklen bieten. Eine bekannte Datenbank ist Ecoinvent, die umfangreiche Daten sowie Informationen zu Emissionen, Energieverbrauch und Rohstoffnutzung über verschiedene Industrien hinweg bereitstellt. GaBi ist eine weitere weit verbreitete Datenbank, die detaillierte Lebenszyklusdaten und Szenarien für die Bewertung von Umweltwirkungen, Energieverbrauch und Materialflüssen bietet. OpenLCA ist eine Open-Source-Datenbank, die eine Plattform für die Analyse von Lebenszyklusbewertungen mit einer Vielzahl von Datenquellen und Methoden bietet. Die European Platform on LCA (kurz: EPLCA, Link: https://eplca.jrc.ec.europa.eu/ELCD3/) stellt detaillierte, EU-spezifische Lebenszyklusdaten zur Verfügung, die auf die ganzheitliche Nachhaltigkeitsbewertung von Produkten in verschiedenen Sektoren abzielen. Diese und weitere Datenbanken unterstützen die systematische und konsistente Bewertung von Umweltauswirkungen und tragen zur Entwicklung nachhaltigerer Produkte und Prozesse bei.

Ziel dieser Methodik ist es, anhand von verschiedenen methodischen Analysen Organisationen bei der Identifizierung von ökologischen, ökonomischen oder sozialen Schwachstellen beziehungsweise Hotspots innerhalb des Produktlebenszyklus zu unterstützen. Im Folgenden werden das ökonomische LCC sowie die ökologische LCA näher erläutert.

Der Ansatz des Life Cycle Costings (kurz: LCCs) oder der Lebenszykluskostenrechnung haben das grundlegende Ziel die Kosten eines Produktes über einen oder mehrere Produktlebenszyklen hinweg zu bestimmen [61]. Als Ergebnis des LCCs können Informationen zur Entscheidungsunterstützung innerhalb der Entwicklung neuer Produkte oder Produktgenerationen genutzt werden. Die Analyse und Identifizierung der kostenintensiven Lebenszyklusphasen und der darin enthaltenden Prozesse ermöglichen einen Vergleich unterschiedlicher Produktvarianten sowie verknüpfter Strategien. Unabhängig des genutzten Ansatzes lässt sich das allgemeingültige Vorgehen des LCCs in vier Phasen unterscheiden:

1. Definition von Ziel und Betrachtungsrahmen;
2. Entwicklung eines LCC Modell
3. Berechnung der Kosten über den/die Produktlebenszyklus
4. Interpretation und Überprüfung der Ergebnisse

Innerhalb der Modelle können zwei grundlegende Ansätze unterschieden werden. Dieses sind die Analogie- und die Parameter-Modelle. Während Analogie-Modelle entsprechende Kosten auf Basis historischer Daten sowie ähnlichen Systeme untersuchen, bilden die parametrischen Modelle Kosten auf Basis von Algorithmen, Variablen und Parametern ab.

Neben dieser rein ökonomischen Untersuchung des Produktlebenszyklus stellt sich außerdem die Frage, wie und in welcher Form eine Analyse der ökologischen Auswirkungen möglich ist.

Das Konzept der Life Cycle Assessments (LCAs) oder Ökobilanzierung wird in der ISO-Richtlinie 14040 ff. [62] als die „Erfassung und systematische Analyse der ökologischen Auswirkungen von Produkten während des gesamten Lebensweges („von der Wiege bis zur Bahre") beschrieben. Zu diesen ökologischen Auswirkungen werden folglich alle in der Produktion sowie dieser vor- und nachgelagerten Prozesse gezählt. Zusammengefasst handelt es sich bei einer LCA um die vollständige Erfassung und Bewertung der Umweltauswirkungen eines Produktes über das gesamte Produktleben hinweg. Für diese Bewertung werden bestimmte Ressourcenflüsse, wie beispielsweise Rohstoffe, Energie oder resultierende Emissionen, quantitativ als Prozessschritten- sowie Outputs erfasst. In der Praxis dienen LCAs in vielen Fällen der ökologisch orientierten Unterstützung von Entscheidungsfindungsprozessen innerhalb von Organisationen.

Die Durchführung einer LCA verläuft grundsätzlich in Form der vier dargestellten Phasen (vgl. Abb. 5.4). Ausgehend einer Definition von Ziel und betrachtetem Untersuchungsrahmen werden die Zielgruppe, die funktionelle Einheit, das Produktsystem sowie alle verwendeten Methoden und Kategorien der Wirkungsabschätzung definiert werden. In der folgenden Life Cycle Inventory (dt. Sachbilanz) werden zum einen untersuchte Prozessketten visualisiert, zum anderen werden die innerhalb der Systemgrenzen vorhandenen Energie- und Stoffflüsse integriert. Somit werden für die einzelnen Prozessschritte Inputs sowie (Teil-)Produkte, Abfälle und Emissionen in Luft, Wasser und Boden als Outputs bilanziert. Durch diese Art der Datenerhebung lassen sich in der Phase des Impact Assessments (dt. Wirkungsabschätzung) konkrete Indikatoren berechnen, normieren, gewichten und ordnen. Innerhalb der Wirkungsabschätzung kann eine grundlegende Unterscheidung in Problem- bzw. Midpoint-Indikatoren und Schadens- bzw. Endpoint-Indikatoren

5.3 Mehrdimensionale Bewertungsverfahren

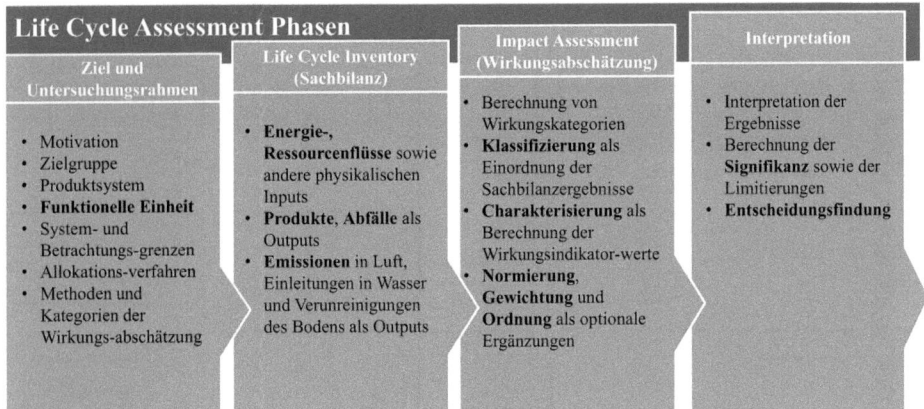

Abb. 5.4 Phasen des Life Cycle Assessments in Anlehnung an ISO 14040 [62]

unterschieden werden. In der Literatur findet beispielsweise der Midpoint-Indikator „Klimawandel", angegeben in CO_2-Äquivalenten, eine verbreitete Anwendung.

Zur weiteren Veranschaulichung des Beschriebenen ist in Abb. 5.5 die Struktur der Wirkungspfade zwischen den Mid- und Endpoint-Betrachtungsebenen exemplarisch dargestellt.

Die daraus entstehenden Informationen werden in einer abschließenden Interpretation zusammengeführt und hinsichtlich der Signifikanz der Lösung untersucht. Die anwendungsfreundliche Durchführung einer LCA kann durch Software, wie beispielsweise Umberto LCA+, GaBi, openLCA oder SimaPro unterstützt werden.

Die Softwarelösungen Umberto LCA+ und GaBi (von Sphera) bieten leistungsstarke Werkzeuge zur Durchführung von LCAs mit umfangreichen Datenbanken und Integrationsmöglichkeiten. Umberto LCA+ zeichnet sich durch eine benutzerfreundliche Oberfläche und eine starke Visualisierung von Lebenszyklusmodellen basierend auf Stoffströmen aus. GaBi hingegen bietet eine eigene umfangreiche Datenbank sowie eine flexible Modellierungsstruktur, die Lebenszyklusbewertungen unter Berücksichtigung verschiedener Szenarien unterstützt. SimaPro (von PRé Sustainability) verwendet analog zu Umberto LCA+ eine Vielzahl von **Wirkungsabschätzungsmethoden** (z. B. ReCiPe, CML, Eco-indicator 99), um die Umweltauswirkungen zu quantifizieren und zu bewerten, etwa in Bezug auf Klimawandel, Versauerung, Ressourcenverbrauch oder Ökotoxizität. openLCA ist eine Open-Source-Software, die eine breite Auswahl an Datenbanken wie Ecoinvent und ELCD unterstützt und durch die Verfügbarkeit sowie Kosteneffizienz vor allem in der Forschung und bei kleinen Unternehmen angewendet wird. Die methodischen Unterschiede zwischen diesen Tools liegen in der Flexibilität sowie Methode der Modellierung, der Möglichkeiten der Datenbankintegration sowie der resultierenden Benutzerfreundlichkeit.

Im Folgenden wird ein Beispiel zur Analyse der ökologischen Auswirkungen der metallischen Additiven Fertigung mittels PBF-LB/M (dt. „Powder Bed Fusion by Laser

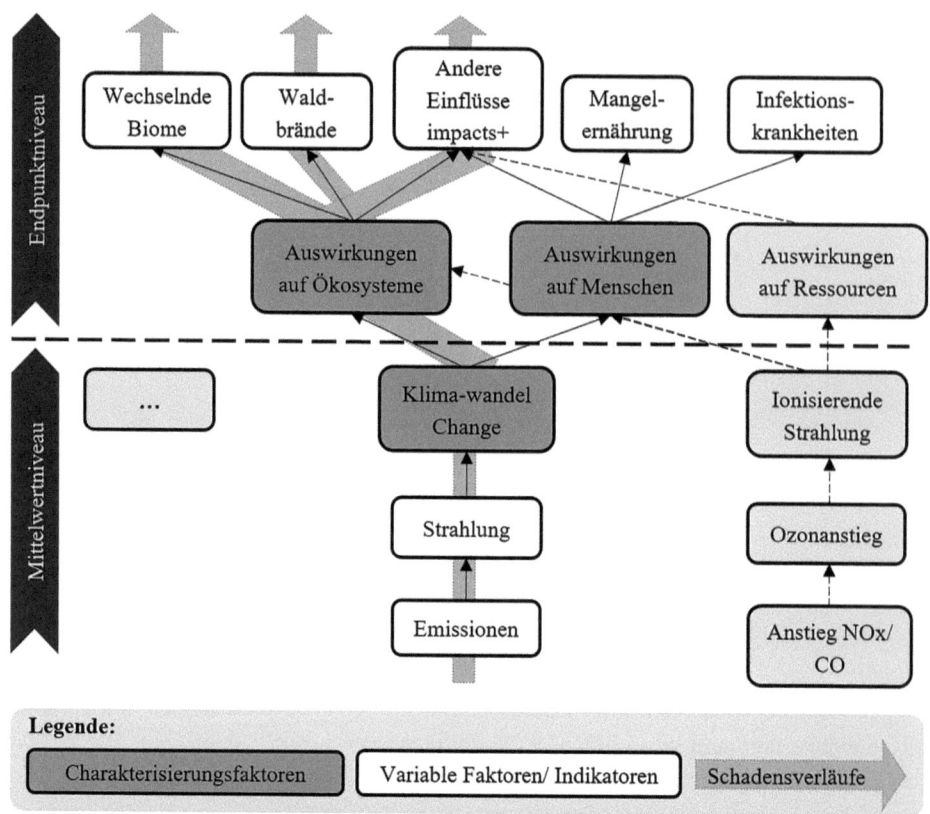

Abb. 5.5 Impact Assessment – Wirkungspfade und Betrachtungsebenen. (Eigene Darstellung in Anlehnung an Huijbregts et al. [63])

Beam for Metals") vorgestellt. Ein Werkzeug zur grafischen und logischen Beschreibung der Ursache-Wirkungs-Zusammenhänge innerhalb der untersuchten Prozessketten sind Netzstrukturen, wie beispielsweise Stoffstromnetze [64]. Basierend auf Petri-Netzen ermöglichen Stoffstromnetze durch die Verknüpfung von Stellen und Transitionen Netze aufzubauen. Eine Transition (T) bildet einen Stoffumwandlungsprozess, eine Stelle (S) bildet ein Lager und eine Flussrelation (F) bildet die Verknüpfung durch Materialien und Energien ab. Innerhalb der Stellen kann zudem in In- und Outputs sowie Lagerstellen unterschieden werden. Lagerstellen übergeben Stoffströme zwischen den Transitionen, wohingegen In- und Outputs zu Beginn beziehungsweise am Ende des betrachteten Systems stehen. Mittels des Tripels der Mengen an Stellen, Transitionen und Flussrelationen kann eine Prozesskette (N) in ganzheitlicher Form beschrieben werden [64].

Die durchgeführte Studie erörtert, in welcher eine ökologische Bewertung des MAR/R-Prozesses („Metal Additive Repair/Refurbishment") durchgeführt worden ist. Verfahren dieser Art unterstützen nicht nur die Instandsetzung von Metallkomponenten, sondern auch deren Anpassung an neue Anforderungen oder Technologien. PBF-LB/M ist beson-

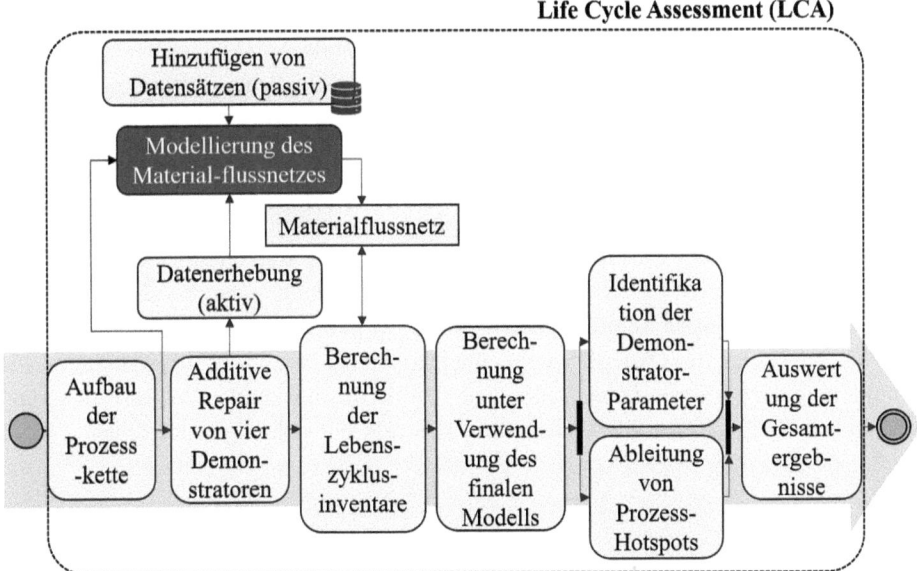

Abb. 5.6 Methodisches Vorgehen zur Durchführung einer LCA gemäß [65] für den MAR/R-Prozess

ders geeignet für komplexe Strukturen und kann zusätzliche Funktionen in Komponenten integrieren. Die Umweltauswirkungen solcher additiver Reparaturprozesse müssen umfassend untersucht werden, da bisher nur begrenzte Daten vorliegen. Die Studie zeigt, dass Rohstoffgewinnung, Pulverherstellung und Nachbearbeitung die Hauptquellen ökologischer Belastung sind, wobei Pulvervolumen und Bearbeitungsdauer besonders ausschlaggebend sind. Detaillierte Ergebnisse der LCA sind im Repositorium (Zenodo) hochgeladen sowie in Wurst et al. [65] beschrieben.

Für den untersuchten Prozess wurde zunächst ein methodisches Vorgehen nach [66] für die tatsächliche Umsetzung der LCA aufgebaut. Das Ergebnis ist in der nachstehenden Abb. 5.6 grafisch veranschaulicht.

Ökoeffizienz

Zukünftige Forschung könnte sich auf die Wiederverwendung von Materialien, die Auswirkungen unterschiedlicher Materialien und Unterstützungskonstruktionen sowie die Logistikprozesse konzentrieren, um die Umweltauswirkungen von MAR/R gegenüber der Neuteilproduktion besser zu verstehen. Letztlich weist die Studie darauf hin, dass MAR/R mit PBF-LB/M erhebliche ökologische Vorteile bieten kann, vorausgesetzt, die Prozesse werden effizient gestaltet, um den Materialverbrauch und die Nachbearbeitung zu minimieren.

Ein weiterer Ansatz um eine Analyse und anschließende Synthese der ökologischen sowie ökonomischen Nachhaltigkeit von Produkten und Prozessen zu ermöglichen, bildet die Untersuchung der Ökoeffizienz. Als Zusammenhang zwischen der ökonomischen

Wertschöpfung und ökologischen Schadschöpfung bildet die Ökoeffizienz eine Entscheidungsgrundlage für Organisationen das Spannungsfeld der ökonomischen sowie der ökologischen Dimension zu bewerten. Gemäß der ursprünglichen Definition der Ökoeffizienz nach [67] gilt die „öko [...] Effizienz als die Messgröße verursachter Umweltbelastungen pro erstellter Leistung". Im Organisations- bzw. Industriekontext ermöglicht die Erweiterung des Leistungsbegriffs um das Maß der resultierenden Wertschöpfung bereits in den frühen Phasen der Produktentwicklung eine wesentliche Unterstützung in der Findung weitreichender Entscheidungen [68]. Trotz dieser konkreten Beschreibung des Nutzens besteht aufgrund der vielseitigen und oft organisations- und produktspezifischen Bewertungsmethod(ik)en keine allgemeingültige Anwendungsbeschreibung [69]. Vielmehr ist der Ansatz der Ökoeffizienz als übergeordnetes Prinzip zur Ausrichtung sowie Optimierung der gesamten Organisation und aller darin enthaltenden Prozesse zu verstehen, um das übergeordnete Ziel einer nachhaltige(re)n Entwicklung zu erreichen.

Kreativitätstechniken 6

Im folgenden Kapitel geht es um wesentliche Tätigkeiten beim Entwickeln nachhaltiger Produkte, nämlich das Analysieren von Aufgabenstellungen und Problemen, den Wissensaufbau und die notwendige Synthese beziehungsweise Kompromissfindung um zu Lösungen beziehungsweise Innovationen zu kommen. Wird der gesamte Entwicklungsprozess betrachtet, so finden sich im Fortschreiten von der Idee zur Innovation zahlreiche Hindernisse oder auch Barrieren, die es zu überwinden gilt. Diese können technischer Natur sein aber auch anderen Notwendigkeiten oder Verpflichtungen firmeninterner oder externer Natur unterliegen, wie beispielsweise Kosten, Zeit, Gesetzen, Kundenbeziehungen, Nachhaltigkeitskriterien, Ökoeffizienzanforderungen, usw. Um diese Barrieren überwinden zu können und kontinuierlich und effizient voranzuschreiten, sind jeweils Analyseschritte und Syntheseschritte notwendig. Insbesondere Syntheseschritte charakterisieren dabei explizit das ingenieurwissenschaftliche Arbeiten mit dem Anspruch einer Lösungsfindung. Um Analyse und Synthese erfolgreich durchführen zu können, ist es an dieser Stelle lohnenswert, auf das grundsätzliche Problemlösungsverhalten von Menschen einzugehen. Lösungsfindungsprozesse werden erst einmal individuell durchlaufen – Austausch und Motivation im Team können jedoch innovationsfördernd sowie inspirierend sein und sind in vielen Fällen empfehlenswert, um Blockaden und Frustration zu überwinden. In Abb. 6.1 sind auf Basis des Design-Thinking-Prozesses Schritte der beschriebenen Problemlösung chronologisch aufgeführt.

Die aufgeführten Schritte folgen einem iterativen Ansatz und bestehen aus insgesamt sechs Teilaspekten. Zunächst wird im Schritt *Verstehen* der Problemraum abgegrenzt. Im Schritt *Beobachten* werden Eindrücke gesammelt und Empathie für die Nutzenden entwickelt. Im Schritt *Sichtweise definieren* werden die gewonnenen Erkenntnisse gebündelt

Abb. 6.1 Schritte der Lösungsfindung durch den Menschen nach HPI Academy [70]

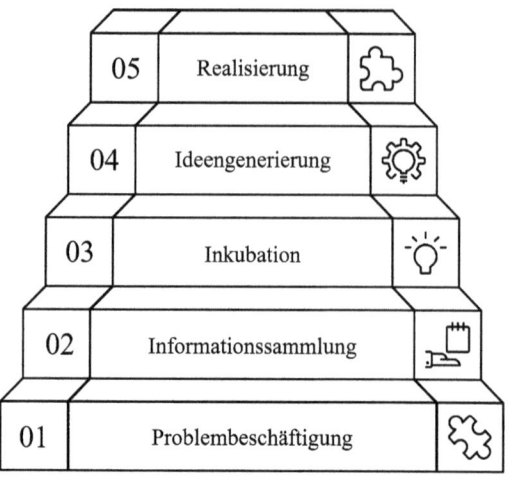

und die Perspektive klar umrissen. Daraufhin folgt der Schritt *Ideen finden*, in dem eine Vielzahl von Lösungen entwickelt und dann fokussiert werden. Im Schritt *Prototypen entwickeln* entstehen theoretische Modelle, die beispielsweise rechnergestützt getestet werden können. Abschließend erfolgt das *Testen*, um die Lösungen weiter zu detaillieren oder einen weiteren Bedarf zu konkretisieren [71]. An dieser Stelle sei explizit darauf hingewiesen, dass es sich beim Konzept des Design Thinking um keinen Entwicklungsprozess handelt, sondern um eine strukturierende Beschreibung des Vorgehens bei der Lösungssuche.

Im Kontext von Problemstellung und Lösungsfindung soll das Kapitel in Abschn. 6.1 zunächst mit einer Betrachtung von Recherchemethoden beginnen, also solchen Hilfsmitteln, die das Finden von Informationen und gegebenenfalls auch Lösungen aus Repositorien unterstützen. Dazu gehören zum Beispiel Patent-, Material- oder Prozessrecherchen, die Suche nach passenden Normen und Richtlinien aber auch die klassische Literaturrecherche. In Abschn. 6.2 wird anhand von Beispielen auf intuitive, die freie Kreativität fördernde, Methoden wie das Brainstorming, die Methode 635, die 6 Hüte Methode und die Bionik eingegangen. Abschließen wird das Kapitel mit Abschn. 6.3, in dem die für das methodische Entwickeln wichtigen diskursiven Methoden vorgestellt werden. Diese haben einen analytischen sowie strategischen Fokus und sind dadurch gekennzeichnet, dass das Problem detailliert analysiert wird und Schritt für Schritt Lösungen gesucht werden. In diesem Abschnitt werden die Methode der Morphologie und die Methode der Konstruktionskataloge als Beispiele vorgestellt. Der Methode der Konstruktionskataloge wird hierbei besonderes Augenmerk geschenkt, da in den zugrunde liegenden Forschungsprojekten mehrere Kataloge entwickelt wurden, die sich auf die Entwicklung nachhaltiger Produkte konzentrieren. Diese Kataloge werden im Folgenden näher erläutert.

6.1 Recherchemethoden

Nahezu alle verfügbaren Informationen sind heute in digitaler Form, entweder in geschlossenen Netzwerken (firmenintern) oder in offenen Netzwerken (firmenextern) wie beispielsweise dem Internet, verfügbar. Hier muss jedoch noch einmal zwischen kostenfreien und kostenpflichtigen Diensten unterschieden werden. Jede Recherche beginnt also mit der Frage, welches die geeigneten Plattformen/Dienste sind, auf denen gesucht werden soll. Zur Klärung dieser Frage ist Erfahrung oder Kommunikation notwendig und gegebenenfalls sind auch sprachliche Barrieren zu überwinden. Es entstehen kontinuierlich neue Plattformen und Dienste, die teilweise auch miteinander konkurrieren und natürlich nicht zwangsläufig alle seriös sind. Andererseits entwickeln sich existierende Plattformen stetig, sowohl technologisch als auch hinsichtlich ihrer Inhalte, Schlagworte, Prompts oder Metadaten, weiter. Nach der Frage, wo zu suchen ist, stellt sich also die Herausforderung, zu klären, welche Technologien die jeweilige Plattform anbietet. Der nächste Schritt hängt dann vom Vokabular ab – hier gilt es die fachlich korrekten und spezifischen Schlagworte zu definieren und über diese den Lösungsraum einzugrenzen. Im Zuge der Recherche kann nach dem Schneeballsystem gearbeitet werden, das bedeutet, dass aus der zitierten Literatur der gefundenen Quellen auf weitere Quellen geschlossen wird. Somit entsteht auch so etwas wie eine Landkarte der zum Thema beitragenden Institutionen. Anschließend müssen die gefundenen Informationen in einen Bezug zur Fragestellung gesetzt und zielgerichtet ausgewertet sowie kritisch auf ihre Qualität beurteilt werden, um so einen Wissensbeitrag zur Problemlösung zu liefern. Dies ist soweit nicht neu, stellt sich aber im Zuge der Digitalisierung neu dar. Zum einen sind Informationen und Daten durch unterschiedliche Reifegrade ihrer Aufbereitung charakterisiert, die sich anhand der FAIR-Data-Prinzipien der Deutschen Forschungsgemeinschaft leicht diskutieren lassen. Daten sollten in diesem Zusammenhang auffindbar (Findable), zugreifbar (Accessible), kombinierbar (Interoperable) und wiederverwendbar (Reusable) sein. Zum anderen wird die Suche durch digitale Hilfsmittel, wie Volltextsuchen und Bilderkennung, unterstützt. Dabei sind Daten nicht nur Texte und Bilder wie in der Vergangenheit, sondern können auch digital zu verarbeitende Artefakte, Programme, Dokumente, Filme oder sogar 3D-Animationen sein.

Ein weiterer Fokus soll hier auf Recherchemethoden und den Einsatz von Künstlicher Intelligenz (KI) gelegt werden. Auch wenn Methoden der KI heute noch nicht vollständig in der Lage sind, Vorgänge der Problemlösung komplett abzubilden, so können sie zumindest partiell und von Menschen gecoacht unterstützend eingesetzt werden und beispielsweise Phasen wie die Informationsbeschaffung oder die Visualisierung von Ideen effektiv unterstützen. Gerade für das Ansammeln von Wissen und das Finden von Lösungsideen stehen viele Methoden und Hilfsmittel zur Verfügung. Grundsätzlich ist dabei festzuhalten, dass durch die fortschreitende Entwicklung der KI erhebliche Veränderungen in

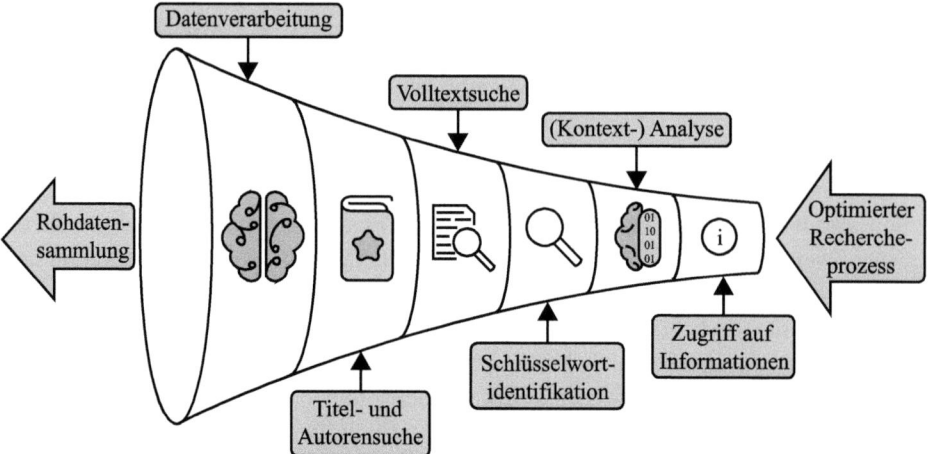

Abb. 6.2 KI unterstützte Literaturrecherche

der wissenschaftlichen Literaturrecherche herbeigeführt werden. Durch das Anwenden von KI-basierten Werkzeugen lassen sich Recherchemethoden durch gänzlich neue Aspekte erweitern und optimieren. Diverse KI-Tools eröffnen Anwendern neue Ansätze zur Identifizierung, Analytik und Vernetzung relevanter Literatur. Trotz der vielen Vorteile bestehen auch Einschränkungen und Herausforderungen bei der Anwendung von KI in der Literaturrecherche. Um möglichst genaue und zielgerichtete Ergebnisse erzielen zu können, müssen Daten eindeutig verfügbar sein und von hoher Qualität sein. Darüber hinaus müssen Aspekte des Datenschutzes, der Ethik sowie des Urheberschutzes beachtet werden, um negative Folgen zu vermeiden und die Integrität der wissenschaftlichen Recherche beziehungsweise Forschung nicht in Frage zu stellen. Auf Grundlage heutiger Entwicklungen zeigt sich aber, dass die Nutzung KI-basierter Werkzeuge in der Literaturrecherche eine zukunftsweisende Entwicklung ist, mit Hilfe derer wissenschaftlicher Fortschritt begünstigt werden kann und Anwendenden geholfen wird, Ergebnisse und Arbeitsschritte effizient zu gestalten [72]. Abb. 6.2 zeigt ein beispielhaftes Vorgehen bei einer KI-unterstützen Literaturrecherche.

Eine Suche, wie in Abb. 6.2 dargestellt, führt konsequenterweise schnell zu sehr vielen unterschiedlichen Quellen. Diese gilt es im Nachgang an die KI-unterstützte Literaturrecherche im Rahmen einer Auswertung zu analysieren, zu bewerten und zu strukturieren.

Für viele Herausforderungen geht es auch deutlich konkreter. Um neben dem zuvor allgemein beschriebenen Vorgehen bei der systematischen Literaturrecherche explizite Möglichkeiten beziehungsweise Werkzeuge für die KI-unterstützte Literaturrecherche zu nennen, sind in der folgenden Tabelle aktuell verfügbare und nutzbare KI-Anwendungen nach da Silva Cardoso et al. [72] aufgelistet (Tab. 6.1).

Tab. 6.1 Beispielhafte Auswahl nutzbarer KI-Werkzeuge für die Literaturrecherche und Kategorisierung nach da Silva Cardoso et al. [72]

Kategorie	Beschreibung	Werkzeuge
Assistenzsysteme	Unterstützung insbesondere zum Startpunkt einer Recherche. Mögliche Hilfestellung bei Themenfindung oder Formulierung von Forschungsfragen	ChatGPT, Google Gemini, HuggingChat, Microsoft Copilot
Analysewerkzeuge	Unterstützen die Analyse hochgeladener Dateien wie PDFs. Ermöglichung einer Diskussion über Inhaltliches der Dokumente (z. B. Erstellung von Zusammenfassungen, Herausstellen von Kernaussagen, Filterung)	ChatPDF, Elicit, Explainpaper, Humata
Suchwerkzeuge	Unterstützung insbesondere bei der Suche nach Literatur. Außerdem mögliche Hilfestellung bei Analyse von Suchergebnissen (z. B. Erstellung von Zusammenfassungen, Herausstellen von Kernaussagen, Filterung)	Consensus, Keenious, Perplexity AI, Semantic Scholar
Vernetzungswerkzeuge	Auf Grundlage einer Ausgangsliteratur werden Verbindungen zu vernetzter Literatur gesucht. Thematische Klassifizierung gefundener und vernetzter Literatur	Connected Papers, Litmaps, Open Knowledge Maps, Research Rabbit

6.2 Intuitive Methoden

Intuitive, häufig teambasierte, Methoden liefern in kurzer Zeit viele Ideen (in 60 min ca. 30–100 Einzelideen), wobei insbesondere die Gedankenassoziationen bei der Suche nach neuen Ideen gefördert werden. Die intuitiven Methoden sind besonders dadurch gekennzeichnet, dass sie bei der Lösungssuche keiner bestimmten Reihenfolge folgen, sondern die eigentlichen Lösungen unsystematisch generiert werden. Wichtige Voraussetzung für die erfolgreiche Anwendung dieser Methoden ist eine geeignete Zusammensetzung der Arbeitsgruppe, insbesondere im Hinblick auf niedrige Hierarchiestufen, ein breites Wissensspektrum und die Bereitschaft zur offenen Zusammenarbeit im Team. Neben der Gewährleistung dieser Voraussetzungen muss die Größe des Teams an die jeweilige Methode angepasst werden. Im Folgenden werden exemplarisch verschiedene intuitiv betonte Methoden vorgestellt.

Checklisten

Eine Checkliste ist eine bewährte Methode, zum Beispiel zur Klärung der Aufgabenstellung. Neben funktionalen und administrativen Fragen können unter konkreten Nachhaltigkeitsaspekten beispielsweise folgende Fragen Bestandteil einer Checkliste zur Anforderungsermittlung sein:

- Gibt es aus Sicht der Nachhaltigkeit Differenzierungsmerkmale die erfüllt sein müssen?
- Welche gesetzlichen Rahmenbedingungen sind zukünftig zu berücksichtigen?
- Welche Zielwerte für das Life Cycle Assessment sind zu erfüllen?
- Welche Werkstoffe sollten nicht oder bevorzug eingesetzt werden?
- Welche Anforderungen an die Lieferkette sind zu erfüllen?
- Welche Recycling/Refurbishment Strategien sind vorzusehen?
- Welche weiteren R-Strategien sind zu berücksichtigen?
- Welche Energieform soll genutzt, welche Effizienz erreicht werden?
- Kann bei der Entwicklung und Produktion auf fossile Energieträger verzichtet werden?
- Welche Datenflüsse und Kennzeichnungen sind notwendig?
- Welche Sicherheits- und Ergonomieaspekte sind zu erfüllen?
- Was ist die sinnvoll anzustrebende Zuverlässigkeit, Lebensdauer des Produkts?
- Gibt es Fertigungsprozesse die bevorzugt oder auch nicht eingesetzt werden sollten?
- Wie kann das zu entwickelnde Produkt mit weniger Ressourcen auskommen? Kann das gleiche Ergebnis mit geringerem Materialeinsatz erzielt werden?
- Wie wirkt sich das Produkt auf Aspekte der sozialen Nachhaltigkeit aus?
- Wie ist der CO_2-Fußabdruck des Produktes zu verringern?

Brainstorming und Brainwriting

Der Begriff „Brainstorming" lässt sich als Gedankenblitz übersetzen und dient dem Finden vorurteilsfreier Lösungen. Dies erfolgt innerhalb einer Gruppe, in der sich die einzelnen Gruppenmitglieder aufgrund der Gruppendynamik gegenseitig inspirieren. In der Folge besteht die Chance, dass zum Teil auch unkonventionelle Lösungen hervorgebracht werden. Durch die Unterbindung jeglicher Art von Kritik bei der Ideengenerierung wird die Überwindung von Denkblockaden und Mustern der einzelnen Gruppenmitglieder verstärkt. Beim Brainstorming handelt es sich um eine grundsätzlich simple Methode, die vor allem Disziplin aller Beteiligten erfordert. Typischerweise besteht eine Gruppe aus etwa vier bis zehn Personen – in einer vorgegebenen Zeit werden dann Ideen zu einem vorher klar definierten Thema gesammelt. Alle Teilnehmenden sind einverstanden, mit ihren Ideen offen (ohne Anspruch auf geistiges Eigentum) umzugehen. Eine diskussionsleitende Person führt in das Thema ein, moderiert und sammelt die Ideen für alle sichtbar an einer Tafel oder an einem Flipchart. Diese Person ist außerdem dafür verantwortlich, alle Teilnehmenden im Nachgang über das weitere Vorgehen mit den gesammelten Ideen zu informieren. Die Diskussion kann entweder frei oder anhand von Zetteln, auf die alle Teilnehmenden zunächst Ideen skizzieren, um sie anschließend den Anderen vorzustellen (Brainwriting), erfolgen. Alternativ können auch zwei strukturiert voneinander getrennte

Runden der Ideenfindung und des Austausches nacheinander erfolgen. Entscheidend ist dabei, dass keine Hierarchien in der Diskussion vorliegen, dass sofortige Bewertungen und das Kritisieren von Ideen vermieden werden und dass die zeitliche Begrenzung von 45 bis 90 min eingehalten wird. Weitere Diskussionen, Bewertungen und Analysen sollten erst im Nachgang und gegebenenfalls in kleineren Gruppen erfolgen.

Die folgende Auflistung enthält klassische Vorgehensschritte zur Durchführung eines Brainstormings beziehungsweise eines Brainwritings:

- Ziel/Problemstellung definieren
- Teilnehmende festlegen
- Vorbereitung
- Festlegung von Regeln
- Ideengenerierung
- Ideenstrukturierung
- Review
- Bewertung
- Dokumentation
- Follow-up

Wie zu Beginn des Kapitels beschrieben, sollen einige der hier beschriebenen Kreativitätstechniken anhand ausgewählter Beispiele, welche im Rahmen eines studentischen Design-Projektes entstanden sind, konkretisiert und exemplarisch darlegt werden. Das Ziel des Design-Projektes bestand darin, herkömmliche Haushaltsgegenstände umzugestalten und weiterzuentwickeln, um diese, ausgehend ihre Ursprungszustandes, nachhaltiger zu machen. In der nachfolgenden Abbildung ist die zuvor beschriebene Kreativitätstechnik des Brainstormings am Beispiel eines Wasserkochers dargestellt (Abb. 6.3).

Methode 635

Für die Methode 635 gelten viele der oben bereits erörterten Dinge zum Ablauf und zur Offenheit der Diskussion. Allerdings zeichnet sich das Format durch eine etwas stärkere Strukturierung aus. Grundlegende Idee ist dabei, dass sechs ausgewählte Teilnehmende auf Zetteln jeweils drei Ideen zur Fragestellung erarbeiten und diese an die zur rechten Seite sitzende Person weitergeben. Diese ergänzt die initial formulierten und erhaltenen Ideen um drei eigene Vorschläge und gibt dann wiederum zur rechten Seite weiter. Insgesamt wird fünfmal weitergegeben, sodass alle Teilnehmenden jeden Zettel einmal ergänzt haben. Abschließend werden die Ideen der Runde vorgestellt. Sichtung und Auswahl der Ideen sowie Definition des weiteren Vorgehens erfolgen im Nachgang.

6 Hüte Methode

Eine weitere und etwas andere Herangehensweise an eine offene, explorative Diskussion über Ideen und Lösungsvorschläge liefert die Methode der 6 Hüte. Diese wurde im Jahr 1986 von Edward de Bono vorgestellt. Die Methode basiert auf der Annahme, dass das

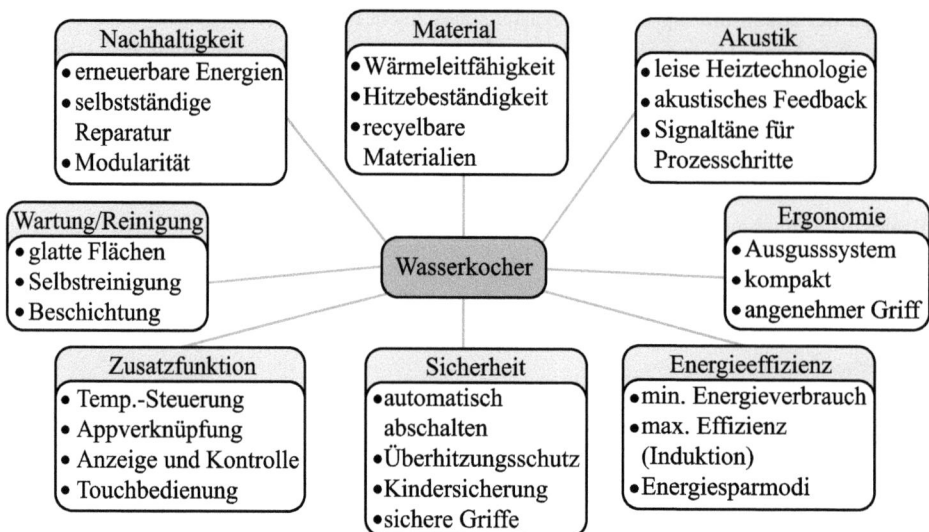

Abb. 6.3 Ergebnisse eines beispielhaften Brainstormings bei der Entwicklung eines innovativen Wasserkochersystems

Tab. 6.2 Rollen und Attribute in der 6 Hüte Methode

Hut	Perspektive	Rollenbeschreibung
Weiß	Analytisch	Objektiv, neutral, orientiert sich an Daten, zahlen- und faktenbasierte Argumentation
Rot	Emotional	Subjektiv, persönlich, orientiert sich an Gefühlen, euphorie- und angstbasierte Argumentation
Schwarz	Kritisch	Pessimistisch, objektiv, negativ, auf Risiken basierte Argumentation
Gelb	Optimistisch	Objektiv, sieht Vorteile und Chancen, positive Argumentation
Grün	Kreativ	Provokativ, innovativ, wertfrei, ideenreiche Argumentation
Blau	Überblickend	Strukturiert, realistisch, ordnend, lösungsorientierte und moderierende Argumentation

menschliche Gehirn in unterschiedlichen Weisen denkt, die bewusst subjektiv angesteuert werden können. Durch gezieltes Nutzen dieser Annahme kann induziert werden, unterschiedliche Denkweisen hervorzurufen und somit unterschiedliche Beiträge in eine Diskussion einzubringen. Hierbei bekommen alle Diskussionsteilnehmenden über einen „Denkhut" eine spezifische Rolle zugewiesen. Wie die jeweiligen Rollen in etwa definiert sein können, ist in der nachfolgenden Tabelle zusammenfassend aufgeführt und beschrieben.

Um die Methode der 6 Hüte zu veranschaulichen, ist folgend eine fiktive Diskussion über einen Nussknacker aus Holz skizziert. Die Gesprächsteilnehmenden verhalten sich gemäß den Instruktionen aus Tab. 6.2.

- **Person 1 – weißer Hut (Analytisch):** *„Der Nussknacker ist aus hochwertigem Holz gefertigt, was ihn umweltfreundlicher macht als Modelle aus Plastik. Er ist robust und sollte eine lange Lebensdauer haben. Laut Herstellerangaben handelt es sich um nachhaltiges Holz aus zertifizierten Quellen. Der Nussknacker wiegt etwa 300 g und ist in verschiedenen Designs erhältlich."*
- **Person 2 – roter Hut (Emotional):** *„Ich finde, der Nussknacker sieht wirklich charmant aus und weckt nostalgische Gefühle in mir hervor. Holz hat etwas Natürliches und Warmes, das mir besonders gut gefällt. Ich fühle mich direkt in meine Kindheit zurückversetzt, als wir solche Nussknacker immer zu Weihnachten verwendet haben."*
- **Person 3 – schwarzer Hut (Kritisch):** *„Es gibt definitiv einige Bedenken. Ein Nussknacker aus Holz könnte schnell zerbrechen, wenn er nicht richtig behandelt wird. Holz kann im Laufe der Zeit Risse bekommen, besonders wenn er mit Feuchtigkeit oder ständigen Temperaturschwankungen in Kontakt kommt. Außerdem könnte der Preis im Vergleich zu einem aus Kunststoff gefertigten Nussknacker deutlich höher sein."*
- **Person 4 – gelber Hut (Optimistisch):** *„Der Nussknacker aus Holz hat definitiv viele Vorteile. Er ist nachhaltig und umweltfreundlich, was immer wichtiger wird. Holz sieht nicht nur schön aus, sondern kann auch eine hohe Widerstandsfähigkeit haben, wenn es richtig gepflegt wird. Zudem ist es ein handwerkliches Produkt, das vielen Menschen das Gefühl gibt, ein einzigartiges und qualitativ hochwertiges Produkt zu besitzen."*
- **Person 5 – grüner Hut (Kreativ):** *„Vielleicht könnten wir den Nussknacker noch weiter verbessern. Was, wenn wir ihn multifunktional gestalten? Zum Beispiel mit einem zusätzlichen Schraubenschlüssel für Nüsse mit härterer Schale. Oder wir könnten eine anpassbare Holzoberfläche anbieten, auf der verschiedene Designs oder Gravuren angebracht werden können, sodass er zu einem persönlichen Geschenk wird."*
- **Person 6 – blauer Hut (Überblickend):** *„Wir haben jetzt verschiedene Perspektiven beleuchtet: Die Fakten, die positiven und negativen Aspekte, sowie kreative Ideen zur Verbesserung des Nussknackers. Es ist klar, dass ein Nussknacker aus Holz umweltfreundlicher und ästhetisch ansprechender sein kann, aber auch gewisse Herausforderungen mit sich bringt, wie die Pflege des Materials und die höheren Kosten. Wir sollten überlegen, ob wir eine Lösung finden können, um diese Schwächen zu minimieren, vielleicht durch bessere Schutzbeschichtungen oder innovative Designansätze."*

Bionik

Etwas ausführlicher soll im Folgenden das Prinzip der Bionik betrachtet werden. Hierbei handelt es sich um eine Sonderform der Synektik. Bei dieser Kreativitätsmethode wird nach einer intensiven Auseinandersetzung mit dem Problem die Überwindung von Barrieren durch eine gezielte Analogiebildung adressiert und gefördert. Hierzu werden Verfremdungstechniken eingesetzt um die Teilnehmenden aus eingefahrenen Denkmustern zu lösen. Auf die Verfremdung und Analogiebildung muss dabei stets eine Rücktransformation und Synthese erfolgen. Beispiele zum verbesserten Verständnis sind:

- Regenschirm/Sonnenschirm
- Wärme-/Kälteisolierung
- Heizkörper/Klimaanlage
- Föhn/Trockenhaube

Die Bionik (Wortbildung aus Biologie und Technik) beschäftigt sich in diesem Kontext mit dem Übertragen von Phänomenen der Natur auf die Technik. Ein bekanntes Beispiel ist Leonardo da Vincis Idee, den Schlagflug von Vögeln auf eine Flugmaschine zu übertragen. Ein Beispiel aus dem Alltag ist der von Kletten inspirierte Klettverschluss. Der Bionik liegt die Annahme zugrunde, dass die belebte Natur durch evolutionäre Prozesse optimierte Strukturen und Prozesse entwickelt, von denen der Mensch lernen kann und die im Kontext der Nachhaltigkeit verträglichere Lösungen liefern kann.

Als interdisziplinäres Feld zieht die Bionik Forschende aus den Naturwissenschaften, dem Ingenieurwesen, der Architektur, der Philosophie und dem Design an. In der Bionik geht es um das systematische Erkennen von Lösungen der belebten Natur – sie grenzt sich damit von der zweckfreien Naturinspiration ab. Das Ziel ist stets ein technisches Objekt oder Verfahren, das von der Natur getrennt ist. Dadurch entscheidet sich die Bionik von Disziplinen wie der Biochemie oder Biophysik, die biologische Prozesse nutzen und erweitern. In Abb. 6.4 ist ein Vorgehensmodell zur Produktentwicklung gemäß dem Prinzip der Bionik dargestellt.

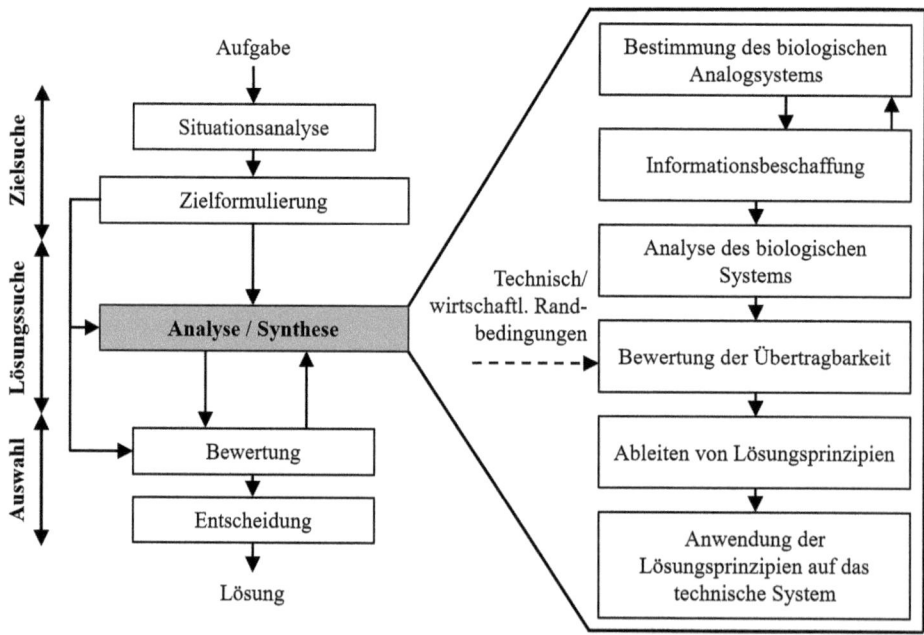

Abb. 6.4 Vorgehensmodell zur Produktentwicklung gemäß dem Prinzips der Bionik, nach VDI 6220 [73]

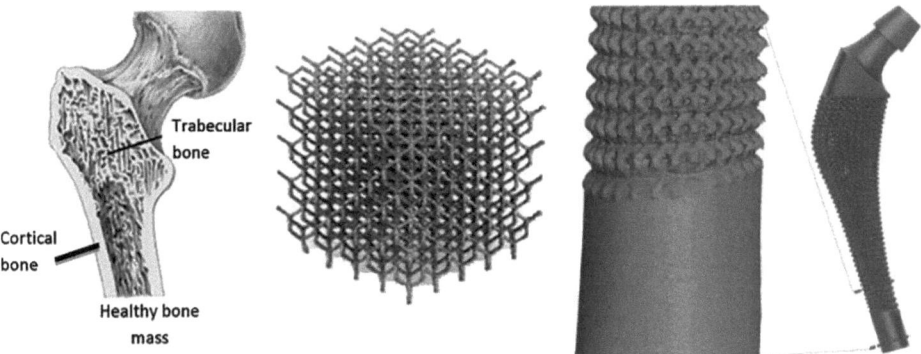

Abb. 6.5 Additiv gefertigte Hüft-Endoprothese. (Links: Rekonstruktion bionischer Oberfläche aus knöcherner Struktur nach Popov et al. [74]; rechts: Additiv gefertigte Prothese mit strukturierter Oberfläche nach bionischer Rekonstruktion)

Unter Anwendung dieses Vorgehens lassen sich Prinzipien der Bionik auf technische Produkte anwenden. So lassen sich beispielsweise Oberflächen von Bauteilen mit bionischen Formen und Geometrien strukturieren. In Anlehnung an die Struktur menschlicher Knochen können beispielsweise Hüft-Implantate mit solchen knöchernen, bionischen Strukturen ausgelegt und additiv gefertigt werden. In der Folge können unter anderem das Einwachsverhalten und die Stabilität optimiert werden, gleichzeitig wird zur Herstellung weniger Material als bei einem konventionellen Implantat benötigt. In der nachstehenden Abb. 6.5 ist das erörterte Beispiel dargestellt.

Ein weiteres Beispiel, bei welchem mithilfe bionischer Prinzipien eine optimierte Bauteilgestalt und -topologie ermittelt und umgesetzt werden konnte, ist in Abschn. 10.1 ausführlich beschrieben. Im Rahmen dieses Beispiels wurde eine Fahrradtretkurbel mit inneren Strukturen und einer kraftflussoptimierten Gestalt so ausgelegt, dass verschiedene Vorteile gegenüber einer konventionellen Bauteilgestalt erwirkt werden konnten. Das genutzte Verfahren der Topologieoptimierung eignet sich im Kontext der bionischen Gestaltung besonders. Details zu diesem Verfahren und weitere Ausführungen, sowohl theoretischer Natur als auch auf das Beispiel der Tretkurbel bezogen, finden sich in Abschn. 10.1.

Über die an dieser Stelle vorgestellten Beispiele hinaus gibt es zahlreiche weitere bionische Lösungsprinzipien, welche online frei zugänglichen Internetdatenbanken zu entnehmen sind. Ein Beispiel ist die Plattform *Ask Nature* [75].

6.3 Diskursive Problemlösungsverfahren

Nachdem der Fokus in Abschn. 6.2 auf intuitiven Kreativitätsmethoden lag, also solchen Methoden die in kurzer Zeit viele intuitive und schnelle Ideen liefern, soll der Fokus im folgenden Abschnitt auf sogenannten diskursiven Methoden liegen. Diskursive Methoden legen den Schwerpunkt auf eine langsamere, vor allem aber systematischere und geordnetere Problemlösung, welche primär auf der bewussten und rationalen Analyse sowie einer klaren Strukturierung und Argumentation beruht. Kreativitätsmethoden dieser diskursiven Art liefern in 30 min um die 10–60 Ideen. Der Prozess der Lösungsfindung ist dabei durch logisch ablaufende Schritte (diskursiv = von Begriff zu Begriff logisch fortschreitend) charakterisiert. Ein Problem wird im Rahmen einer diskursiven Problemlösung vollständig beschrieben, in dem es analytisch in kleine Einheiten aufgespalten wird. Im Folgenden sollen zur näheren Betrachtung die diskursiven Problemlösungsverfahren der morphologischen Analyse sowie der Konstruktionskataloge vorgestellt werden.

Morphologische Analyse
Die morphologische Analyse ist eine diskursive Methode, um komplexe Problembereiche vollständig zu erfassen und verschiedene, potenziell mögliche Lösungen vorurteilslos zu betrachten. Sie erfolgt in einer Gruppe von bis zu sieben Personen, wodurch das Wissens- und Ideenpotenzial vergrößert und die Kreativität bei der Lösungsfindung gesteigert wird. Die Durchführung wird von einer moderierenden Person gesteuert und dauert etwa eine halbe bis zwei Stunden. Zusammen mit der Analyse des Problems ist eine Verallgemeinerung der Fragestellung zweckmäßig. In diesem Zuge wird das Problemfeld mit dem Ziel, originelle Lösungen zu finden, erweitert. Die Analyse bedient sich des morphologischen Kastens, welcher als anschauliches Bild einer mehrdimensionalen Matrix nach dem Astrophysiker Fritz Zwicky [76] dargestellt wird. Diese meist grafisch aufbereitete Matrix bildet das Kernstück der morphologischen Analyse.

Die jeweils bestimmten Merkmale (auch Attribute, Faktoren, Parameter und Dimensionen genannt) werden für eine konkrete Fragestellung festgelegt und in einer Spalte untereinander aufgeführt. Die Merkmale sollten dabei unabhängig voneinander betrachtet werden und mit Hinblick auf die Aufgabenstellung, hinsichtlich ihrer tatsächlichen Umsetzbarkeit (Operationalisierbarkeit), beurteilt werden.

Anschließend werden die Zeilen der jeweiligen Merkmale durch alle möglichen Ausprägungen ergänzt. Somit entsteht eine Matrix, die durch jede mögliche Kombination der Ausprägungen aller Merkmale eine theoretisch mögliche Lösung hervorbringt. Im konkreten Fall werden Kombinationen durch die Wahl einer Ausprägung eines Merkmals jeder Zeile aufgestellt. Für mehrere Lösungskombinationen wird dieser Auswahlprozess mehrmals durchgeführt. Die entstandenen Kombinationen der Ausprägungen werden in Ideen überführt und weiterentwickelt.

Im Rahmen einer konkreten Nutzung der morphologischen Analyse ist es im Umfeld von Entwicklungen besonders interessant, betrachtete Hauptfunktionen in Teilfunktionen zu zerlegen und für jede dieser Teilfunktionen potenzielle Lösungen zu entwickeln. Die Teilfunktionen werden dabei untereinandergeschrieben, während die zugehörigen Teillösungen jeweils zeilenweise zugeordnet werden. Dabei kann es vorkommen, dass jeweils unterschiedlich viele Lösungsmöglichkeiten vorliegen. Nachstehend ist ein möglicher Aufbau eines morphologischen Kastens in generischer Form nach Zwicky dargestellt (Abb. 6.6).

6.3 Diskursive Problemlösungsverfahren

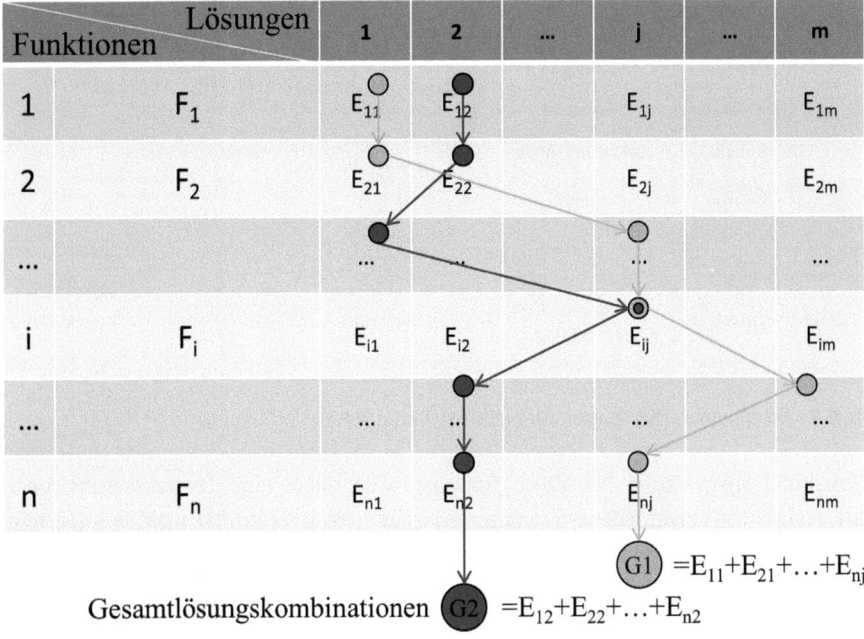

Abb. 6.6 Allgemeiner Aufbau eines Morphologischen Kastens. (Eigene Darstellung in Anlehnung an Zwicky [76])

Durch die Kombination der unterschiedlichen Teillösungen können so in kurzer Zeit viele verschiedene Lösungsvarianten entstehen. Dabei können Regeln wie beispielsweise eindeutig, einfach, sicher, nachhaltig, Energieflüsse nicht unnötig wandeln, Kräfte nicht spazieren führen, usw. dazu beitragen, eine oder mehrere sinnvolle und mögliche Lösungen zu identifizieren.

Nach bereits skizziertem Vorgehen, soll auch an dieser Stelle ein Beispiel einfügt werden. Der nachstehende morphologische Kasten stammt erneut aus dem zuvor eingeführten studentischen Design-Projekt und befasst sich abermals mit der zu Grunde liegenden Thematik der nachhaltigen Umgestaltung eines Wasserkochers. Auch hier deckt das Beispiel kein vollständiges Abbild der Methode ab, es zeigt jedoch eine mögliche und exemplarische Auswahl an möglichen Ergebnissen.

Den Teillösungen aus Abb. 6.7 folgend lassen sich diverse Lösungsmöglichkeiten bilden. Als Beispiel für eine nachhaltige und moderne Variante ließe sich beispielsweise ein innovativer Wasserkocher konstruieren, der als Standgerät vorgesehen ist, für eine verbesserte Haltbarkeit aus Edelstahl gefertigt wird und besonders energieeffizient arbeitet, indem der Erhitzungsvorgang induktiv durchgeführt wird. Ein Volumen von 1,5 L würde hier dem Standard entsprechen, während eine präzise Temperaturkontrolle für effiziente Wassererhitzungsvorgänge von Vorteil ist, sodass nicht unnötig viel Energie verbraucht wird. Der Strom würde in diesem Beispiel aus erneuerbarer Energie (Solarstrom) bezogen werden, außerdem wäre der Kocher zur erhöhten Sicherheit mit einer automatischen

Funktionen	Lösungen	1	2	3	4
1	Bauform	Standgerät	Tragbar	Eingebaut (z.B. Herd)	Kombiniert mit weiterem Gerät
2	Material	Edelstahl	Kunststoff	Glas	Keramik
3	Heiztechnik	Schnellkochplatte	Heizspirale im Boden	Induktion	Feuer
4	Kapazität	0,5l	1l	1,5l	10l
5	Temperaturregelung	Ja	Nein	Voreingestellte Stufen	Präzise Temperaturkontrolle
6	Stromquelle	Elektrisch (Stecker)	Batterie	USB	Solarbetrieben
7	Sicherheitsfeatures	Automatische Abschaltung	Trockengehschutz	Überhitzungs-schutz	Kindersicherung
8	Zusatzfunktion	Teewasserfunktion	Warmhaltefunktion	Bluetooth-Steuerung	App-Steuerung

Abb. 6.7 Morphologischer Kasten für einen Wasserkocher

Abschaltung ausgestattet. Als Zusatzfunktion wäre dabei eine Teewasserfunktion integriert, sodass für verschiedene Szenarien passgenau Wasser erhitzt werden kann und die Effizienz gesteigert wird. Neben diesem Beispiel ergeben sich, wie den vorherigen Erörterungen entnommen werden kann, verschiedene weitere Lösungswege, von denen sich viele auch im Markt befinden.

Konstruktionskataloge

Das Wissen einzelner bearbeitender Personen, beispielsweise über physikalische Effekte oder mögliche Herstellungsverfahren, trägt wesentlich zur erfolgreichen Bearbeitung einer Entwicklungsaufgabe bei. In vielen Fällen verfügen Konstruierende jedoch nur über begrenztes, mitunter hoch spezialisiertes Wissen in spezifischen Bereichen. Um Konstruktionsaufgaben ganzheitlich bearbeiten zu können, muss folglich weiteres Wissen beschafft und verfügbar gemacht werden. Wissenssammlungen, in denen Informationen oder sogar fertige Teillösungen strukturiert aufbereitet sind, stellen in diesem Kontext eine prädestinierte Quelle dar.

Im Folgenden werden mithilfe von Konstruktionskatalogen solche Arten von Wissenssammlungen vorgestellt und genauer beleuchtet. Als Konstruktionskataloge werden im weiteren Verlauf Informationsspeicher bezeichnet, die hinsichtlich ihrer Inhalte, ihrer Zugriffsmöglichkeiten und ihres Aufbaus auf das methodische Konstruieren zugeschnitten sind. Konstruktionskataloge dienen maßgeblich der Wissensunterstützung der Konstruierenden, indem sie Lösungen für wiederkehrende Teilaufgaben bereitstellen und die Suche nach weiteren und alternativen Lösungsmöglichkeiten anregen. Ihre besonderen Kennzeichen sind weitgehende Vollständigkeit, eine klare systematische Gliederung und die Existenz von Zugriffsmerkmalen. Die hier vorgestellte Methode der Konstruktionskataloge beziehungsweise des „Konstruierens mit Konstruktionskatalogen" geht im Wesentlichen auf K. Roth [35] zurück. Um die Verwendung von Konstruktionskatalogen zu erleichtern, sind diese einheitlich aufgebaut. Dabei bestehen sie grundsätzlich aus einem Gliederungsteil, einem Hauptteil und einem Zugriffsteil sowie optional aus einem Anhang. Abb. 6.8 zeigt den schematischen Aufbau.

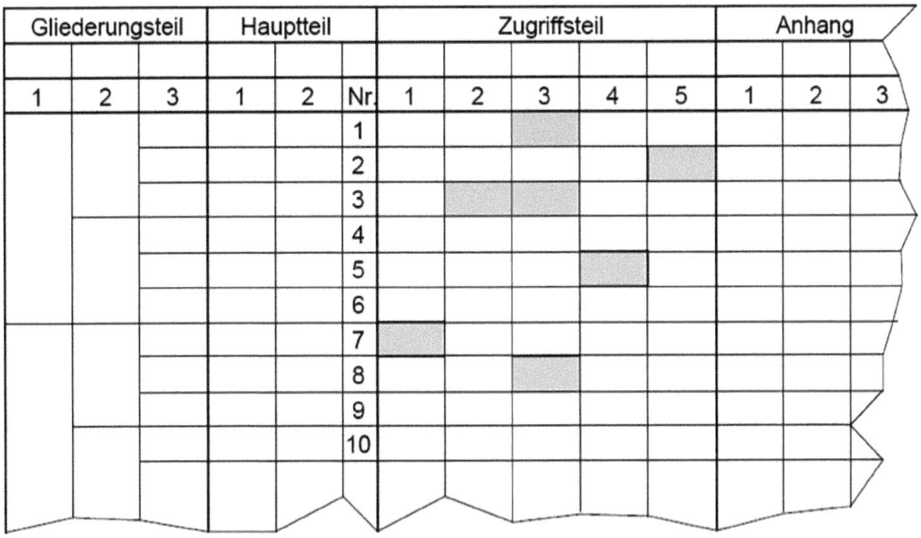

6.3 Diskursive Problemlösungsverfahren

Gliederungsteil			Hauptteil			Zugriffsteil					Anhang		
1	2	3	1	2	Nr.	1	2	3	4	5	1	2	3
					1								
					2								
					3								
					4								
					5								
					6								
					7								
					8								
					9								
					10								

Abb. 6.8 Schematischer Aufbau eines Konstruktionskatalogs

Durch den **Gliederungsteil** eines Konstruktionskatalogs werden die systematische Ordnung des Inhalts sowie die Vollständigkeit des Katalogs bestimmt. Er soll bei der Aufstellung eines Katalogs vollständig sein und auch den Rahmen, für theoretisch mögliche, aber zurzeit noch nicht bekannte Inhalte bilden. Der Gliederungsteil enthält ausschließlich die Gliederungsmerkmale. Diese Gliederungsmerkmale sind vorzugsweise abzählbare oder logisch/strukturelle Merkmale, die den Inhalt des Hauptteils eindeutig, weitgehend vollständig und widerspruchsfrei unterteilen.

Der **Hauptteil** eines Konstruktionskatalogs enthält den expliziten Inhalt des Katalogs, also die Objekte, die konkreten Lösungen oder die Operationen. Der Inhalt wird in Form von Begriffen, Sätzen, Symbolen, Formeln und Skizzen beziehungsweise Zeichnungen möglichst anschaulich dargestellt. Durch die Gliederungsmerkmale ergeben sich unter Umständen Felder, für die noch keine bekannte technische Lösung, Objekte oder Operationen vorliegen. Diese Felder werden auch weiße Felder genannt und dienen als kreativer Ausgangspunkt für die Suche nach neuen Lösungen.

Im **Zugriffsteil** eines Konstruktionskatalogs wird die Zuordnung von Zugriffsmerkmalen zu den Kataloginhalten organisiert. Der Zugriffsteil ist an die Bedürfnisse verschiedener Anwendungsfälle anpassbar und beliebig erweiterbar. Grundsätzlich beschreiben die Zugriffsmerkmale die während des Konstruktionsprozesses für die Auswahl der Inhalte relevanten Eigenschaften der Lösungen, Objekte oder Operationen.

Ergänzend zu diesen Erläuterungen ist in Abb. 6.9 ein Beispiel für einen Konstruktionskatalog aus dem Kontext der additiven Fertigung und Reparatur von Produkten in Auszügen dargestellt. Der Katalog selbst lässt sich aufgrund seiner Größe hier nur schwer ganz abbilden. Zur Vollständigkeit wird an dieser Stelle daher auf das Forschungsdatenrepositorium der Leibniz Universität Hannover verweisen, in welchem die vollständigen

Gliederungsteil		Hauptteil				Zugriffsteil					
Ausgangs-zustand Bauteil	Schadens-, Fehlerart oder veralteter Bauteil-bereich	Bauteil				Material	Abmessungen				
		Be-zeich-nung	Maschine / Branche	Bild	Quelle		Äußere Abmes-sungen: $L \times B \times H$ [m]	Dünnwandige Strukturen herzustellen-der Bauteil-bereich: Art, Maße [m]	Herzustel-lender Bauteil-bereich: Art, Maße [m]	Zugänglich-keit Schaden: außen-/innenliegend; Maße [m]	Be di
1	2	1	2	3	4	Nr	1	2	3	4	5
Beschädigt	Korrosionsschaden										
	Verschleißschaden										
	Bruch										
	Riss										
	Verformung										
Fehlerhaft gefertigt	AM-Fertigungs-fehler										
	Fertigungsfehler spanende Fertigung / Nachbearbeitung										
Veraltet (unbe-schädigt)	Geometrie innen-liegende Kanäle & Auslassöffnung										

Abb. 6.9 Auszüge aus dem Konstruktionskatalog „Metal Additive Repair/Refurbishment" nach Ganter [66]

Daten digital abrufbar und einsehbar sind (https://data.uni-hannover.de/de/dataset/use-case-katalog-metal-additive-repair-refurbishment).

Im Katalog finden sich die allgemein für Konstruktionskataloge geltenden, zuvor definierten Elemente: die Gliederungsmerkmale, der Hauptteil, der Zugriffsteil sowie der Anhang. Der Gliederungsteil des Katalogs ordnet verschiedene Anwendungsfälle des Metal Additive Repair/Refurbishment (MAR/R) basierend auf dem jeweilig vorliegenden Ausgangszustand der Bauteile, der zur Durchführung der MAR/R-Prozesskette geführt hat. Für beschädigte Bauteile wurde im Gliederungsteil eine Kategorisierung der Schadens-bilder entwickelt, die auf der Richtlinie VDI 3822 basiert. Diese Kategorisierung teilt die Schadensbilder in Korrosionsschaden, Verschleißschaden, Bruch, Riss, Verformung und Funktionsstörung durch Ablagerung ein. Der Hauptteil des Katalogs enthält die Bezeich-nung des Bauteils, die Maschine oder Branche, in der es verwendet wird, ein Bild und die Quelle. Im Zugriffsteil werden die Bauteilspezifikationen angegeben. Anwendende kön-nen so ähnliche MAR/R-Anwendungsfälle für ihr beschädigtes Bauteil anhand der Bau-teilmerkmale im Zugriffsteil oder des Ausgangszustands im Gliederungsteil finden. In den Spalten, die dem Zugriffsteil folgen, ist die MAR/R-Prozesskette dokumentiert. Es wer-den das Ziel (ausschließlich Reparatur, ausschließlich Modernisierung oder Reparatur und Modernisierung), die durchgeführten Prozessschritte sowie die verwendeten Techno-logien, Maschinen und Materialien angegeben, sofern diese bekannt sind [66].

Mithilfe des beschriebenen Konstruktionskataloges können Anwendungsfälle zur Re-paratur und/oder Modernisierung von Bauteilen mithilfe additiver Fertigungsverfahren zusammengefasst werden. Er dient als Unterstützung für Anwendende, um für ein vorhandenes Bauteil das passende additive Fertigungsverfahren auszuwählen und um die nächsten Schritte in der Prozesskette zu bestimmen.

Für das allgemeine Verständnis von Konstruktionskatalogen ist außerdem festzuhalten, dass sich diese auf Grundlage ihrer Inhalte voneinander unterscheiden und in der Folge voneinander abzugrenzen sind. In Abhängigkeit des jeweiligen Anwendungszweckes werden Konstruktionskataloge in Lösungskataloge, Objektkataloge, Operationskataloge und Beziehungskataloge unterschieden. In der nachstehenden Auflistung werden jeweils relevante Details kurz erläutert.

Lösungskataloge sind Konstruktionskataloge, in denen eine direkte Zuordnung von Funktionen zu Aufgaben oder bestimmten Effekten zu Effektträgern erfolgt. Lösungskataloge enthalten somit stets konstruktive Lösungen für eine konkrete Aufgabenstellung. Die Lösungen können hierbei auf unterschiedlichen Abstraktionsebenen beschrieben werden, beispielsweise Effekte zur Krafterzeugung oder geometrischen Darstellung von Effektträgern, die zugrunde liegende Aufgabe bleibt dabei jedoch unverändert.

Objektkataloge sind Konstruktionskataloge, welche aufgabenunabhängige und grundlegende Sachverhalte enthalten, wie beispielsweise geometrische, physikalische, technologische oder stoffkundliche Informationen. Diese Sachverhalte sind für das Konstruieren dabei von allgemeinem Interesse. Klassische Beispiele für Objektkataloge sind Sammlungen von Fertigungsverfahren, Trägheitsmomente für wichtige Körper oder gleichartige Teileverbände wie beispielsweise Kugellager, Dichtungen oder zwangsläufige Getriebe.

Operationskataloge sind Konstruktionskataloge, in denen Verfahren und Regeln, beispielsweise zur Erzeugung, Verknüpfung oder Auswahl von Lösungen, zusammengefasst sowie systematisch geordnet werden. Die jeweiligen Inhalte sind dabei stets auf konkrete Objekte bezogen. Typische Operationskataloge enthalten Regeln für die Variation von Funktionsstrukturen oder das Berechnen von Toleranzen.

Beziehungskataloge sind Konstruktionskataloge, in denen Relationen zwischen Inhalten oder Funktionen abgebildet werden, also eine Beziehung zwischen zwei Objekten dargestellt wird. Beziehungskataloge sind als Sonderfall von Lösungskatalogen zu sehen, in denen eine Eingrenzung auf zwei bestimmte Objekte vorgenommen wird.

Neben zahlreichen Konstruktionskatalogen, die insbesondere zu allgemeinen technischen Fragestellungen beispielsweise bei Roth [35] zu finden sind, beinhalten viele Kataloge auch firmenspezifisches Knowhow, welches nicht allgemein zugänglich ist. Um Konstruktionskataloge gegenüber weiteren Lösungssammlungen eindeutig abzugrenzen, können drei wesentliche Eigenschaften festgehalten werden:

- Konstruktionskataloge ermöglichen einen schnellen Zugriff auf Informationen und sind für eine große Menge von Nutzenden gültig.
- Konstruktionskataloge sind an die Notwendigkeiten des jeweiligen Konstruktionsprozesses angepasst, weitestgehend vollständig und in sich widerspruchsfrei.
- Konstruktionskataloge sind eindeutig gegliedert und erweiterungsfähig.

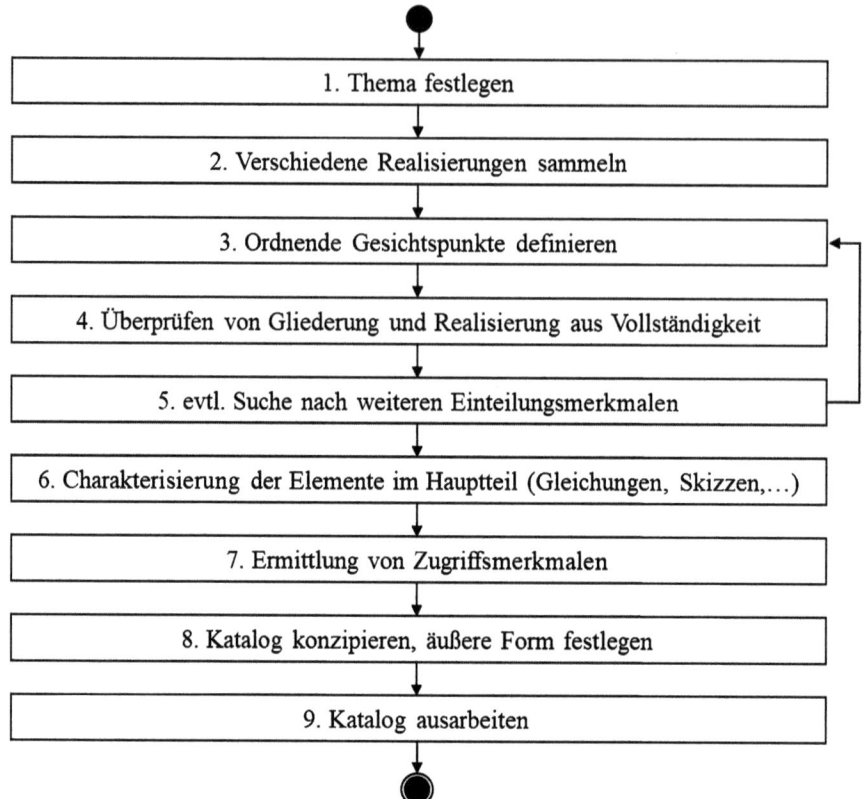

Abb. 6.10 Vorgehensschritte zur Erstellung eines Konstruktionskataloges in Anlehnung an Roth [35]

Sollen diese Eigenschaften gewährleistet werden, ist ein strukturiertes und einheitliches Vorgehen bei der Erstellung von Konstruktionskatalogen sinnvoll und notwendig. Ein generisches Vorgehen zur Erstellung von Konstruktionskatalogen ist in Abb. 6.10 dargestellt.

7

Aufgabenklärung und Anforderungsmanagement

In der Diskussion wird häufig angenommen, dass Entwickelnde dann als besonders effizient angesehen werden, wenn sie nicht umfassend über grundlegende Fragen und Problemstellungen debattieren, sondern zeitnah konkrete Lösungsvorschläge präsentieren. Diese Herangehensweise ermöglicht es ihnen, sich vorrangig mit komplexen Detailfragen auseinanderzusetzen – und dies möglichst ohne eine weiterführende Auseinandersetzung mit Grundlagen. Oft wird dabei allerdings übersehen, dass in den meisten Fällen ein umfassendes und fundiertes Konzept erforderlich ist, da selbst eine ausführliche Ausarbeitung von Details ein unzureichendes oder gar nicht vorhandenes Gesamtkonzept nicht ausgleichen kann. Um Probleme dieser Art adressieren zu können, ist eine eindeutige Klärung der Aufgabe notwendig.

Das Ziel solch einer Aufgabenklärung besteht somit darin, die geforderten Produkteigenschaften zu definieren sowie Rahmenbedingungen für die Herstellung und Nutzung des Produkts zu beschreiben. In den frühen Phasen der Produktentwicklung ist eine erhöhte Sorgfalt erforderlich, da in dieser Phase begangene Fehler im späteren Verlauf der Entwicklung kaum oder nur mit erheblich hohem Aufwand korrigiert werden können. Dies gilt insbesondere auch für Umweltauswirkungen und Gesetzeskonformität eines Produktes. Diese sind in späteren Phasen des Produktlebenszyklus infolge potenzieller Versäumnisse in frühen Entwicklungsphasen kaum noch oder gar nicht mehr zu beheben und können somit erhebliche Risiken und Einschränkungen für die Nachhaltigkeit eines Produktes darstellen.

Allgemein ist festzuhalten, dass Entwicklungs- und Konstruktionsaufgaben unterschiedliche Ursprünge haben. Grundsätzlich können sie zurückgeführt werden auf:

- Einen internen, durch das eigene Unternehmen finanzierten Entwicklungsauftrag basierend auf Marktbedürfnissen und Produktplanungsergebnissen;
- Gesetzliche Vorgaben;

- Die konkrete Bestellung einer spezifischen Lösung durch einen Kunden;
- Anregungen zur Qualitätsverbesserung und damit Kostensenkung.

7.1 Aufgabenklärung

Die Aufgabenklärung erfolgt, basierend auf den oben genannten Initiativen, bereits durch die das Projekt bearbeitenden, verschiedenen Abteilungen. Sie umfasst die Informationssammlung zu Funktionen, Nachbarsystemen und Rahmenbedingungen, eine Schwachstellenanalyse, die Konkurrenzanalyse sowie die Analyse der Lebenslaufphasen des zu entwickelnden Produktes.

Zur Informationssammlung können folgende Fragen genutzt werden:

- Durch welche physikalischen Zusammenhänge lässt sich das Problem beschreiben?
- Welche physikalischen Zusammenhänge ereignen sich im Umfeld des neuen Systems/Produkts?
- In welche übergeordneten Systeme ist das Produkt eingebettet?
- Lassen sich bereits erste Lösungsideen generieren oder liegen diese sogar bereits vor?
- Welche auch nichttechnischen Einflüsse wirken auf das neue Produkt?

Die Aufgabenstellung durch bestehende physikalische Zusammenhänge zu beschreiben, stellt bei Neuentwicklungen eine große Herausforderung für Entwickelnde dar, während bei Weiterentwicklungen, im Kontext der Technischen Vererbung (vgl. Kap. 4) über Produktgenerationen hinweg, häufig viele Ähnlichkeiten bestehen.

Die Beschreibung einer Aufgabenstellung kann auch anhand vorliegender Wechselwirkungen zwischen einem Produkt und seiner Umgebung erfolgen. Dazu werden neben der Beschreibung des betrachteten Systems auch seine Wirkungen sowie seine Zeitbeziehungen und Ortsbeziehungen betrachtet. Folgende Umgebungssysteme können beschrieben werden:

- Passives System, auf welches das Produkt eine Wirkung ausübt
- Aktives System welches auf das Produkt einwirkt
- Befehlssystem über welches das Produkt gesteuert wird
- Wirkungsort mit dem vorherrschenden Klimasystem und räumlichen Randbedingungen
- Erstellungs- und Transportsysteme
- Wartungssystem
- Entsorgungssystem

Eine Schwachstellenanalyse, auch im Kontext der datengetriebenen Produktentwicklung, ist insbesondere dann ein wirkungsvolles Werkzeug, wenn bereits Vorgängergenerationen des Produktes auf dem Markt befindlich sind. Grundsätzlich können Schwachstellen einer Produktgeneration im gesamten Produktlebenszyklus identifiziert werden. Diesem Um-

7.1 Aufgabenklärung

stand zur Folge ist es wichtig, im Rahmen der Schwachstellenanalyse sämtliche Fachdomänen zu betrachten. Dies kann realisiert werden, indem entweder Expertengespräche geführt werden oder idealerweise Daten verfügbar sind und ausgewertet werden können. Gesichtspunkte die analysiert werden können sind:

- Stückzahlen
- Produktqualität
- Umsatz
- CapEx, OpEx, Deckungsbeitrag
- Gewinn, um so neue Geschäftsplane durch Erfahrungen abzusichern/Key Performance Indicators (KPIs) für das „Target Costing" abzuleiten
- Marktanteile, Marktsegmente und Marktanteilsveränderungen, zugehörige Baureihenstruktur und Variantenvielfalt
- Lagerhaltung, Bestände, Umschlaghäufigkeit, Lieferzeiten, Effizienz der Prozesskette
- Produktionsdaten, Fertigungsparameter
- Technische Parameter anhand von Messungen der Zielerreichung
- Reklamationen, Garantiefälle und Ausschussraten
- Kundendaten, Kundenfeedback, Umfragen und Bewertungen
- Terminüberschreitungen, Compliance, Strafzahlungen
- Betriebsdaten, Nutzungsverhalten, Verschleißmuster, Leistungsprobleme
- Umwelteinflüsse, Nachhaltigkeit, Nachhaltigkeitsbewertung
- Lebenszyklusanalyse, Materialeffizienz, Energieverbrauch, ökologischer Fußabdruck
- Langlebigkeit, Wiederverwendbarkeit, Reparierbarkeit und Recycling
- Soziale Verantwortung, Arbeitsbedingungen, soziale Auswirkungen des Produktes

Als Konkurrenzanalyse, häufig auch Benchmark genannt, wird die systematische Sammlung und Auswertung von Informationen über konkurrierende Unternehmen, ihre Marktaktivitäten und ihre Produkte beziehungsweise Dienstleistungen bezeichnet. Auf Grundlage solch einer Konkurrenzanalyse (solch eines Benchmarkings) und der Beobachtung der politischen Randbedingen beziehungsweise des Lobbyings, kann ein Unternehmen Strategien für sich verändernde Randbedingungen ableiten sowie bereits bestehende Strategien anpassen. Mithilfe dieses Vorgehens sind Unternehmen dann in der Lage, zielgerichtet Marktlücken zu bedienen. Dabei können sich die oben aufgeführten Fragestellungen der Schwachstellenanalyse auch explizit auf die Produkte der Wettbewerber beziehen. Darüber hinaus können aber auch folgende Fragen als Ausgangspunkt für eine weitere Informationsbeschaffung genutzt werden:

- Wer sind die wichtigsten konkurrierenden Unternehmen, wie sieht ihre Organisation, wie ihre Rechtsform aus und wo befinden sich ihre Standorte?
- Welche Produkte und Dienstleistungen bieten diese Konkurrenzunternehmen an?
- Wer sind marktführende Unternehmen und welche Ziele, Absichten und Strategien verfolgen diese Konkurrenten?

- Welche Preise verlangen konkurrierende Unternehmen?
- Worin unterschieden sich die Produkte der konkurrierenden Unternehmen im Vergleich zu den eigenen Produkten? Worin liegen ihre Stärken und Schwächen?
- Was sind die Erfolgsrezepte der konkurrierenden Unternehmen? Besteht die Möglichkeit einen optionalen Vorsprung dieser aufzuholen?
- Wenn ja, was sind die notwendigen Aufwendungen dafür?

Ziel der Analyse der Lebenslaufphasen eines Produktes ist es, die Art der Beziehungen des zukünftigen Produktes zu Menschen und natürlichen sowie technischen Nachbarsystemen während der einzelnen Lebenslaufphasen zu ermitteln. In der Folge soll es möglich sein, hieraus explizite Anforderungen abzuleiten. Dabei können alle Menschen und Systeme, die mit dem Produkt in einer beliebigen Lebensphase in einer relevanten Beziehung stehen, als Teil der Produktumgebung angesehen werden. Der Begriff der Relevanz impliziert, dass es zunächst erforderlich ist, die als relevant betrachteten Interaktionen einzugrenzen, was in der Regel kein einfacher Prozess ist. Resultierende Wechselwirkungen ergeben sich anschließend jeweils aus Stoff-, Energie- und Informationsflüssen (vgl. Kap. 4) sowie ergonomischen und sicherheitsrelevanten Aspekten.

Um diese Vorgehensweise zu unterstützen, existiert eine Vielzahl von Suchschemata, welche die systematische Analyse für Entwickelnde erleichtern. Tab. 7.1 zeigt einen Auszug einer nach Lebenslaufphasen und Nachbarsystemen gegliederten Suchmatrix mit Fragen für die Ermittlung der gewünschten Produkteigenschaften nach Roth [77]. Eine vollständige Version der Tabelle findet sich in der initialen Quelle.

Die einzelnen, in Abb. 7.1 aufgeführten Aspekte sind zunächst generisch und müssen an jeweilig vorliegende Aufgabenstellungen angepasst werden. Für die recyclinggerechte Ge-

Tab. 7.1 Gliederungsmerkmale für eine Anforderungsliste nach Roth [77]

	Hauptmerkmal	Nebenmerkmal	Beispiele
1	Funktion	Gesamtfunktion, Teilfunktion	Wirkung, (Haupt-)Aufgabe, Ziel: Lösungsneutrale Kurzfassung der Aufgabe
2	Geometrie	Abmessung, Raumbedarf, Anzahl, Anordnung, …	Breite x Höhe x Länge, Größe, Durchmesser, Ausdehnung, Lage im Raum, Maße, Fläche, …
3	Kinematik	Bewegungsart, Geschwindigkeit, Beschleunigung, Bezugssystem, …	Gleichförmig, ruckartig, linear, rotatorisch, Größenwerte, …
4	Kräfte	Kraft, Gewicht, Kraftwirkung, Steifigkeit, Resonanzen, …	Größe, Richtung, Häufigkeit, max. Werte, zulässige Werte, Verformung, Pressung, …
5	Energie	Leistung, Wirkungsgrad, Verlust, Zustandsgrößen, Speicherung, …	Bedarf, Reibung, Ventilation, Druck, Temperatur, Feuchtigkeit, Erwärmung, Kühlung, …

(Fortsetzung)

7.1 Aufgabenklärung

Tab. 7.1 (Fortsetzung)

	Hauptmerkmal	Nebenmerkmal	Beispiele
6	Stoff	Physikalische/chemische Eigenschaften, Werkstoff, Materialfluss und –transport, …	Eingangs- und Ausgangsprodukt, Schmierstoffe, …
7	Signal	Information, Signalform, Anzeigeart, …	Eingangs- und Ausgangssignal, analog/digital, Ton, Leuchte, …
8	Sicherheit	Schutzsysteme, Betriebs-, Arbeits- und Umweltsicherheit, Emissionen, …	Richtlinien, Produkthaftung, …
9	Ergonomie	Mensch-Maschine-Beziehung, Design, …	Bedienung, Bedienungsart, Übersichtlichkeit, Formgestalt, …
10	Qualität	Messmöglichkeiten, Prüfmöglichkeiten, Vorschriften, …	Längen, Durchmesser, Winkel, Oberflächen, Funktionsmaße Werknormen, DIN, ISO, …
11	Fertigung	Fertigungsverfahren, Betriebsmittel, Fertigungsgenauigkeit, …	Eigenfertigung, Fremdfertigung, Herstellbare Abmessung, Toleranzen, Oberflächen, …
12	Gesetze	Produktsicherheitsanforderungen, Umweltvorschriften, Arbeitsschutzrichtlinien, …	Produktsicherheitsgesetz, Datenschutzgrundverordnung, Arbeitsschutzgesetz, Kreislaufwirtschaftsgesetz, …
…	…	…	…

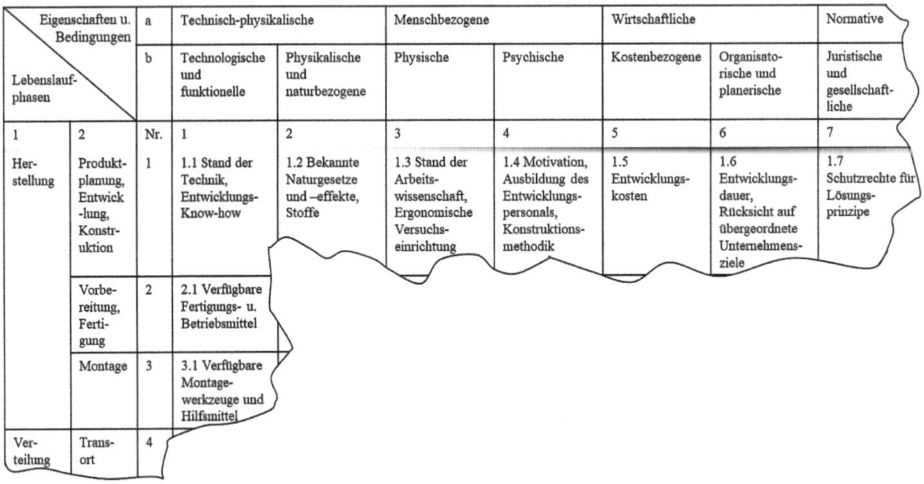

Eigenschaften u. Bedingungen		a	Technisch-physikalische		Menschbezogene		Wirtschaftliche		Normative
Lebenslaufphasen		b	Technologische und funktionelle	Physikalische und naturbezogene	Physische	Psychische	Kostenbezogene	Organisatorische und planerische	Juristische und gesellschaftliche
1	2	Nr.	1	2	3	4	5	6	7
Herstellung	Produktplanung, Entwicklung, Konstruktion	1	1.1 Stand der Technik, Entwicklungs-Know-how	1.2 Bekannte Naturgesetze und –effekte, Stoffe	1.3 Stand der Arbeitswissenschaft, Ergonomische Versuchseinrichtung	1.4 Motivation, Ausbildung des Entwicklungspersonals, Konstruktionsmethodik	1.5 Entwicklungskosten	1.6 Entwicklungsdauer, Rücksicht auf übergeordnete Unternehmensziele	1.7 Schutzrechte für Lösungsprinzipe
	Vorbereitung, Fertigung	2	2.1 Verfügbare Fertigungs- u. Betriebsmittel						
	Montage	3	3.1 Verfügbare Montagewerkzeuge und Hilfsmittel						
Verteilung	Transport	4							

Abb. 7.1 Ausschnitt aus Suchmatrix zur Klärung der Aufgabenstellung nach Roth [77]

staltung von Batterien beispielsweise werden die Lebenslaufphasen Rohstoffbeschaffung sowie Rückführung wesentlich genauer zu betrachten sein; für die Herstellung von Solarzellen die Lebenslaufphase oder die Produktion des notwendigen Polysiliziums.

7.2 Systematik des Lösungsraumes

Der Begriff des Lösungsraumes beschreibt die Vorstellung, dass für ein Produkt nicht nur eine einzige optimale Lösung existiert. Stattdessen können mehrere Lösungen vorliegen. Diese befinden sich dabei auf einer sogenannten Pareto-Front. Die Lösungen erlauben, je nach Anforderung oder Randbedingung, unterschiedliche Priorisierungen und Kompromisse zwischen Kriterien wie Kosten, Qualität oder Funktion vorzunehmen. Diese Vielfalt an möglichen Lösungen spiegelt die Anpassungsfähigkeit eines Produkts an verschiedene Bedürfnisse und Forderungen wider. Ferner ist der notwendige Lösungsraum dadurch zu erweitern, dass Produkte nicht singulär, sondern direkt als skalierte Baureihen geplant werden (beispielsweise über die Größe). Auch sollte in Betracht gezogen werden, dass Produkte häufig ganze Baukästen von Einzellösungen umfassen müssen, um wettbewerbsfähig zu sein.

Abb. 7.2 zeigt im Kontext einer Lösungsraumsystematik die Zusammenhänge am Beispiel einer von der Modum Shoes GmbH entwickelten Prozesskette zur industriellen Herstellung von maßgefertigten Schuhen. Die Idee der Modum Shoes GmbH basiert dabei auf kundenindividuell hochwertig und langlebig industriell gefertigten Schuhen statt Massenware von der jährlich in Deutschland ca. 320 Mio. Paar Schuhe entsorgt werden. Der Kunde liest z. B. mit dem Handy seine Füße ein und sendet die Daten ein. Daraufhin wird automatisiert und anhand charakteristischer Parameter ein individueller digitaler Leisten für den Kunden erstellt.

Diese digitale Prozesskette verwendet keine auf Stufung und Skalierung basierenden Konfektionsgrößen. Stattdessen wird für jeden Kunden und für jede Kundin ein individuelles Paar Schuhleisten, das zentrale Herstellungswerkzeug in der Schuhfertigung, anhand der Körpermaße entwickelt und für die Fertigung der Schuhe verwendet. Das auftragsbezogene Geschäftsmodell ermöglicht somit eine industrielle und ressourcenschonende Schuhfertigung mit individueller Passform. Während die konventionelle Serienproduktion von Schuhen, eine Überproduktion von bis zu 40 % verursacht [78], wird bei der Modum Shoes GmbH nur produziert, was der Kunde tatsächlich bestellt. Die Prozesskette zur industriellen Herstellung von maßgefertigten Schuhen senkt Materialverbrauch, Lageraufwand und CO_2-Emissionen deutlich. Angesichts des Umstands, dass die Bekleidungsindustrie ca. 4 % der globalen Treibhausgasemissionen verursacht [79], leistet dieses Geschäftsmodell einen relevanten Beitrag zur Entwicklung nachhaltiger Produkte.

7.2 Systematik des Lösungsraumes

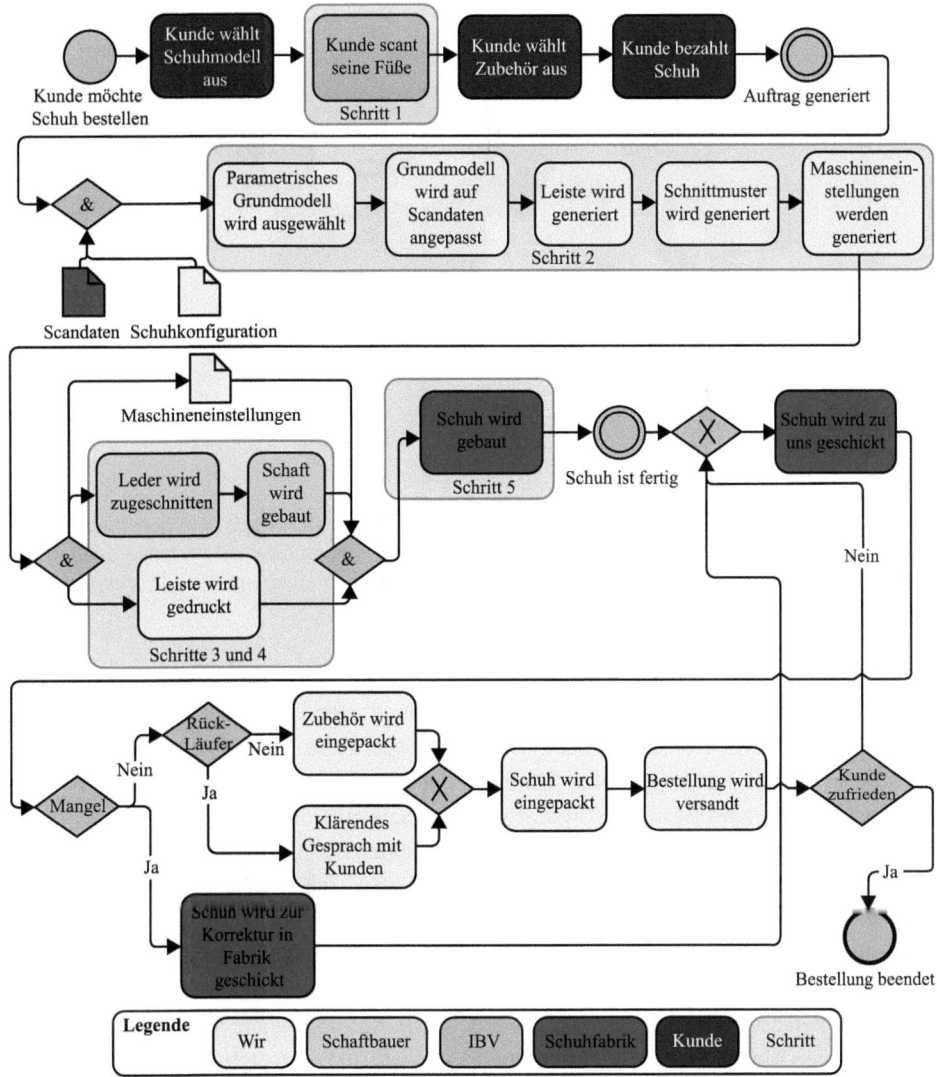

Abb. 7.2 Gesamtprozess zur industriellen Fertigung von Maßschuhen

Den Kern der Innovation stellt ein wissensbasiertes System dar, welches die Konstruktion und Fertigungsvorbereitung des kundenindividuellen Leistens vollständig automatisiert (Abb. 7.3).

Hierbei wurde ein problemzentrierter Ansatz gewählt, der die Lösungsräume implizit, durch Formalisieren des Gestaltungsprozesses mittels Algorithmen, abbildet. Mit Bezug zu den Dimensionen des Lösungsraumes ergeben sich hieraus folgende drei Aspekte.

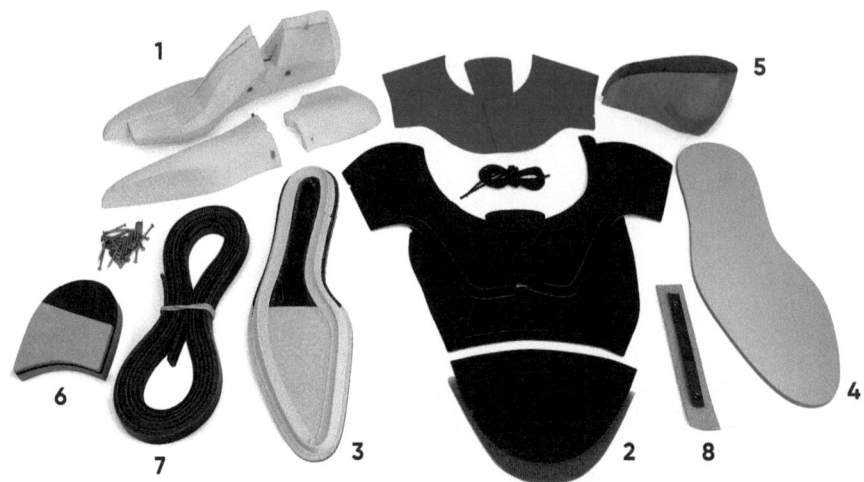

Abb. 7.3 Kundenindividuell entwickelte und gefertigte Einzelteile: Neben dem Schuhleisten werden auch alle weiteren Komponenten automatisch vom wissensbasierten System gestaltet, das zudem direkt in die Fertigung integriert ist und die CNC-Programmierung sowie Prozesssteuerung übernimmt

1. Relevante Fuß- und Körpermaße: Zur Berechnung der Kontrollpunkte und Gewichtungen der NURBS-Flächen, die die parametrische Geometrie des Schuhleistens definieren, werden eine Vielzahl relevanter Körpermaße herangezogen. Dazu zählen sowohl lineare Maße als auch Umfangsmaße und gegebenenfalls weitere Körperbereiche (wie zum Beispiel Körpergröße oder Gewicht).
2. Modellauswahl und Gestaltungswünsche: Potenzielle Kunden können im Bestellprozess verschiedene Schuhmodelle auswählen, die sich sowohl in der Formsprache (beispielsweise Spitzenform), den gewählten Materialien und dem verwendeten Schnittmuster unterscheiden.
3. Fertigungsparameter: Abhängig von der gewählten Fertigungsstätte oder dem gewünschten Modell ergeben sich unterschiedliche Anforderungen an die Gestaltung der jeweiligen Einzelteile. Diese betreffen eine Vielzahl an Parametern entlang der Prozesskette – etwa variabel definierte Nahtzugaben, material- oder maschinenspezifische Toleranzen sowie fertigungsbedingte Anpassungen der Geometrie.

Ein weiterer, zusätzlich aufzuführender Aspekt des Lösungsraumes ist die Zeit. Diese kann unter anderem berücksichtigt werden, indem von Anfang an mehrere Produktvarianten geplant werden. So wird die Möglichkeit geschaffen, Produktvarianten zu planen, mit denen es möglich ist, ein Produkt nach mehreren Jahren auf dem Markt erneut strategisch einzubringen, zu fördern und zu platzieren.

Bezogen auf die Spezifikation muss der Lösungsraum zu jedem Zeitpunkt klar definiert werden, da er sowohl die Konzeptauswahl als auch sämtliche, während der Entwicklung zu erstellende Modelle und Parameterstudien maßgeblich beeinflusst.

7.3 Anforderungsmanagement

Mit Hilfe der vorgestellten Methoden zur Aufgabenklärung und dem Konzept des Lösungsraumes lassen sich wesentliche Anforderungen an zu entwickelnde Produkte, Produktfamilien oder Baukästen ermitteln. Aufgrund der in der Regel großen Zahl von Anforderungen unterschiedlichster Ausprägung und Relevanz müssen diese allerdings strukturiert, quantifiziert und über den gesamten Entwicklungsprozess organisiert werden. Dazu stehen heute vor allem rechnergestützte Werkzeuge, beispielsweise IBM DOORS, Jama Connect, ReqView, Xebrio und weitere, zur Verfügung. Auf diese soll im weiteren Verlauf dieses Abschnittes allerdings nicht näher eingegangen werden. Der Fokus soll im Folgenden stattdessen auf grundsätzlichen Aspekten methodischer Art zum Management von Anforderungen liegen.

Das grundsätzliche Ziel des Anforderungsmanagements besteht darin, die Konsistenz und Klarheit einer Projektzielsetzung kontinuierlich zu gewährleisten. Diese Aspekte müssen auch bei zunehmender Detaillierung stets erhalten bleiben. Darüber hinaus ist es von besonderer Wichtigkeit, Redundanzen bei Formulierung der Zielsetzung zu vermeiden. Es ist Herausforderung und zugleich Aufgabe der Entwickelnden, aus den verschiedenen Anforderungen unterschiedlicher Stakeholder und mithilfe von Syntheseschritten einen Kompromiss abzuleiten. Variationen der Zielsetzung innerhalb einer Entwicklung führen häufig dazu, dass Teile von bereits geleisteter Arbeit obsolet werden. Daher sollten solche Änderungen oder Anpassungen in der Zielsetzung nur aus triftigen Gründen und unter gründlicher Berücksichtigung aller potenziellen Auswirkungen auf das laufende Projekt vorgenommen werden.

In Abb. 7.4 ist die zeitliche Abhängigkeit der Anzahl der für die Bearbeitung der Entwicklungsaufgabe erforderlichen Anforderungen, die Anzahl der festgelegten Anforderungen, die Anzahl der dokumentierten Anforderungen und die Intensität der bewusst zusammengetragenen Anforderungen schematisch dargestellt.

Wie der Abbildung zu entnehmen ist, werden zu Beginn der Entwicklung wesentliche Eigenschaften und Anforderungen sowie vorliegende Beziehungen zwischen diesen, hauptsächlich unter Verwendung verschiedener Methoden, festgelegt. Bei Neuentwicklungen sind diese Anforderungen aufgrund des anfangs begrenzten Kenntnisstandes

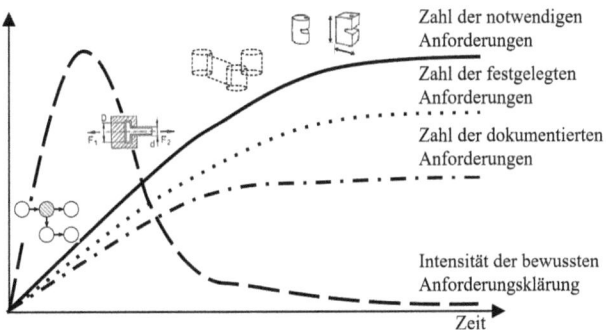

Abb. 7.4 Anforderungsklärung über dem Entwicklungsverlauf nach Jung [80]

häufig unspezifisch und globaler Natur. Im weiteren Verlauf des Projekts nimmt die Intensität der aktiven und bewussten Anforderungsklärung in der Regel deutlich ab, während die Detaillierung des Produkts kontinuierlich zunimmt. In der Abbildung ist dies durch die steigende Zahl der Anforderungen mit Voranschreiten der Zeit zu erkennen. Mit größer werdender Detaillierung des Produkts erweitert sich auch das Wissen über das Produkt. Dies führt zur Formulierung neuer, häufig lösungsorientierter Anforderungen oder zur Verfeinerung beziehungsweise Änderung bestehender Anforderungen. Häufig werden die daraus entstehenden Anforderungen entweder gar nicht oder zumindest nicht vollständig und im Sinne eines Anforderungsmanagements dokumentiert.

Bei der Ermittlung von Anforderungen und dem damit einhergehend notwendigen Anforderungsmanagement können verschiedene Arten von Anforderungen unterschieden werden. Diese können sowohl marktseitig, technologiebedingt oder aber auch kundenorientiert bestehen. Im Folgenden soll anhand des Kano-Modells dargestellt werden, welchen Einfluss Kundenanforderungen auf das Gelingen eines Entwicklungsprojektes haben und wie Anforderungen in diesem Fall (Kundensicht) strukturiert und eingeteilt werden können. Grundsätzlich können Kundenanforderungen in Begeisterung-, Leistungs- und Basisfaktoren eingeteilt werden. Basismerkmale werden vom Kunden dabei als selbstverständlich angesehen und nicht explizit geäußert. Leistungsfaktoren hingegen sind Merkmale, die vom Kunden ausgesprochen und eingefordert werden. Die Erfüllung solcher Leistungsfaktoren ist als notwendig zu sehen. Begeisterungsfaktoren werden vom Kunden nicht explizit erwartet und rufen bei einem Vorhandensein Begeisterung hervor. Mit der Zeit werden Begeisterungsfaktoren erst zu Leistungsfaktoren, anschließend zu Basisfaktoren. In der nachstehenden Abbildung sind die erörterten Zusammenhänge des Kano-Modells grafisch dargestellt.

Nachdem zu Beginn dieses Abschnittes die allgemeine Notwendigkeit eines Anforderungsmanagements erörtert worden ist und die exemplarische Ausführung von Kundenanforderungen am Beispiel des Kano-Modells gezeigt wurde, soll es im weiteren Verlauf um die Frage gehen, wie Anforderungen strukturiert werden können.

Eine Möglichkeit, Anforderungen systematisch zu erfassen und zu dokumentieren, ist die sogenannte Anforderungsliste. Diese wird erstellt, um alle in den vorangegangenen Schritten identifizierten Eigenschaften, Funktionen sowie Randbedingungen und Restriktionen, die das betrachtete Produkt erfüllen muss, strukturiert festzuhalten. Im Gegensatz zum Lastenheft und Pflichtenheft, welche jeweils entweder nur die Perspektive des auftraggebenden Unternehmens (Lastenheft) oder die des auftragnehmenden Unternehmens (Pflichtenheft) wiedergeben, dient die Anforderungsliste als internes Dokument. Durch die Erstellung solch einer Anforderungsliste kann eine umfassendere und neutralere Erfassung der formulierten Anforderungen ermöglicht und realisiert werden.

Eine Anforderungsliste muss mindestens die folgend aufgeführten Elemente der Grundstruktur zur formalen Beschreibung beinhalten:

- **Gliederung:** Teilsysteme, Funktionsgruppen, Baugruppen, Lebenslaufphasen;
- **Nummer:** Identifikationsnummer zur eindeutigen Zuordnung, bspw. Projekt- oder Teilenummer;

- **Bezeichnung:** Eindeutig formulierte Bezeichnung, bspw. Produkt- oder Bauteilname;
- **Werte, Daten:** Quantifizierung der Anforderungen;
- **Art:** Verbindlichkeit der Anforderungen, bspw. Fest-, Ziel- oder Wunschforderung;
- **Quelle, Bemerkung:** Festhalten von Bemerkungen, Quellen und Verantwortlichkeiten, bspw. Name verantwortlicher Mitarbeitender und Änderungsstände.

Um den Zugriff auf die in einer Anforderungsliste festgehaltenen Informationen zu vereinfachen, ist eine inhaltliche und an den Entwicklungsprozess angepasste Strukturierung hilfreich. Hierfür können beispielsweise die in Tab. 7.1 dargestellten und exemplarisch aufgeführten Gliederungsmerkmale verwendet werden, welche die Anforderungsliste in Hauptmerkmale und Nebenmerkmale kategorisieren und unterteilen. Im nachstehend aufgeführten Beispiel in Abb. 7.6 ist diese Art der Strukturierung ebenfalls wiederzufinden.

Jede Anforderung sollte möglichst nummeriert und so formuliert werden, dass sich die geforderte Eigenschaft des Produktes klar aus Merkmalen und Werten sowie zugehörigen Einheiten zusammensetzt. Beispielhafte Einträge in diesem Kontext wären die Angabe einer Höchstgeschwindigkeit von 120 km/h oder eine minimale Kraft von 200 Nm.

Grundsätzlich werden drei Arten von Anforderungen unterschieden. Dies sind Festforderungen (F), Zielforderungen (Z) und Wunschforderungen (W), welche im Zuge einer Listenerstellung auch als solche kenntlich gemacht werden. An dieser Stelle sollte folgerichtig auch auf die Übereinstimmung zu den zuvor erwähnten Basis-, Leistungs- und Begeisterungsmerkmale des Kano-Modells hingewiesen werden (siehe Abb. 7.5).

- **Festforderungen** können beispielsweise aus Gesetzen oder Sicherheitsregeln sowie Ethik und Compliance resultieren, können aber auch von der Kundschaft über das Lastenheft festgeschrieben sein und müssen unbedingt eingehalten werden. Die Nichterfüllung einer Festforderung führt zum Ausschluss der Lösung.
- Der Wert einer **Zielforderung** stellt die Grenze dar, die nicht über- oder unterschritten werden darf. Durch den Erfüllungsgrad, also den Abstand zu dieser Grenze, kann die Qualität verschiedener Lösungen ermittelt und miteinander verglichen werden. Der Zielerfüllungsgrad ist, gerade bei quantifizierbaren Merkmalen, ein wichtiges Bewertungskriterium. Wird die definierte Grenze über- oder unterschritten, so muss die gewählte Lösungsvariante angepasst werden oder scheidet vollständig aus.
- **Wunschforderungen** können erfüllt werden, müssen dies aber nicht. Allerdings sind sie bei Produkten des täglichen Lebens, deren Umsetzung Stand der Technik ist von kaufentscheidender Bedeutung. Konsumierende machen ihre Entscheidung häufig von impliziten Wünschen und Markenimage abhängig, die es insbesondere bei der Entwicklung von Konsumprodukten zu antizipieren gilt, soll das Produkt am Markt erfolgreich sein.

Der nachstehende Ausschnitt einer Anforderungsliste in Abb. 7.6 stammt erneut aus dem bereits eingeführten studentischen Entwicklungsprojekt und befasst sich auch hier mit der

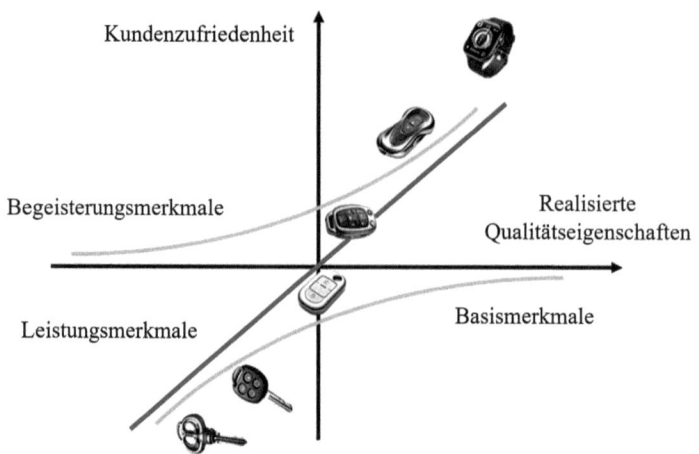

Abb. 7.5 Kano-Modell am Beispiel eines Autoschlüssels nach Heine [81]

iPeG Leibniz Universität Hannover		Anforderungsliste Projekt: Wasserkocher				F = Festforderung Z = Zielforderung W = Wunschforderung
Erstellt durch:		Genehmigt durch:				Rev. 1
Erstellt am:		Genehmigt am:				Seite 1/1
Nr.	Anforderungen	Art	Wert/ Bereich		Variable/ Einheit	Quelle/ Verweis
			Exakt	Toleranz		
1	**Funktion**					
1.1	Elektromagnetische Verträglichkeit (EMV)	F				Richtlinie 2014/30/EU
1.2	Keine Gefahren für Verbraucher bei Betrieb	F				ProdSG
1.3	Temperaturregelung	W				Auftraggeber
2	**Geometrie**					
2.1	Gesamthöhe des Wasserkochers	F	200-300		mm	Marktanalyse
2.2	Fassungsvermögen	F	1,5-2,0		Liter	Marktanalyse
3	**Kräfte**					
3.1	Gewicht Wasserkocher	Z	0,8	<	kg	Marktanalyse
3.2	Gewicht Sockelteil	F	0,2		g	Auftraggeber
3.3	Zu ertragender Druck im Inneren	Z	1,5		bar	Auftraggeber
4	**Energie**					
4.1	Nennleistung Wasserkocher	F	2000-3000		W	Marktanalyse
4.2	Nennspannung Versorgungsteil	Z	230		V	Richtlinie 2014/35/EU
4.3	Maximale Betriebsstromstärke	F	13	<	A	Auftraggeber
4.4	Geringer Standby-Verbrauch	W	6	>		Auftraggeber
4.5	Stromsparmodus	F				Auftraggeber
5	**Stoff**					
5.1	Gehäuse aus Edelstahl	F				Auftraggeber
6	**Signal**					
6.1	Akustisches Signal bei kochendem Wasser	F	50-75		dB(A)	Auftraggeber
6.2	Optisches Signal bei kochendem Wasser	W				Auftraggeber
7	**Design**					
7.1	Schwarzer Handgriff	W				Auftraggeber
8	**Kosten**					
8.1	Herstellungskosten	Z	40	<	Euro	Auftraggeber

Abb. 7.6 Ausschnitt einer Anforderungsliste für einen Wasserkocher

zu Grunde liegenden Thematik der Entwicklung eines nachhaltigen Wasserkochers. Die Liste dient dabei einer exemplarischen Veranschaulichung der zuvor beschriebenen Theorie.

Für Anforderungslisten solcher Art gilt, dass diese heutzutage digital erstellt und/oder verwaltet werden beispielsweise mittels softwarebasierter Lösungen wie *IBM DOORS* (Dynamic Object Oriented Requirements System). Sie sind als solche ein generischer Bestandteil der eingangs erwähnten digitalen Werkzeuge des Anforderungsmanagements.

Produktarchitektur und 9R-Strategie

8

Im folgenden Kapitel werden die Konzepte der Produkt- und Funktionsstruktur sowie der Produktarchitektur erörtert. Zunächst werden dazu grundlegende Definitionen dieser Begriffe erläutert, um ein allgemeines Verständnis für Aufbau und Funktionalität von Produkten zu schaffen. Anschließend werden verschiedene Ansätze beleuchtet, mit Hilfe derer Nachhaltigkeitsaspekte in die Gestaltung und den Aufbau von Produkten integriert werden können. Im Zuge des ersten Ansatzes wird das Prinzip der Modularisierung beziehungsweise der Modulbauweise erörtert. Im zweiten Ansatz sollen Überlegungen zum Konzept der R-Strategien erläutert und im Kontext des Kapitels eingeordnet werden.

Grundsätzlich dient das Konzept der Produktstruktur dazu, ein Bauteil in hierarchischen Beziehungen abzubilden und das Produkt sowie seine Einteilung zu strukturieren. Die Produktstruktur beschreibt dabei die physisch, hierarchische Zusammensetzung eines Produktes aus seinen Baugruppen, Unterbaugruppen und Teilen, wie sie häufig auch in sogenannten Strukturstücklisten dokumentiert wird. Die Produktstruktur beeinflusst die nachfolgenden Produktlebensphasen, wie die Beschaffung, die Produktion, die Montage, die Logistik, die Reparatur und das Recycling in erheblichem Maße. Für die erfolgreiche Entwicklung von Produkten ist eine Produktstruktur, die mit den Zielen des gesamten Produktportfolios und des Unternehmens sowie insbesondere dem spezifischen Einsatzzweck im Einklang steht, essenziell. In der nachstehenden Abb. 8.1 ist der beschriebene Zusammenhang exemplarisch am Beispiel eines Wasserkochers dargestellt.

Wie der Abbildung zu entnehmen ist, wird das Produkt Wasserkocher auf verschiedenen Hierarchieebenen in Baugruppen und Teile unterteilt. Innerhalb der dargestellten Produktstruktur sind einzelne Baugruppen, wie der Behälter, und die zugehörigen Unterbaugruppen, wie der Füllkörper, auf tieferer Ebene zusammengefasst, wobei sich diese in Einzelteile wie Heizplatte und Isolierung unterteilen. Im Zuge solch einer Darstellung der Produktstruktur werden neben der Zusammensetzung des Produktes auch Abhängigkeiten zwischen den einzelnen Elementen dargestellt.

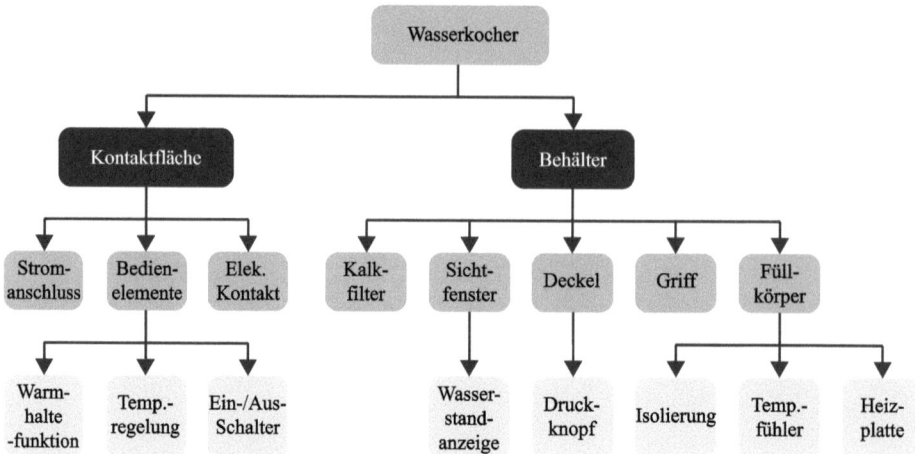

Abb. 8.1 Produktstruktur am Beispiel eines Wasserkochers

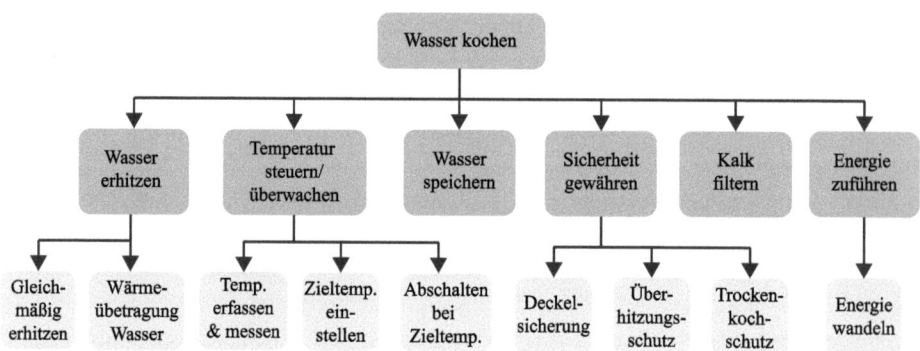

Abb. 8.2 Funktionsstruktur am Beispiel eines Wasserkochers

Neben der Produktstruktur sind ebenfalls die schon diskutierten Funktionen und damit verbunden die Funktionsstruktur von entscheidender Bedeutung für ein Produkt. Die Funktionsstruktur ist eine schematische Darstellung von Zusammenhängen verschiedener Funktionen und Teilfunktionen ausgehend einer Gesamtfunktion des Produkts. Analog zur Produktstruktur ist auch die Funktionsstruktur häufig als hierarchische Abbildung mit verschiedenen Detailgraden in Form eines Baumdiagrammes dargestellt, welches auch als Funktionsbaum bezeichnet wird. Beim Erstellen solch eines Funktionsbaumes muss zunächst die Gesamtfunktion ermittelt werden. Dabei ist zu beachten, dass ein Produkt immer nur eine Gesamtfunktion besitzen kann. Anschließend wird diese Gesamtfunktion in Teilfunktionen unterteilt und Nebenfunktionen werden adressiert. Dieser Vorgang setzt sich fort bis alle Funktionen abgebildet sind. Auch hier werden durch die Darstellung Verknüpfungen und Abhängigkeiten zwischen einzelnen Funktionen dargestellt. In Abb. 8.2 ist der erläuterte Zusammenhang exemplarisch dargestellt, erneut am Beispiel eines Wasserkochers.

8 Produktarchitektur und 9R-Strategie

Wie der Abbildung zu entnehmen ist, wird das Produkt Wasserkocher auf verschiedenen Hierarchieebenen in Funktionen und Teilfunktionen unterteilt. Innerhalb der dargestellten Funktionsstruktur ist die Gesamtfunktion, das Wasserkochen, in einzelne Funktionen, wie beispielsweise die Temperatursteuerung und die dazugehörigen Teilfunktionen, wie die Temperaturmessung und -einstellung, unterteilt.

Grundsätzlich ist festzuhalten, dass Produktstruktur und Funktionsstruktur in der Regel nicht identisch sind, da Funktionen häufig mehrere Bauteile zu ihrer Realisierung benötigen und umgekehrt ein Bauteil durchaus mehrere Funktionen realisieren kann beziehungsweise in deren Umsetzung involviert sein kann. Da Funktionsstruktur und Produktstruktur dem gleichen Produkt inhärent sind, gibt es allerdings eindeutige Zusammenhänge. Sollen diese dargestellt werden, eignet sich die Nutzung der sogenannten Produktarchitektur. Wie zuvor auch für die Produkt- und Funktionsstruktur beschrieben, gilt im Falle der Produktarchitektur ebenfalls die Betrachtung in unterschiedlichen Detailgraden und Hierarchieebenen. Hierdurch wird ermöglicht, Zusammenhänge entweder auf Gesamtproduktebene oder auf der Ebene einzelner Teilsysteme zu betrachten. Zur Erstellung einer Produktarchitektur werden die bestenfalls vorab erstellten Produkt- und Funktionsstruktur zusammengefügt beziehungsweise kombiniert. Zusammen ergeben diese dann die Produktarchitektur. Diese stellt das zentrale Ergebnisobjekt der Konzeptphase im Entwicklungsprozess dar. Mithilfe einer Produktarchitektur können verschiedene Bauweisen, beispielsweise Plattformen, Modulstrategien, Gleichteilestrategien oder Baukästen definiert und detailliert beschrieben werden.

Ausgehend der vorherigen Abbildungen ist nachstehend eine Produktarchitektur für das Beispiel des Wasserkochers erstellt und in Abb. 8.3 dargestellt. Während die Produkt-

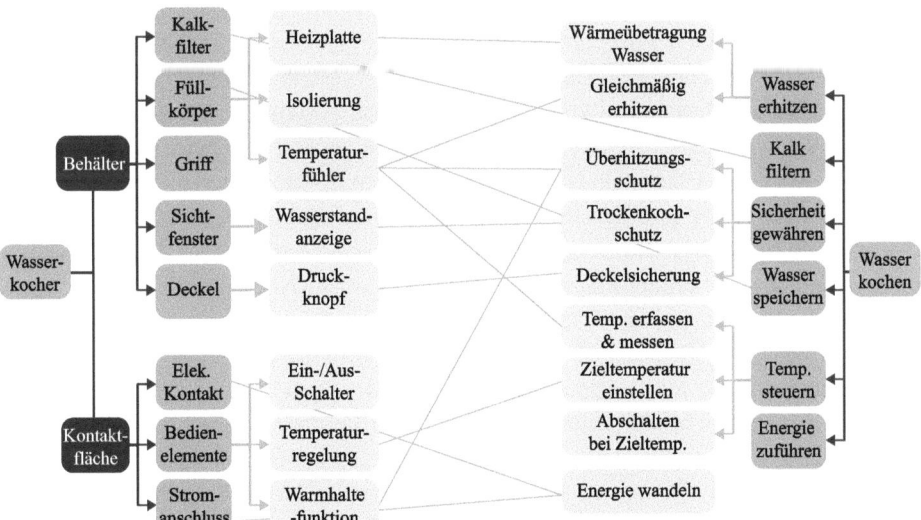

Abb. 8.3 Produktarchitektur am Beispiel des Wasserkochers. (Eigene Darstellung in Anlehnung an Krause et al. [82])

struktur linksseitig aufgetragen ist, findet sich die Funktionsstruktur auf der rechten Seite der Abbildung. Die jeweiligen Elemente sind über Verbindungen verknüpft und somit in die jeweilig vorherrschenden Abhängigkeiten gesetzt.

In Erweiterung der bisher ausgeführten theoretischen Grundlagen wird sich im nächsten Abschnitt mit der Realisierung von Produktarchitekturen anhand konkreter Bauweisen auseinandergesetzt. Zunächst wird dazu das Beispiel der Modularisierung beziehungsweise der Modulbauweise genauer betrachtet.

8.1 Modularisierung

Die Modularisierung beschreibt das Prinzip, insbesondere kompliziertere Produkte in Module zu gliedern, die untereinander möglichst stark entkoppelt sind. Dies ermöglicht eine voneinander unabhängige Entwicklung und Herstellung verschiedener Module sowie die Verwendung dieser in unterschiedlichen Produkten (Plattformstrategie) oder die Kombination dieser zu unterschiedlichen Produkten (Baukastenstrategie). Gleichteile- oder Modulstrategie kann auch bedeuten, dass Module oder Teile verwendet werden, die die geforderten Anforderungen übererfüllen. Dies erfolgt mit dem Ziel, die Produktionsmenge zu steigern, indem hochwertige Komponenten eingesetzt werden, wodurch eine erhöhte Stückzahl ermöglicht wird. Hier wird in der Regel das Kostenoptimum zwischen Skaleneffekten und Mehraufwand in den Bauteilen gesucht. Überdimensionierung beschreibt so die Erfüllung der Anforderungen unterschiedlicher Anwendungsvarianten durch eine einzelne Komponente oder ein Produkt. Unter dem Gesichtspunkt der Nachhaltigkeit können andere optimale Lösungen in Betracht gezogen werden, da Over-Engineering typischerweise zu erhöhtem Material- und Fertigungsaufwand führt. Das grundlegende Konzept der Modularisierung wird im Folgenden grafisch dargestellt.

Wie Abb. 8.4 zu entnehmen ist, gliedert sich das Vorgehen bei der Modularisierung in drei wesentliche Schritte. Zu Beginn wird dazu eine bestehende Produktstruktur analysierend untersucht und aufgebrochen. Anschließend werden entscheidende Komponenten identifiziert und ausgewählt. In einem zweiten Schritt werden die zuvor identifizierten und ausgewählten Komponenten analysiert und hinsichtlich ihrer Eignung zur modularen Gruppierung untersucht. Je nach Zweck der Modularisierung können bei der Analyse unterschiedliche Bewertungsmaßstäbe verwendet werden. Nachdem die Analyse abgeschlossen ist und wesentliche Komponenten bezüglich ihrer modularen Eignung ausgewählt worden sind, erfolgt der dritte Schritt. In diesem werden die tatsächlichen Module definiert und mithilfe ausgewählter Komponenten auf Grundlage der Schritte eins und zwei gebildet, sodass Module entstehen, die funktional relativ nachhaltig sind und deren Funktion einzeln abgeprüft werden kann.

Von wesentlichem Charakter beim modularen Vorgehen ist die Konzentration funktionaler Kopplungen der einzelnen Komponenten innerhalb der jeweiligen Module. Module umfassen dabei Komponenten mit sich ergänzenden Eigenschaften, die so als logische Einheiten betrachtet und auch getestet werden können. Abb. 8.5 zeigt nachstehend unter-

8.1 Modularisierung

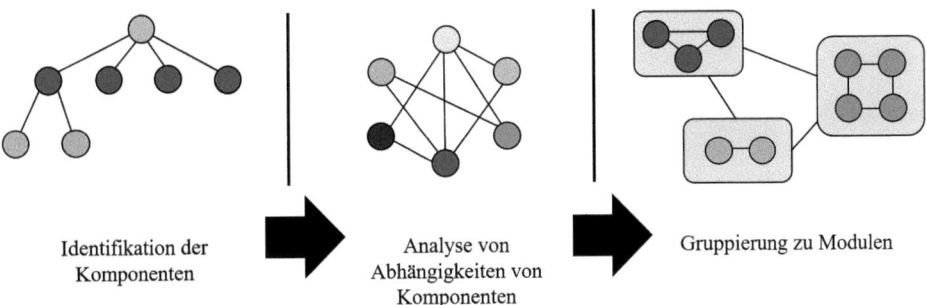

Abb. 8.4 Modularisierung nach Krause [83]

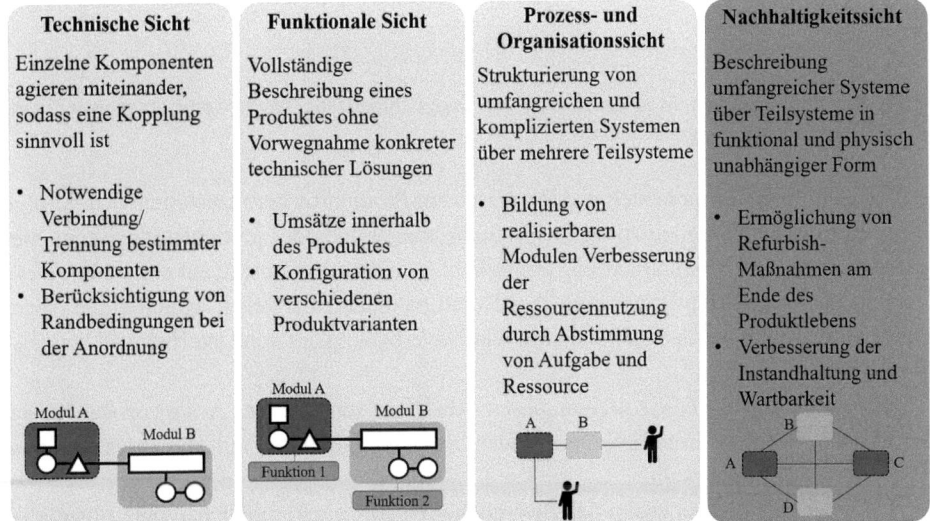

Abb. 8.5 Technische, funktionale, Prozess- und Organisations- sowie Nachhaltigkeitssicht. (Eigene Darstellung in Anlehnung an Krause et al. und Koppenhagen [83, 84])

schiedliche Sichten auf Module nach Krause [83] ergänzt um eine Nachhaltigkeitssicht nach Koppenhagen [84].

Aus technischer Perspektive ist es wichtig, dass die bestehenden Randbedingungen bei der Anordnung der jeweils zu gestaltenden Module berücksichtigt werden. In Erweiterung dazu zeigt Abb. 8.6 nachfolgend Zusammenhänge zwischen Produktion, Kosten, Vielfalt und verbesserter Wettbewerbsfähigkeit durch das Konzept der Modularisierung in Anlehnung an Rathnow [85].

Der Abbildung ist zu entnehmen, wie Unternehmen in der Folge von Wettbewerbsdruck und der Forderung nach einer Ausweitung des Angebotes Vorteile durch das Konzept der Modularität erwirken können. Auf der rechten Seite des Schaubildes ist zu erkennen, wie modulare Produktstrukturstrategien beitragen können, eine extern geforderte An-

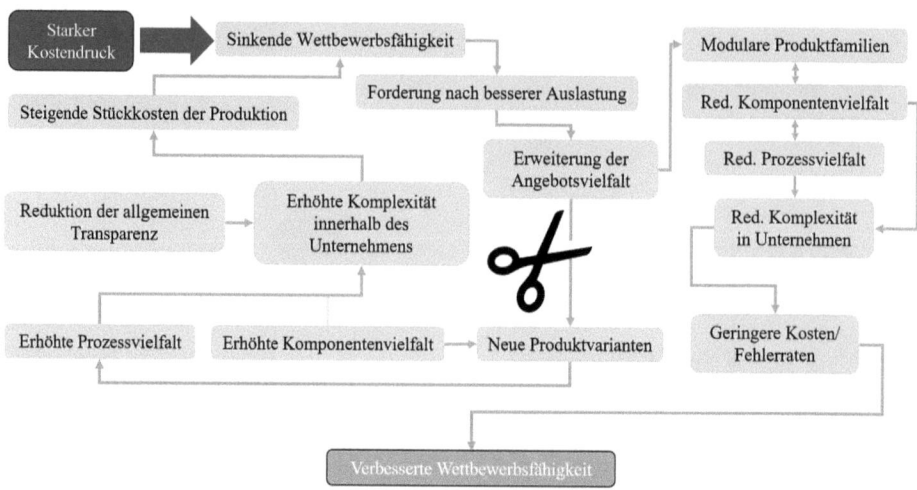

Abb. 8.6 Einflüsse von Modularisierung auf unternehmerische Wettbewerbsfähigkeit. (Eigene Darstellung in Anlehnung an Rathnow [85])

gebotsvielfalt an Komponenten und Prozessen zur Produktion bereitzustellen. In der Folge ergeben sich Schnittstellen zu technisch-funktionalen und/oder produktstrategischen Gesichtspunkten. Die Modularisierung ermöglicht es in diesem Kontext, auf einfachem Wege verschiedenartige Produktvarianten über Kombinationen zu erstellen, wodurch die Angebotsvielfalt erhöht werden kann und die Wettbewerbsfähigkeit von Unternehmen langfristig verbessert wird.

Wie zuvor beschrieben, sollen in diesem Abschnitt verschiedene Arten von Bauweisen beschrieben werden. Eine Erweiterung des bisher Aufgeführten soll die **Integral- bzw. Differenzialbauweise** sein.

Die Integralbauweise bringt das Bestreben zum Ausdruck, möglichst viele Einzelteile zu einer einzelnen Komponente zusammenzufassen beziehungsweise auch mehrere Teilfunktionen zusammenzufassen. Vorteile bestehen dabei in der Gewichtseinsparung sowie in der Reduzierung von Schnittstellen, Verbindungselementen, Montage- und Justieraufwänden und gegebenenfalls in der Verringerung von Fertigungsmitteln für diese Vorgänge.

Das Gegenteil ist die Differenzialbauweise. Sie beschreibt die Auflösung von Einzelteilen in mehrere fertigungstechnisch günstigere Komponenten oder sogar Normteile. Bei einer solchen Differenzialbauweise wird die Zuordnung von einzelnen Funktionen zu unterschiedlichen Komponenten ermöglicht und folglich die Modularisierung befördert. Schließlich kann auch die Werkstoffauswahl für jedes Bauteil belastungsgerecht optimiert werden. Reparaturen werden erleichtert und es werden nur die Funktionen realisiert, die auch jeweils benötigt werden. Abb. 8.7 zeigt die Zusammenhänge am Beispiel eines Gehäuses.

Die Effizienz der beiden Bauweisen ist im Wesentlichen von der Stückzahl der produzierten Produkte abhängig. Grundsätzlich lässt sich also sagen, dass die Differenzialbau-

8.1 Modularisierung

Integralbauweise:

- Vereinigung mehrerer Einzelteile zu einer Komponente
- Zusammenfassung mehrerer gleicher oder verschiedener Teilfunktionen

Vorteile:
- Gewichtseinsparung durch Minimierung der Schnittstellen
- Reduzierung des Kosten durch Verringerung von Montageaufwänden und Einsparung von Fertigungsmitteln

Differentialbauweise:

- Auflösung der Einzelteile in mehrere fertigungstechnisch günstige Komponenten
- Zuordnung verschiedener Funktionen zu unterschiedlichen Komponenten

Vorteile:
- Belastungsgerechte Werkstoffauswahl

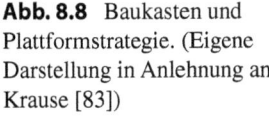

Abb. 8.7 Gegenüberstellung von Integral- und Differenzialbauweise am Beispiel eines Gehäuses nach Krause et al. [82]

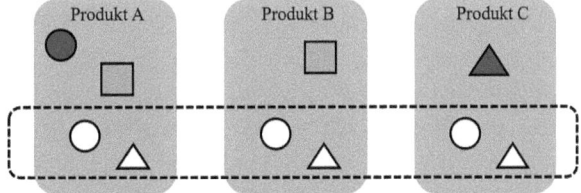

Abb. 8.8 Baukasten und Plattformstrategie. (Eigene Darstellung in Anlehnung an Krause [83])

weise eher für Produkte mit geringen Stückzahlen geeignet ist, während die Integralbauweise für Produkte mit hohen Stückzahlen prädestiniert ist. Werden Betrachtungen zu einer etwaigen Reparatur vernachlässigt, so dürften hochintegrierte Lösungen aufgrund ihrer geringeren Teilezahl und in der Regel auch aufgrund des geringeren Materialeinsatzes von Vorteil sein. Dies gilt insbesondere auch bei der Betrachtung ökologischer Aspekte. Dies gilt zumindest für den Fall, dass keine Materialverbünde oder graduierte Verbundwerkstoffe zum Einsatz kommen. Andernfalls ist die ökologische Wirkung neu zu bewerten.

Baukasten- oder Plattformstrategien beschreiben eine Sammlung verschiedener Bausteine, mithilfe derer sich Produkte mit verschiedenen Funktionen durch Kombination von einzelnen ausgewählten Modulen erstellen lassen. Die Module werden dabei über alle Produktvarianten einer Produktfamilie und optional auch über mehrere Produktgenerationen hinweg kombiniert. In der nachstehenden Abb. 8.8. ist dieser Zusammenhang schematisch dargestellt.

Der in der Abbildung dargestellte Zusammenhang des Baukastens beziehungsweise der Plattform wird durch die konstant angeordnete Struktur der in Weiß dargestellten Komponenten verdeutlicht. Diese Komponenten werden für alle drei abgebildeten Produkte (A-C) verwendet und bilden somit die standardisierte Plattform der Produktvarianten. Diese Plattform schafft eine gemeinsame und übergreifende Basis für die gesamte Produktfamilie. Durch die Integration weiterer Module, die in der Abbildung in Grün und Grau dargestellt sind, können anschließend verschiedene Produktvarianten entwickelt werden.

8.2 9R-Strategie

Produktarchitektur und Modularisierung stellen wesentliche Ermöglicher für ein zirkuläres Geschäftsmodell dar, welches als Paradigma einer nachhaltigen Wirtschaft fungiert. Zirkuläre Geschäftsmodelle adressieren unter anderem die Vermeidung von Abfällen, die Maximierung der Nutzungsintensität über mehrere Produktlebenszyklen hinweg und die Verlängerung der Nutzung von Materialien in jedem Zyklus. Um diese zirkulären Prinzipien umzusetzen, wurden verschiedene Strategien (beispielsweise das Recycling oder das Refurbishment) entwickelt. Das R-Rahmenwerk ist eine weitverbreitete Methode, diese Strategien detailliert zu definieren sowie sie zu veranschaulichen. Die R-Strategien leiten dabei ihren Namen von den Anfangsbuchstaben der jeweiligen Strategien ab. Das Präfix „re" hat seinen Ursprung im Lateinischen (dt.: „wieder" oder „zurück") und steht für „neu" oder „erneut". In der Wissenschaft besteht keine einheitliche Meinung darüber, wie viele R-Strategien dem Rahmenwerk zugeordnet werden können. Somit variiert die Anzahl der R-Strategien je nach Veröffentlichung zwischen drei und zehn.

Ein gängiges und viel zitiertes Konzept zum Verständnis und zur Darstellung des 9R-Rahmenwerkes stammt von Potting und Kirchherr [86, 87]. Zur Einführung und allgemeinen Veranschaulichung ist dieses in der nachstehenden Abb. 8.9 dargestellt.

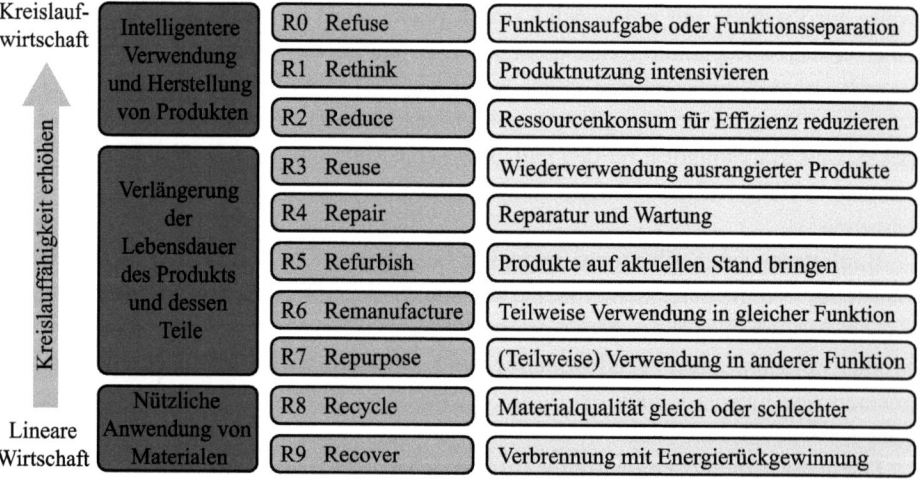

Abb. 8.9 R-Rahmenwerk. (Eigene Darstellung in Anlehnung an Potting und Kirchherr [86, 87])

8.2 9R-Strategie

Wie der Abbildung zu entnehmen ist, ordnet das Rahmenwerk die Strategien nach ihrem Ausmaß an Zirkularität ein. Ein höheres Ausmaß an Zirkularität bei Materialien in einer Produktkette weist darauf hin, dass diese länger im Kreislauf gehalten werden können und nach der Entsorgung des Produkts vorzugsweise mit ihrer ursprünglichen Qualität wiederverwendet werden können. Dadurch wird der Bedarf an natürlichen Ressourcen für die Produktion reduziert. Dementsprechend veranschaulicht das R-Rahmenwerk, dass eine höher priorisierte R-Strategie zu geringeren Umweltauswirkungen bei der Erzeugung eines Produkts führt, da der Bedarf an Primärmaterial für die Produktion sinkt. Jedoch muss diese Aussage für jeden spezifischen Fall überprüft werden. Obwohl der Bedarf an Primärmaterial sinkt, kann dieser Rückgang unter Umständen durch erhöhte Aufwendungen im Rückführungs- und Wiederaufbereitungssystem ausgeglichen oder sogar überkompensiert werden.

Ein Beispiel für Betrachtungen im Zuge des R-Rahmenwerk im Kontext von Recycling und Ressourcenschonung sind Getränkeflaschen. Wasserflaschen werden häufig an lokalen Quellen befüllt, zurückgeführt und wiederverwendet, was einen geschlossenen Kreislauf im Sinne einer nachhaltigen Ressourcennutzung darstellt. Im Gegensatz dazu werden Weinflaschen, die mit Wein aus globalen Anbaugebieten gefüllt werden, in der Regel nicht für eine Rückführung vorgesehen. Stattdessen werden sie typischerweise recycelt, indem das Glas eingeschmolzen und zu neuen Flaschen verarbeitet wird. Dieses Beispiel verdeutlicht die unterschiedlichen Ansätze zur Ressourcennutzung und Kreislaufführung innerhalb der Getränkeindustrie.

Im Allgemeinen lassen sich die 9R-Strategien in drei Leitlinien unterteilen: Die Strategien *R0 bis R2* zielen darauf ab, den Rohstoffaufwand in der Produktion zu vermeiden oder zu reduzieren. Dies wird erreicht, indem Produkte überflüssig gemacht werden, da ihre Funktionen anderweitig bereitgestellt werden können. Darüber hinaus kann der Rohstoffverbrauch durch eine effizientere Produktherstellung und -nutzung gesenkt werden. Auf diese Weise kann derselbe Gesamtnutzen für den Kunden mit weniger Rohstoffen sichergestellt werden. Die Strategien *R3 bis R7* verfolgen das Ziel, die Lebensdauer vorhandener Rohstoffe, welche sich bereits in Form von Produkten innerhalb des Wirtschaftssystems befinden, zu verlängern. Durch Wieder- oder Weiterverwendungssysteme verschiedener Produkte oder derer Teile kann der Nutzen ohne eine zusätzliche beziehungsweise erneute Rohstoffentnahme erbracht werden. Als letztmögliche Strategien kommen *R8* und *R9* zum Einsatz, wenn die Strategien *R0 bis R7* nicht mehr anwendbar sind. Diese dienen dazu, die Rohstoffe von Produkten oder Produktteilen zu erfassen, die nicht weiterverwendet werden können. Dabei werden die Komponenten zerlegt oder recycelt. Durch die Gewinnung von Sekundärrohstoffen kann die Extraktion neuer Rohstoffe aus der Umwelt reduziert werden.

In der nachfolgenden Auflistung werden die einzelnen R-Strategien ausführlich beschrieben und durch jeweils exemplarisch ausgeführte Beispiele im Kontext eines Wasserkochers veranschaulichend ausgeführt.

- **R0 Refuse:** Das Produkt oder Funktionen des Produkts werden überflüssig gemacht, indem Funktionen aufgegeben werden oder indem verschiedene Funktion mit einem völlig anderen Produkt angeboten werden.
  Es kann auf einen neuen Wasserkocher verzichtet werden, wenn kein wirklicher Bedarf besteht. Im Falle eines Neukaufes wird ein Kocher gewählt, der auf das Wesentliche reduziert ist und nur funktionale Elemente enthält.
- **R1 Rethink:** Intelligentere/Intensivere Nutzung von Produkten, Entwicklung von innovativeren und nachhaltigeren Lösungen.
  Der Wasserkocher kann auf einer Sharing Plattform für eine befristete Zeit gemietet oder in Gemeinschaftsküchen bereitgestellt werden und somit für eine längere Zeit intensiver und von mehreren Kunden genutzt werden. Weitere Möglichkeiten sind die Nutzung von nachhaltigen Materialien, die Implementierung von intelligenten Funktionen oder das Nutzen von effizienteren Energiebereitstellungsoptionen.
- **R2 Reduce:** Steigerung der Effizienz bei der Produktherstellung oder -verwendung durch geringeren Verbrauch von natürlichen Ressourcen und Materialien.
  Die Verwendung recycelbarer Materialien verringert den Bedarf an neuen Rohstoffen und verlängert den Lebenszyklus des Produkts. Alternativ lässt sich beispielsweise durch Wärmerückgewinnungssysteme entstehende Abwärme speichern, für die spätere Nutzung verwenden und somit die Energieeffizienz erhöhen.
- **R3 Reuse:** Wiederverwendung eines Produkts, das noch in gutem Zustand ist und seine ursprüngliche Funktion erfüllt, durch einen anderen Nutzer.
  Der Wasserkocher kann in einem Second Hand Shop, auf einem Flohmarkt oder auf virtuellen Marktplätzen angeschafft, statt neu gekauft werden.
- **R4 Repair:** Reparatur und Wartung eines defekten Produkts, damit es instandgesetzt werden kann und in seiner ursprünglichen Funktion weiterführend verwendet werden kann.
  Der Wasserkocher kann durch das Anbieten von Kundendienst- oder Reparaturservicedienstleistungen, das Veröffentlichen von Reparaturanleitungen oder das Nutzen eines reparaturfreundlichen Designs repariert und weiterverwendet werden. Durch eine langfristige Ersatzteilverfügbarkeit kann das Konzept ‚Repair' dauerhaft sichergestellt werden.
- **R5 Refurbish:** Ein altes/verwendetes Produkt wiederherstellen und es auf den neuesten Stand bringen.
  Der Wasserkocher kann, beispielsweise durch den Hersteller, professionell gewartet und überholt werden. Dies umschließt eine Funktionsüberprüfung, eine Reparatur defekter Teile sowie eine Reinigung. Anschließend kann das Gerät wieder in Verkehr gebracht und weitergenutzt werden. Alternativ lassen sich über Services neue Technologien integrieren, beispielsweise können hier neuere und energieeffizientere Technologien verbaut und somit langfristig ausgestattet werden.
- **R6 Remanufacture:** Verwendung von Teilen eines ausrangierten Produkts in einem neuen Produkt mit der gleichen Funktion. Die Integration neuer Funktionen ist hier ebenfalls möglich.

Einzelne Komponenten des Wasserkochers, beispielsweise Heizelemente, elektronische Komponenten oder Isolationsteile welche noch in gutem Zustand sind, können im Zuge einer Demontage zurückgewonnen und bei der Produktion neuer Wasserkocher verwendet werden.

- **R7 Repurpose:** Weiterführende Verwendung eines ausrangierten Produkts oder seiner Teile/Komponenten in einem neuen Produkt mit einer neun beziehungsweise andersartigen Funktion.

  Der Wasserkocher kann für andere Heizzwecke, beispielsweise in einem größeren Wasser-Heizsystem genutzt werden. Alternativ lassen sich einzelne Komponenten wie Heizelemente oder Thermostate in anderen elektronischen Geräten einsetzen und verwenden.

- **R8 Recycle**: Zerlegen des Produkts und Verarbeitung von Materialien im Zuge einer Wiederverwendung, um die gleiche (hochwertige) oder eine niedrigere (minderwertige) Qualität zu erhalten.

  Wenn ein Wasserkocher am Ende seiner Lebensdauer angelangt ist, kann er recycelt werden, um die enthaltenen Komponenten zu trennen und wiederzuverwenden. Hierbei können beispielsweise metallische Materialien, Kunststoffkomponenten oder gläserne Elemente rückgewonnen und wiederaufbereitet werden.

- **R9 Recover:** Gewinnen des maximalen Nutzens aus Produkten am Ende ihrer Lebenszeit, z. B. Verbrennung von Materialien mit Energierückgewinnung.

  In speziellen Abfallverbrennungsanlagen können nicht mehr brauchbare Teile des Wasserkochers verbrannt werden, wodurch aus diesen Abfällen nutzbare Energie zurückgewonnen wird.

Diverse Wertschöpfungsketten sollten anhand dieser 9R-Strategien neu bedacht und gegebenenfalls umstrukturiert werden, um diese ressourcenschonender zu gestalten. Es ist wesentlich, bereits in der Entwicklungsphase wichtige und ausschlaggebende Entscheidungen hinsichtlich der potenziellen Anwendung der 9R-Strategien zu integrieren. Insbesondere die zuvor erläuterten Konzepte, wie Produktarchitekturen, Baukastensysteme und Plattformen, spielen eine entscheidende Bedeutung. Diese Konzepte müssen dabei effizient und optimiert eingesetzt werden, um eine nachhaltige Ressourcennutzung sicherzustellen.

Effekte und Entwurf 9

In den vorangegangenen Kapiteln wurden Spezifikationen, Bewertungen und allgemeine Funktionen von Produkten sowie ihre Strukturen auf abstrakter Ebene besprochen. Auf dem Weg zur vollständigen Konstruktion sollen folgend nun die nächsten Schritte zum realen Produkt dargelegt und diskutiert werden. In den nächsten zwei Kapiteln dieses Buches wird dazu der Weg hin zu sehr konkreten Entwürfen und der finalen Gestalt aufgezeigt. Im Fokus steht also die Frage, wie im Entwicklungsprozess von einer groben und grundlegenden Konzeptebene über den Entwurf zu einer expliziten Realisierung und Bauteilgestaltung gelangt werden kann. In Kap. 9 wird sich in diesem Kontext detailliert mit Effekten und Entwürfen, Entwurfsprinzipien sowie dem Begriff des EcoDesign auseinandergesetzt.

Der erste Abschnitt dieses Kapitels beginnt mit einer allgemeinen Definition von Effekten und deren Bedeutung für die erörterten Zusammenhänge. Anschließend wird ein Fokus auf verschiedene Übertragungsmechanismen, konkrete Effekte, deren Beschreibung und Wirkungsgrade sowie zugehörige Funktionsgrößen gelegt. Ebenfalls wird es um die Zuordnung von Effekten zu Funktionen und Teilfunktionen gehen. Im zweiten Abschnitt dieses Kapitels wird der Begriff des Entwurfes eingeführt und definiert. Wesentliche Inhalte werden dabei Grundregeln des Entwerfens sowie grundsätzliche Vorgehensweisen sein. Im dritten Abschnitt dieses Kapitels werden Entwurfsoperatoren sowie Entwurfsprinzipien aufgezählt und beschrieben. Danach werden in Abschn. 9.4 verschiedene Arten von Störeffekten und Emissionen thematisiert, um im letzten Teil dieses Kapitels den Begriff des EcoDesigns sowie zugehörige Wissensspeicher vorzustellen und diese in den Kontext des nachhaltigkeitsorientieren Entwerfens und Gestaltens zu setzen.

9.1 Effekte

Mit Hilfe allgemeiner Größen und Operationen kann die gewollte Gesamtfunktion eines Produktes beschrieben werden. Jedoch ist damit noch keine physische Realisierung gegeben. Auf der Grundlage der Funktionsstruktur (siehe Kap. 8) müssen deshalb physische, biologische oder chemische Effekte ermittelt werden, mittels derer die gewünschten und benötigten Funktionen realisiert werden können.

Grundsätzlich können Effekte als eine physikalische Erscheinung, die in wiederholbarer Art und Weise einen Zusammenhang zwischen beobachteten Größen und Merkmalen eines abgrenzbaren Systems herstellt, beschrieben werden. Neben physikalische Effekten werden in technischen Systemen auch chemische und vereinzelt biologische Effekte genutzt. Für die technische Realisierung einer Funktion muss stets ein Effekt zugrunde gelegt werden. Die Anzahl nutzbarer Effekte wird dabei durch die erkannten Naturgesetze vorgegeben und ist begrenzt. Beispiele physikalischer Effekte sind der Hebeeffekt, die Corioliskraft, der Elektro-Optische Effekt oder das hookesche Gesetz. Technische Produkte können nur dann erfolgreich funktionieren, wenn ein entsprechender natürlicher Effekt zur Verfügung steht, auf den sie zurückgreifen können.

Abb. 9.1 zeigt eine schematische Darstellung der Effekt- und Funktionsgrößenmatrix nach Roth beziehungsweise auch VDI 2221. Die Effekt- und Funktionsgrößenmatrix besteht aus einer tabellarischen Darstellung, bei der auf der y-Achse die Eingangsgrößen der Funktion und auf der x-Achse die Zielgrößen aufgelistet sind. Jede Zelle der Matrix stellt dann die Beziehung zwischen einer spezifischen gewünschten Funktion und einem Effekt dar. Die Effektgrößen sind physikalische Größen oder Parameter, die das Verhalten des Systems beeinflussen (z. B. Temperatur, Druck, Geschwindigkeit, etc.), während die Funktionen die Aufgaben oder Anforderungen beschreiben, die das System erfüllen soll (z. B. Wärmeübertragung, Kraftumformung, etc.).

Die Funktionsweise der Matrix beruht darauf, dass sie eine systematische Erhebung der relevanten Funktionen und deren Auswirkungen auf die Effektgrößen ermöglicht. Anwendende innerhalb der Produktentwicklung können durch diese Matrix leichter die richtigen Technologien, Materialien und Prozesse auswählen, die die Funktionen des Systems am besten erfüllen. Dies wird ermöglicht, indem gezielt die Effekte identifiziert werden, die zur Erreichung der jeweiligen Funktion notwendig beziehungsweise zielführend sind. Zudem können Wechselwirkungen zwischen verschiedenen Effektgrößen und deren Auswirkungen auf mehrere Funktionen aufgezeigt werden, was eine ganzheitliche Betrachtung des Systems hinsichtlich möglicher Synergien fördert. Der größte Nutzen der Effekt- und Funktionsgrößenmatrix liegt in ihrer Fähigkeit, den Entwurfsprozess zu optimieren, indem sie eine klare Übersicht über die Beziehungen zwischen den Funktionen und den zugrunde liegenden technischen Effekten bietet. Dieser Vorteil trägt zur Reduktion der Komplexität bei, ermöglicht eine effiziente Gestaltung und verhindert unnötige Redundanzen in der Systementwicklung. Besonders in frühen Phasen des Entwurfs kann die Matrix helfen, potenzielle Lösungen zu identifizieren und das System von Anfang an auf die wichtigsten Anforderungen auszurichten.

9.1 Effekte

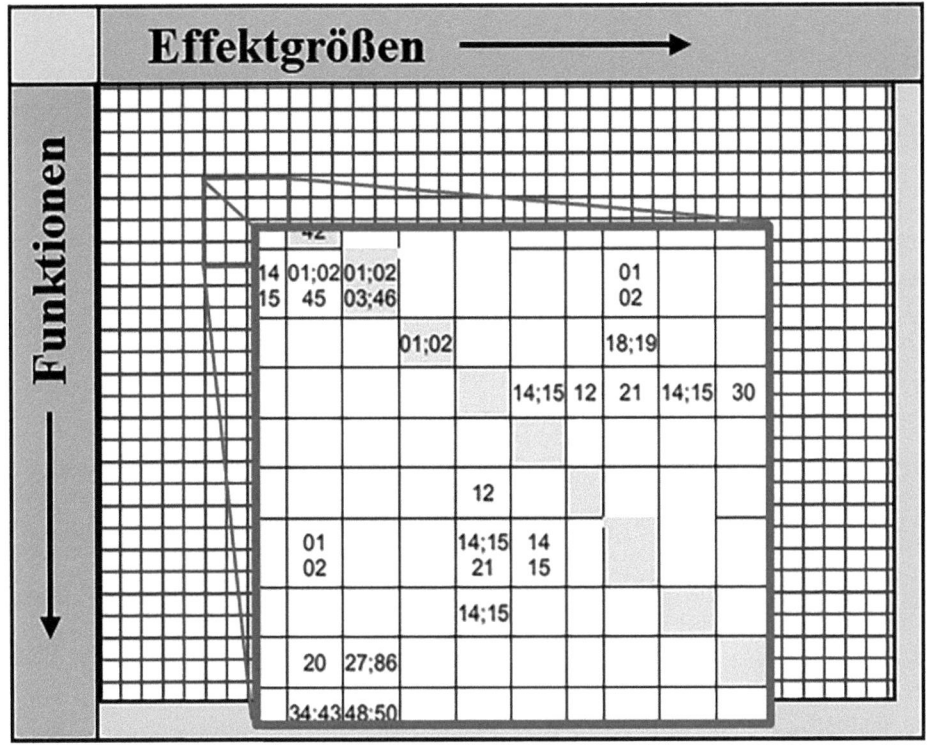

Abb. 9.1 Effekt- und Funktionsgrößenmatrix nach Roth [77]

Die Effekt- und Funktionsgrößenmatrix findet ihre Anwendung in der Lösungssuche auf einem abstrakten Niveau. Die Beschreibungen der zugehörigen Effekte sind dem Inneren Matrix zu entnehmen. Jedem dieser Effekte sind eine Beschreibung, eine Prinzipskizze sowie eine mathematische Formel und ein Beispiel zugeordnet. In der Publikation von Roth [77] finden sich für alle Effekte die formelmäßigen Zusammenhänge sowie Skizzen in Bezug auf ihren Entwurf. Leere Felder stehen dafür, dass zwischen den jeweiligen Größen auf der x und y-Achse keine Effekte gefunden wurden.

Zur Unterstützung des beschriebenen theoretischen Zusammenhangs werden im folgenden Abschnitt verschiedene Effekte von repräsentativer Bedeutung für den Kontext einer Nachhaltigkeitsdiskussion exemplarisch ausgewählt und erörternd ausgeführt.

Der **Peltier-Effekt** ist grundlegend als ein thermoelektrischer Effekt zu beschreiben, bei dem ein Leiterkreis, welcher aus unterschiedlichen Metallen besteht, an unterschiedlichen verlöteten Stellen Wärme erzeugt und abgibt. Dieser Effekt tritt immer dann ein, wenn ein Stromfluss vorherrscht. Dieser kann zu Verformungen führen [88] (Abb. 9.2).

Mit Blick auf die Erzeugung technisch nutzbarer Energie ist der **Fotoelektrische Effekt** zu nennen. Zur technischen Umsetzung dieses Effektes kann beispielsweise ein So-

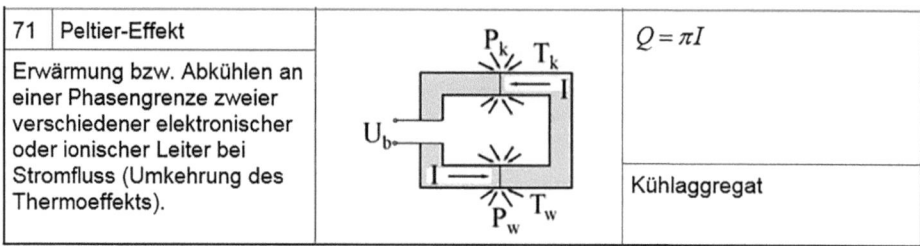

Abb. 9.2 Peltier-Effekt. (Abbildung nach Ponn und Lindemann [89])

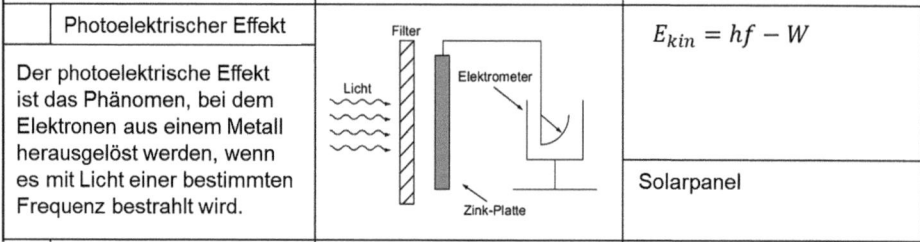

Abb. 9.3 Fotoelektrischer Effekt. (Abbildung nach Ponn und Lindemann [89])

larpanel verwendet werde. Die Funktion des Solarpanels besteht darin, Sonnenenergie in elektrische Energie umzuwandeln. Die Lichtintensität (I), die auf das Panel trifft, beeinflusst direkt die erzeugte Energie. Der Wirkungsgrad (η) des Panels zeigt an, wie viel der aufgenommenen Sonnenenergie in elektrische Leistung (P) umgewandelt wird (Abb. 9.3).

Ein weiteres Beispiel ist ein Übertrager, der die Funktion der **Wärmeübertragung** über Effekte der Konvektion und Wärmeleitung erfüllt. Durch die Effektgrößen der Temperaturdifferenz (ΔT) und den Wärmefluss (Q) kann die Wärme eines Mediums auf ein weiteres übertragen werden. Die Temperaturdifferenz bestimmt die Effizienz der Wärmeübertragung, der Wärmefluss die Menge der übertragenen Wärme (Abb. 9.4).

Mit Blick auf die Funktion der Erzeugung nutzbarer Energie ist auch der **Elektromotor** im Kontext einer Nachhaltigkeitsdiskussion exemplarisch zu nennen. Über Effekte der Induktion besteht die Funktion dieses Motors darin, elektrische in mechanische Energie umzuwandeln. Die gewandelte Energie wird dabei durch die Spannung (U), Stromstärke (I), Flussdichte (B) und Kraft (N) beschrieben. Nachstehend sind die beschriebenen Effekte aufgeführt und im bekannten Schema dargestellt (Abb. 9.5).

Leider täuschen die in den jeweiligen Abbildungen aufgeführten Gleichungen leicht darüber hinweg, dass die technische Umsetzung von Effekten in der Regel mit Nebeneffekten verbunden ist und durch sogenannte Störgrößen negativ beeinflusst wird. In der Konsequenz bedeutet dies, dass Wirkungsgrade effektiv kleiner 100 % auftreten. Die Beherrschung, Kompensation oder Aufhebung solcher Störgrößen erfordert zum Teil

9.1 Effekte

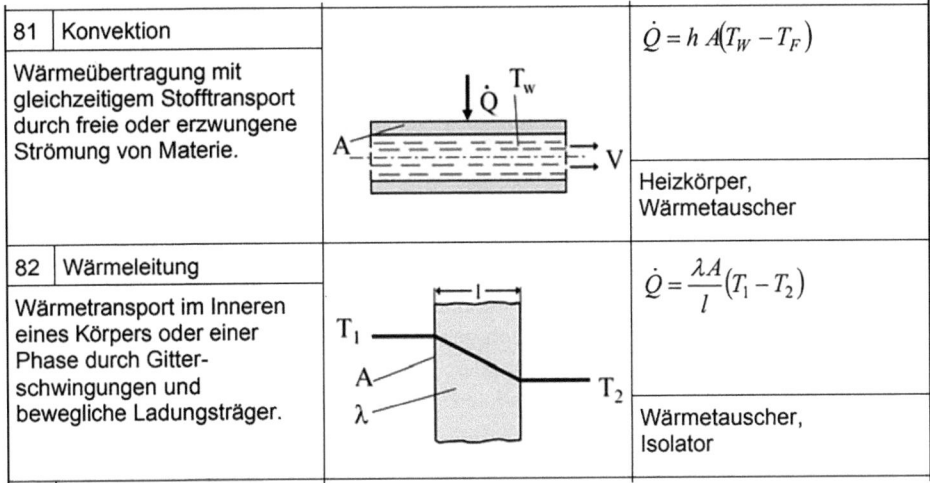

81	Konvektion		$\dot{Q} = h\,A(T_W - T_F)$
	Wärmeübertragung mit gleichzeitigem Stofftransport durch freie oder erzwungene Strömung von Materie.		Heizkörper, Wärmetauscher
82	Wärmeleitung		$\dot{Q} = \dfrac{\lambda A}{l}(T_1 - T_2)$
	Wärmetransport im Inneren eines Körpers oder einer Phase durch Gitterschwingungen und bewegliche Ladungsträger.		Wärmetauscher, Isolator

Abb. 9.4 Wärmeübertragung am Beispiel der Konvektion und Wärmeleitung. (Abbildung nach Ponn und Lindemann [89])

64	Induktion (1)		$I = \dfrac{F}{B}\dfrac{1}{l};\quad v = \dfrac{1}{Bl}U$
	Bei einer zeitlichen Änderung des Magnetflusses durch eine offene Oberfläche wird eine Spannung induziert.		Elektromotor, Lautsprecher, Drehspulmesswerk
65	Induktion (2)		$U_2 = \dfrac{N_2}{N_1}U_1;\quad I_2 = \dfrac{N_2}{N_1}I_1$
	Durch einen von der Spule 1 erzeugten magnetischen Fluss, wird in der Spule 2 eine Spannung induziert.		Transformator, Übertrager

Abb. 9.5 Elektromotor am Beispiel des Effektes der Induktion. (Abbildung nach Ponn und Lindemann [89])

erhebliche Aufwendungen. Zur Einordnung dieses Umstandes sind in der nachfolgenden Tab. 9.1 exemplarisch typisch vorliegende Wirkungsgrade von Effekten in der technischen Umsetzung aufgeführt.

Grundsätzlich ist festzuhalten, dass Effekte entdeckt werden müssen. In der Folge bedeutet dies, dass auch bei hohem Aufwand, keine Lösungen erzwungen werden können. Es besteht jedoch die Möglichkeit, dass bestehende Wirkungsgrade durch technischen

Tab. 9.1 Wirkungsgrade ausgewählter Effekte in der technischen Umsetzung

Effekt	Technische Umsetzung	Wirkungsgrad
Fotoelektrischer Effekt	Solarzelle	20 %
	LED	30 %
Kraftumformung	Hebel	99 %
	Flaschenzug	95 %
Thermoelektrischer Effekt	Peltier-Element	5 %
	Seebeck-Effekt-Generator	3–8 %
Elektromagnetische Induktion	Generator	98 %
	Transformator	< 50–99 %
Wärmetransformation	Wärmepumpe	45–55 %
	Kältemaschine	24–52%
Schallwellenumwandlung	Mikrofon	< 1 %
	Lautsprecher	0,2–2 %

Aufwand zu bestimmten Anteilen verbessert werden können. Hierbei kommt es in der Regel zu einer Abwägung der Kosten des Aufwandes für die technischen Umsetzung gegenüber dem zu realisierenden Nutzen.

Für die Umsetzung eines Effekts sind stoffliche Elemente erforderlich. Diese werden im Folgenden als Effektträger bezeichnet. Effektträger beruhen immer auf der Festlegung geometrischer Größen sowie eines Werkstoffs. Unter Berücksichtigung der geometrischen Elemente eines Effektträgers lassen sich Wirkleiter, Wirkflächen und Wirkräume unterscheiden.

Das Übertragungsverhalten von Effekten innerhalb eines Systems beziehungsweise zwischen Komponenten eines Systems ist direkt von der Gestalt dieser Komponenten abhängig. Die Gestaltung eines Wirkflächenpaares zur Verbindung verschiedener Komponenten kann somit entscheidend für die erfolgreiche Übertragung eines Effekts sein. Ein typisches Beispiel hierfür sind Lager in einem Elektromotor, die eine gängige Wirkflächenpaarung darstellen, oder die Welle eines solchen Motors, die als klassischer Wirkleiter fungiert.

In Abb. 9.6 ist die Übertragung von Effekten auf Grundlage von Wirkleitern, Wirkflächen und Wirkräumen schematisch dargestellt.

Durch Wirkleiter wird eine linienhafte Wirkung wie beispielsweise bei Stützen oder Hebeln erzielt. Bei flächenhaften Wirkungen, wie zum Beispiel Kontakt von zwei Zahnflanken entsteht hingegen in der Regel eine Wirkflächenpaarung. Ein Wirkraum ergibt sich durch eine Volumenfunktion wie beispielsweise beim Dielektrikum eines Kondensators oder durch den raumschaffenden Flächenkontakt zwischen zwei Kupplungsflächen.

Zur konkreten Beschreibung sowie Beeinflussung dieser Gestalt-Funktions-Zusammenhänge in einem System stellt sich die Frage, in welcher Art und Weise diese Abhängigkeiten in der Konstruktion beeinflusst werden können. Die Funktionen und somit die notwendigen physikalischen Effekte haben ihre Konsequenz in der Auslegung der Gestalt. Die Möglichkeiten für ein erfolgreiches Vorgehen sind nachfolgend aufgelistet:

Abb. 9.6 Arten der Übertragung von Effekten

- **Geometrische Skalierung:** Bei Extrema in der Größe von Systemen (sowohl extrem große als auch extrem kleine Systeme) ist es sinnvoll eine handhabbare Skalierung vorzunehmen. Die Abstraktion auf eine Systemgröße, die bekannt ist, ermöglicht in der Produktentwicklung zunächst Prototypen zu entwickeln und diese anschließend auf die angestrebten Größenextrema anzupassen.
- **Rekonstruktion:** Die Rekonstruktion wird in der Produktentwicklung eingesetzt, um Funktionen und Teilfunktionen mit Hilfe von bekannten Komponenten nachzubilden, um ein besseres Verständnis der Gestalt-Funktions-Zusammenhänge zu erlangen. Durch beispielsweise die Demontage von ganzen Systemen können bestehende Wirkflächenpaare identifiziert und das erlangte Wissen für weitere Prototypen genutzt werden.
- **Simulation:** Mit Hilfe von Simulationen lassen sich gefundene und validierte Parameter überprüfen und hinsichtlich ihrer Eignung und möglicher Erfolgsaussichten überprüfen.

9.2 Entwurf

Der Entwurf dient dazu, von der Effektebene zur konkreteren Gestalt zu führen. Beim Entwerfen und Gestalten werden dabei die in Kap. 10 näher diskutierten Gestaltmerkmale Schritt für Schritt konkretisiert. Der Entwurf erlaubt zunächst eine übersichtliche Darstellung, Variation und Optimierung der Gesamtzusammenhänge. Grundsätzlich sollten beim Entwerfen die vier nachstehend aufgeführten Grundregeln stets beachtet werden:

- **Eindeutig:** Für eine eindeutige Konstruktion müssen eindeutige Effekte vorliegen, eine eindeutige Auslegung vorgenommen werden und die Gestalt muss eindeutig definiert sein. Die Montagefolge muss eindeutig sein und auch für das Recycling müssen Werkstoffe eindeutig voneinander trennbar sein.

- **Einfach:** Bei einer einfachen Konstruktion liegen nur die notwendigen Teilfunktionen vor. Teile sind einfach ausgelegt und besitzen unter Berücksichtigung einfacher geometrischer Grundfunktionen und Symmetrien eine einfache Gestalt. Toleranzen sind nur so fein wie notwendig.
- **Sicher:** Bei einer sicheren Konstruktion sind alle Gefahren beseitigt oder minimiert, notwendige Schutzmaßnahmen sind berücksichtigt und Nutzende sind über Restgefahren informiert.
- **Nachhaltig:** Der Aspekt umfasst die Entwicklung effizienter Produkte, das Einsparen von Ressourcen sowie ein wirtschaftliches Agieren. Das Spannungsfeld der ökologischen, ökonomischen und sozial-gesellschaftlichen Auswirkungen eines Produktes müssen analysiert, optimiert und über den Produktlebenszyklus ausgewogen sein.

Archetypen für das Vorgehen beim Entwerfen können wie folgt exemplarisch beschrieben werden:

Typ A: Basierend auf Wirkleitern, Wirkflächen und Wirkräumen
Hierbei werden diese Aspekte aus den Effekten und der Funktionsstruktur abgeleitet und durch eine Dimensionierung der Konstruktionsgrößen um die materialabhängig notwendigen Räume erweitert. Ergänzend zur Wirkgeometrie und der Anordnung von Wirkflächen sowie Wirklinien und -räumen wird die Geometrie unter Berücksichtigung von beispielsweise Fertigungsaspekten vervollständigend ausgeführt.

Typ B: Von innen nach außen
Ausgehend von den Leistungsdaten werden zunächst die Komponenten im Inneren einer Maschine dimensioniert. Anschließend erfolgt die Konstruktion der Maschine um diese Komponenten herum, um die erforderlichen Abmessungen zu erzielen. Beispiele sind Elektro- oder Verbrennungsmotoren, Pumpen und Turbinen oder auch Getriebe. Bei der Gestaltung von Getrieben werden anhand der angestrebten Leistung des Motors, Drehmomenten und Drehzahlen Achsabstände definiert sowie Wellen und Zahnräder dimensioniert. Die anforderungsgerechte Gestaltung des Inneren führt in der Konsequenz zur Anpassung des Äußeren. Resultierend ist das Gehäuse des Getriebes an die Leistung des Motors als übergeordnetes System angepasst und nicht umgekehrt.

In der nachstehenden Abb. 9.7 ist exemplarisch ein Getriebe zur Veranschaulichung des Beschriebenen dargestellt, welches im Rahmen einer praktischen Lehrveranstaltung unter anderem genutzt wird, um den Studierenden des ersten Semesters der Ingenieurwissenschaften die Relevanz dieses Archetyps aufzuzeigen.

Typ C: Basierend auf Standardkomponenten
Aus Katalogen werden die Komponenten einer Anlage für die spezifische Anwendung kombiniert. Beispiele sind energieelektrische Anlagen, Heizungen oder Logistiksysteme. Die Gestaltung von Blockheizkraftwerken orientiert sich an einer Abschätzung der realen Anwendung. In Abhängigkeit dieser Annahmen werden Standardkomponenten wie Groß-

9.2 Entwurf

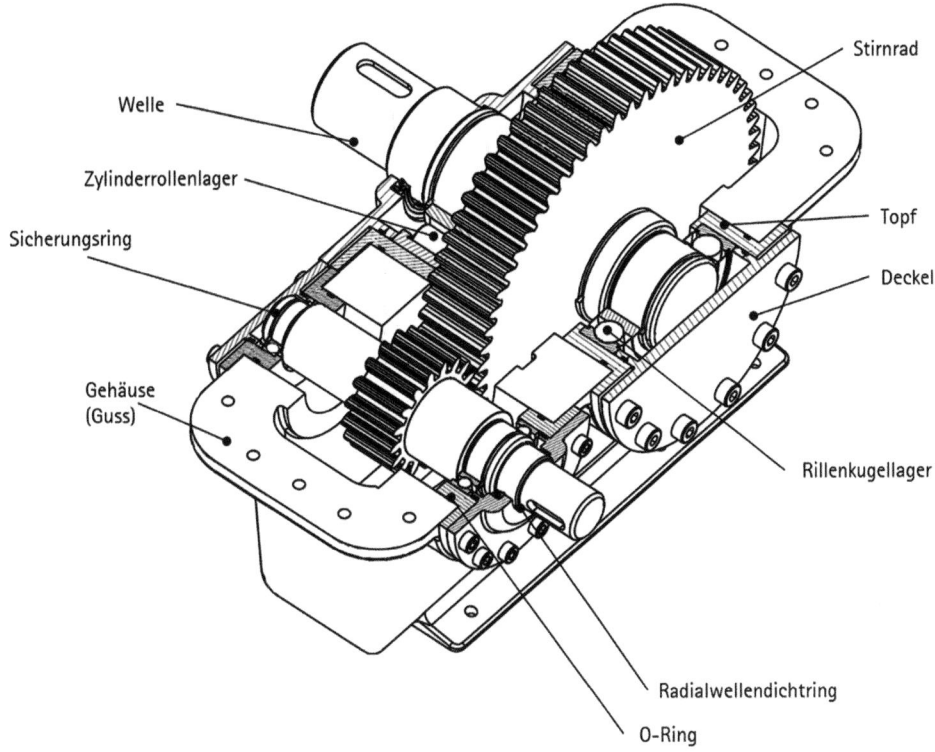

Abb. 9.7 Darstellung eines Getriebes

serienmotoren zu einem Gesamtsystem kombiniert und am Markt angeboten. In der Konsequenz ergeben sich Systeme, die durch die Verknüpfung von, in Baukästen, verfügbaren Komponenten entstehen und für einen konkreten Anwendungsfall kombiniert werden. So werden zum Beispiel im Rahmen von Elektroinstallationen sowie von Verteilsystemen zahlreiche Standardkomponenten in Form von Schaltkästen, Verteileranlagen, Steckern sowie Leitungssystemen unterschiedlicher Leistungsklassen verwendet. Das spart nicht nur Kosten, sondern stellt auch sicher, dass die Anlagen durch standardisierte, erprobte Komponenten zuverlässig und effizient arbeiten. Detailgeometrien müssen oft nicht aufwendig in technischen Zeichnungen entwickelt und dokumentiert werden, sondern werden lediglich mit ihren Anschlussmaßen in sogenannte Schalt-, Fluss- oder Leitungspläne und die zugehörigen Stücklisten integriert.

Typ D: Von außen nach innen
Ausgehend von Schrank-, Gehäuse oder Containergrößen wird so konstruiert, dass Systeme in diesen Platz finden. Beispiele sind Computer und Rechenanlagen aber auch die Innenausstattung von Mobilitätssystemen. Dabei ist die teure Infrastruktur mit der zugehörigen Normung zwingend zu berücksichtigen. Am Beispiel der Wagenverbände der

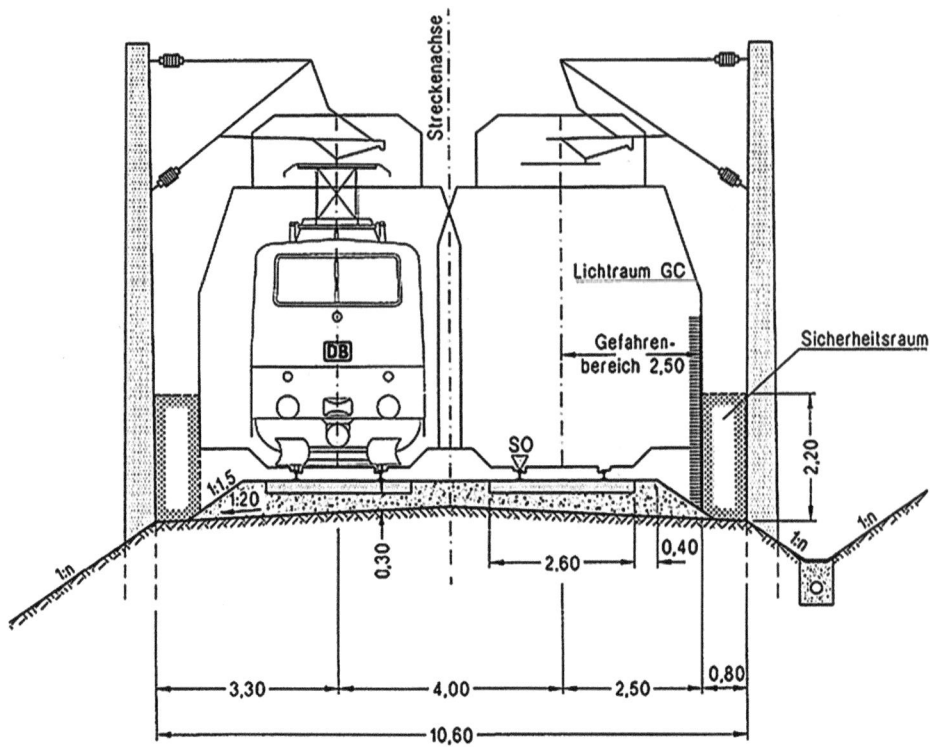

Abb. 9.8 Darstellung eines Schienenfahrzeugs im Bahnsystem [90]

Deutschen Bahn (siehe Abb. 9.8) zeigt sich, dass die äußere Begrenzung des Systems eindeutig ist. Ausgehend dieser Abmaße ist es notwendig, die Gestaltung der Wagen und des Inneren vorzunehmen. Dabei sind außerdem die energie- sowie informationstechnische Infrastruktur zu berücksichtigen.

Typ E: Durch Symmetrie
Im Rahmen des Entwurfs und der Fertigung wird Symmetrie häufig gezielt eingesetzt, um spezifische Vorteile zu realisieren. So sind beispielsweise die linke und rechte Seite eines Produkts oft spiegelsymmetrisch gestaltet, während bestimmte Anordnungen Rotationssymmetrien aufweisen. Zudem existieren ganze Produkte in spiegelbildlichen Ausführungen, wie etwa für den Links- und Rechtsverkehr oder für die Nutzung durch Links- oder Rechtshänder.

Typ F: Durch Skalierung
Skalierung ist ein probates Mittel der Entwicklung um Baureihen zu konstruieren. Dabei skalieren Längen linear, Flächen quadratisch mit der Länge und dem Volumen, sowie Gewicht in dritter Ordnung mit Längen. Führend für die Produktskalierung sind jedoch funktionale Aspekte und Größen weshalb Skalierungen oft anhand arithmetischer oder

geometrischer Reihen vorgenommen werden oder noch viel aufwendiger, beispielsweise in der Strömungstechnik, anhand von Ähnlichkeitskennzahlen wie der Prandtl-, der Nusselt- oder der Reynoldszahl. In DIN 323 werden dezimalgeometrische Reihen genutzt, um Normzahlen zu ermitteln. Für die Reihe R5 sind dies zum Beispiel 1, 1.6, 2.5, 4.0, 6.3 für die Reihe R10 1, 1.25, 1.6, 2.0, 2.5, 3.15, 4.0, 5.0, 6.3, 8.0. Diese finden sich in vielen Produkten wie zum Beispiel den Durchmessern von Bohrern oder den Schlüsselweiten, bei Steckern, Leitungsquerschnitten oder Rohrdurchmessern wieder.

Nebeneffekte
Neben der Erfüllung gewollter Funktionen und unter Berücksichtigung der zuvor spezifizierten Randbedingungen, müssen bei der Gestaltung verstärkt störende (Neben-)Effekte, in diesem Fall auch Störeffekte genannt, berücksichtigt werden. Diese störenden Nebeneffekte sind funktional, fertigungstechnisch oder betrieblich bedingte Effekte beziehungsweise Wirkungen, die bei der Realisierung der gewünschten Effekte, bei der Herstellung oder im Betrieb eines Produktes notwendigerweise als Rand- und Nebenwirkungen auftreten. Als Beispiele können unter anderem Durchbiegungen infolge des Eigengewichts, Verlustwärme beim Wandeln von Energie, Abgase, Verschleiß und Abrieb von Mikropartikeln oder auch Korrosion genannt werden. Die Notwendigkeit zum Beherrschen dieser Störeffekte kann Konstruktionen, entgegen des oben genannten Leitgedankens der Einfachheit, deutlich verkomplizieren.

Verluste bedeuten in der Regel Energiedissipation durch Wärme. Insbesondere bei niedrigen Wirkungsgraden muss diese konstruktiv berücksichtigt werden um zu starkes Erhitzen und/oder thermisches Verformen von Konstruktionen zu vermeiden. Entsteht Wärme durch Reibungsverluste, so kann dieser unerwünschte Nebeneffekt in der Regel durch Schmierung reduziert werden. Dies impliziert jedoch mehr oder weniger aufwendige konstruktive Maßnahmen zur Abdichtung von Fett oder Öl sowie für Befüllung und Reinigung.

Andere häufig auftretende und unerwünschte Neben- bzw. Störeffekte sind Schwingungen durch den Arbeitsvorgang einer Maschine, geometrische Ungenauigkeiten der Bauteile oder äußere Einflüsse. Diese können zu hohen Bauteilbelastungen oder auch unerwünschten Geräuschentwicklungen führen. Um Schwingungen zu reduzieren stehen verschiedene konstruktive Maßnahmen wie beispielsweise das Verschieben von Anregungsfrequenzen, das Einfügen von Dämpfern oder Tilgern oder die Veränderung der Eigenfrequenzen durch Umgestaltung zur Verfügung.

Im Entwurf lassen sich Nebeneffekte in zwei Ausprägungen unterteilen: Einerseits treten sie von innen nach außen auf und resultieren aus Fertigungs- und Materialungenauigkeiten sowie dem Betrieb selbst. Exemplarische, nach außen gerichtete Nebeneffekte, sind thermische Verformungen und Dehnungen, Form- und Lageabweichungen sowie Schwingungen die im Inneren des Bauteils auftreten. Andererseits treten auch Nebeneffekte von außen nach innen auf. Beispielhaft können hier Temperaturschwankungen, Feuchtigkeit sowie resultierende Korrosion oder eintretender Schmutz aufgeführt werden. Auch diese Störeffekte müssen in angemessener Weise beim Entwurf berücksichtigt werden.

Generell lassen sich einige Hinweise zum effizienten Umgang mit Effekten in der Konstruktion formulieren:

- Die **Energiewandlung** ist verlustbehaftet und wo möglich zu vermeiden. Dabei sollte möglichst mit einer Energieform in einem System gearbeitet werden, um Verluste und Kompliziertheit klein zu halten.
- Das **Umformen** von **Energie und Stoff** ist ebenfalls mit Verlusten behaftet und sollte deshalb auf das für das System notwendige Maß reduziert werden.
- Die **Effizienz von Speichern** ist stark von der Energieform und der Dauer der Speicherung abhängig. Feststoffe und Flüssigkeiten lassen sich besser lagern als Gase – diese aber immer noch besser als elektrochemische Reaktionen (Energie in Batterien). Je höher der Energiegehalt pro Volumen, desto kleiner der Speicher.
- Vorgänge wie **Leiten, Verknüpfen und Trennen** sind in der Regel ebenfalls mit Verlusten verbunden. Das Transportieren von Energie (Arbeit), Leistung oder Kräften ist ineffizient und führt zu Materialverschwendung, wobei Energie einfacher zu handhaben ist als Leistung.

Neben der verbrauchsorientieren energetischen Betrachtung verdeutlicht die ganzheitliche Analyse von Wirkungsgraden und ökologischen Auswirkungen, dass der Verlust physischer Ressourcen eines Produkts – sei es durch hohen Materialverschleiß während der Nutzung oder durch einen geringen Anteil nachnutzbarer Bauteilkomponenten am Ende des Produktlebens – über den gesamten Lebenszyklus hinweg die Ökoeffizienz ebenfalls stark beeinflusst.

9.3 Entwurfsprinzipien

Die zu entwickelnde Gestalt bildet die Summe beziehungsweise die Zusammenfassung aller Gestaltmerkmale, die zur eindeutigen Beschreibung eines Bauteils, einer Baugruppe oder eines gesamten Systems notwendig sind. Gestaltmerkmale sind einerseits konkrete Eigenschaften und andererseits beschreibende Parameter der Gestalt. Während Gestaltmerkmale direkt in der Produktentwicklung beeinflusst werden können, sind die Eigenschaften der Gestalt resultierend und abhängig von den Merkmalen. Beispielsweise wird das resultierende Gewicht eines Bauteils, das im Hinblick auf den Ressourcenaufwand optimiert werden soll, maßgeblich durch seine Abmessungen und das verwendete Material beeinflusst. Eine Gestalt ist erst dann als effizient anzusehen, wenn möglichst viele der Gestaltmerkmale einen direkten Einfluss auf die Funktion eines Bauteils haben. Bei der Entwicklung von möglichst ressourceneffizienten und funktionsorientierten Produkten ist der beim Entwurf zu betrachtende kausale Zusammenhang vielschichtig und komplex.

Ein exemplarischer Ansatz zur systematischen Anwendung von Entwurfsoperatoren orientiert sich zum Beispiel an der SCAMPER-Methode nach Eberle [91]. Entlang des Akronyms bestehend aus „**S**ubstitute, **C**ombine, **A**dapt, **M**odify/**M**agnify, **P**ut to other

9.3 Entwurfsprinzipien

Tab. 9.2 Entwurfsoperatoren gemäß SCAMPER-Methode nach Eberle [91]

Entwurfsoperatoren	Ausprägungen
Substitute – dt. Ersetzen	Funktionen, Bauteile, Materialien, Energie, …
Combine – dt. Kombinieren	Funktionen, Effekte, Anwendungen, Bauteile, …
Adapt – dt. Anpassen	Anwendungen, Bauteile, Funktionen, Effekte, …
Modify – dt. Modifizieren	Ergonomie, Eigenschaften, Funktionalität, Gestalt, …
Put to other use – dt. Übertragen	Markt, Nutzende, Anwendung, Zweck, …
Eliminate – dt. Entfernen	Funktionen, Bauteile, Effekte, Materialien, …
Rearrange – dt. Anders Anordnen	Gestalt, Bauteile, Produktionsprozesse, …

use, **E**liminate und **R**earrange/**R**everse" können ausgehend eines Referenzbauteils neue Varianten der Gestalt identifiziert werden. Die Durchführung der SCAMPER-Methode oder vergleichbarer Methoden orientiert sich zunächst an der Vorstellung des Referenzbauteils sowie den damit verbundenen Herausforderungen. Diese werden in entsprechende Fragen überführt und in Teams anhand der Entwurfsoperatoren in Form von konkreten Lösungsvarianten beantwortet. In Tab. 9.2 ist eine Übersicht von Ausprägungen dieser Entwurfsoperatoren des beschriebenen Ansatzes zusammengefasst.

Weitergedacht führt dieser Ansatz zu der, vor allem von Albers entwickelten, Idee der Produktgenerationsentwicklung [92]. Produkte basieren dabei auf Vorgängergenerationen die im Sinne der technischen Vererbung (siehe Kap. 4) maßgebliches Wissen an die Entwicklung der nächsten Produktgenerationen weitergeben. Von einer Produktgeneration zur nächsten werden jeweils nur die notwendigen Neuerungen eingeführt oder entwickelt, die erforderlich sind, um das Entwicklungsrisiko und die Entwicklungsaufwendungen zu minimieren.

Auf der Wirkebene eines Produktes ermöglicht der gezielte Einsatz von Entwurfsprinzipien die Beeinflussung physikalischer Effekte sowie ein erfahrungsbasiertes, heuristisches Vorgehen. Die im Folgenden aufgeführten Prinzipien müssen spezifisch gewichtet und priorisiert werden, da sie ohne den Einsatz von Künstlicher Intelligenz, Optimierungsrechnung und rechnerunterstützter Implementierung, kein geschlossenes und widerspruchsfreies System darstellen. Vielmehr werden durch sie unterschiedliche Erfahrungen qualitativ beschrieben, ohne eine eindeutige Lösung hervorzubringen. Prinzipien für das Entwerfen können wie folgt exemplarisch beschrieben werden:

Prinzip der direkten und kurzen Kraftleitung
Das Ziel bei diesem Prinzip ist es, Kräfte nicht unnötig „spazieren zu führen". Bei minimaler Verformung des Bauteils sollen Kräfte zielgerichtet zur Kraftausleitungsstelle geführt werden. Durch dieses Vorgehen können der Materialeinsatz minimiert und ein leichtes Design entworfen werden. Die Topologie des Bauteils ist an dieser Stelle ein maßgebliches Gestaltmerkmal. Am Beispiel des Steifigkeit-Masse-Verhältnisses zeigen sich konkrete Auswirkungen von Strukturoptimierungen hinsichtlich des notwendigen Materials und resultierend möglicher Potenziale für Leichtbauanwendungen. Besonders kritisch und zu vermeiden sind Konstruktionen, die zu großen Biegemomenten und damit

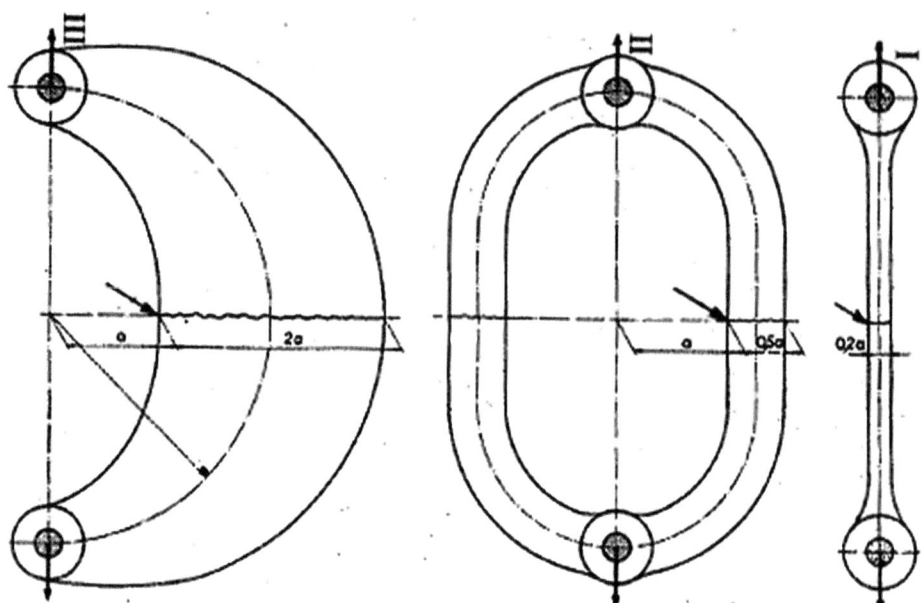

Abb. 9.9 Prinzip der direkten und kurzen Kraftleitung. (Abbildung nach Ehrlenspiel [93])

Beanspruchungen der Struktur führen. Hier ist Symmetrie (vgl. Abschn. 9.2, Typ E) ein probates Mittel um den Entwurf zu verbessern. Nachfolgend ist das Prinzip schematisch dargestellt (Abb. 9.9).

In der Abbildung erfahren alle drei Elemente die gleiche Belastung. Gegenübergestellt sind dabei die Auswirkungen der Kraftleitung je nach Ausgestaltung der Geometrie. Ganz links ist die indirekte Kraftleitung gezeigt, mittig die indirekte aber geschlossene Kraftleitung und rechtsseitig die direkte Kraftleitung. Dabei ist zu erkennen, dass das linksseitig abgebildete Bauteil mehr Material erfordert als das rechtsseitig abgebildete, um die gleichen Belastungen aufnehmen zu können.

Das Prinzip der gleichen Gestaltfestigkeit
Die Materialbeanspruchung in einem Bauteil sollte gleichmäßig verteilt sein, um das Auftreten von Beanspruchungskonzentrationen zu vermeiden, die zu vorzeitigen Ausfällen führen können. Spannungsspitzen sind zu vermeiden, da sie Materialermüdung und letztlich das Versagen von Bauteilen verursachen können. Bei der Konstruktion ist besondere Sorgfalt auf Kerben und Ecken zu richten, da diese Bereiche anfällig für Rissbildung und weitere Schäden sind. Nachstehend ist das Prinzip veranschaulicht und auch konstruktive Gegenmaßnahmen, um *Kraftflusslinien* zu harmonisieren, sind in Form von Entlastungs-Kerben dargestellt (Abb. 9.10).

9.3 Entwurfsprinzipien

Abb. 9.10 Prinzip der gleichen Gestaltfestigkeit. (Abbildung nach Ehrlenspiel [93])

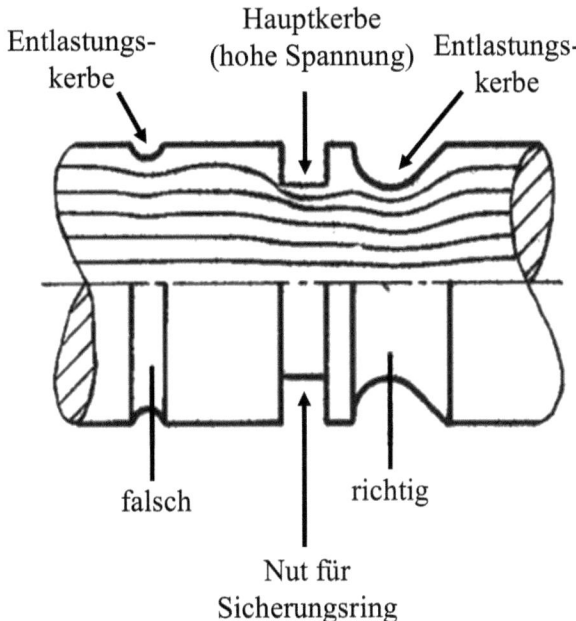

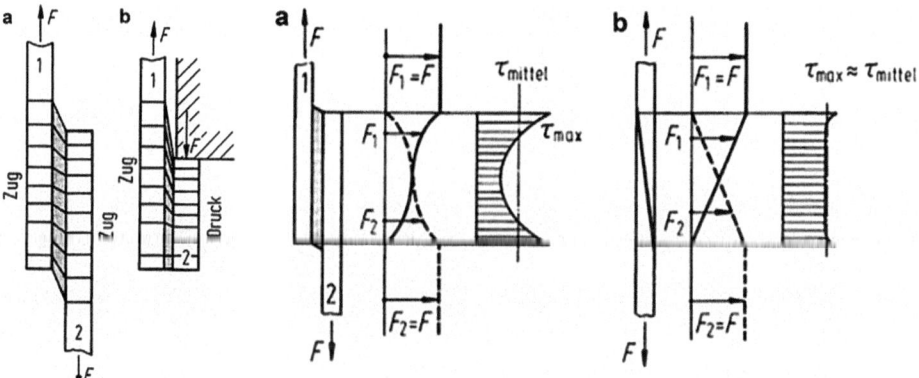

Abb. 9.11 Entwurfsprinzip der abgestimmten Verformungen nach Pahl und Beitz [94]

Das Prinzip der abgestimmten Verformungen

Abgestimmte Verformungen oder das „Freigeben" von Verformungen sind teilweise auch für die Funktionstüchtigkeit der Konstruktion maßgebend. Die Drehung von Getriebewellen und Zahnrädern kann beispielsweise in Planetenrädern zu Zwängungen führen. Bei Gleitlagern ist eine Verformungsabstimmung notwendig, um das Kantentragen zu vermeiden. In Abb. 9.11 ist das Prinzip veranschaulicht, wobei die Werte F für wirkende Kräfte und τ für resultierende Spannungen stehen.

Das Prinzip des Kraftausgleichs

Bei der Berücksichtigung des Prinzips werden zwei Arten von Kräften als gegeben vorausgesetzt. Dies sind zum einen Kräfte welche der unmittelbaren Funktionserfüllung dienen (funktionsbedingte Hauptgrößen), zum anderen sind dies Folgekräfte, welche aus dem Wirken der Hauptgrößen resultieren und nicht vermeidbar sind (begleitende Nebengrößen). Das Ziel des Kraftausgleiches adressiert dabei den notwendigen Ausgleich solcher Nebengrößen. Erreicht werden kann dies entweder durch symmetrische Anordnungen von Strukturelementen oder durch das Vorsehen von Ausgleichselementen. In Abb. 9.12 ist das Prinzip am Beispiel eines Kranes verdeutlicht. Während das Heben der Masse m_L die Hauptfunktion darstellt, müssen resultierende Nebengrößen, wie die auf den Mast wirkenden Biegekräfte, durch das Anbringen einer Ausgleichsmasse kompensiert werden. Beim Verfahren der Massen müssen synchronisierte Bewegungen ablaufen.

Prinzip der funktionserfüllenden Steifigkeit

Je nach Entwicklungsziel sollen Konstruktionen besonders steif sein oder über definierte Bereiche elastischer Verformung verfügen. Diese können, wie nachstehend in Abb. 9.13 am Beispiel der Gestaltung einer Feder dargestellt, beim Entwerfen eingestellt werden. Das E steht im aufgeführten Beispiel für das Federelement, b für die Ringbreite, D für Innen- bzw. Außendurchmesser, γ für den Kegelwinkel, L für die Länge, s für den Federweg und t für den Sicherheitsspalt.

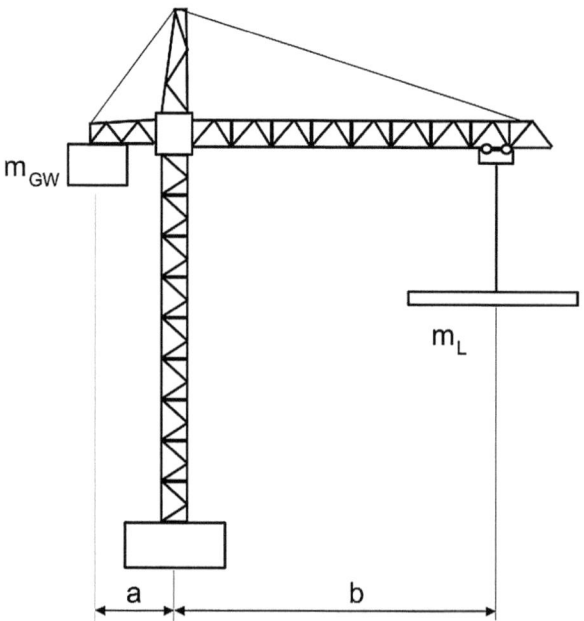

Abb. 9.12 Schematische Darstellung des Gestaltungsprinzips des Kraftausgleichs

9.3 Entwurfsprinzipien

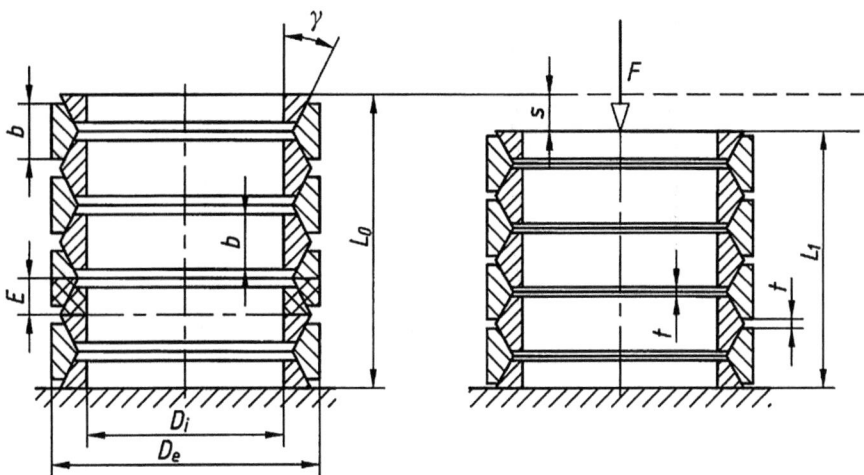

Abb. 9.13 Prinzip der funktionserfüllenden Steifigkeit am Beispiel einer Feder. (Abbildung nach Spura et al. [95])

Das Prinzip der fehlerredundanten Gestaltung

Das Prinzip zielt darauf ab, die Zuverlässigkeit und Sicherheit von Systemen durch den Einsatz von Redundanzen, Fehlererkennung und -behebung zu verbessern. Es beinhaltet unter anderem das Einbauen doppelter Komponenten mit gleicher Funktion und Mechanismen zur automatischen Fehlererkennung, -kompensation und -korrektur, um Systemausfälle zu verhindern oder zu beheben. Die Gestaltung ist außerdem robust, also sodass eine Vielzahl von Fehlerbedingungen toleriert werden, ohne dass zu einem vollständigen Ausfall kommt. Diese Herangehensweise ist insbesondere in kritischen Bereichen wie der Luftfahrt oder Medizintechnik wichtig, um eine kontinuierliche Funktionalität zu gewährleisten.

Prinzip der selbstschützenden Lösung

Zweck des Prinzips ist die Verhinderung größerer Schäden oder einer vollständigen Zerstörung bei Überlast durch das Einführen einer Hilfswirkung. Diese wird dabei meist aus einem zusätzlichen Kraftleitungsweg gewonnen, der bei Überlast eingeleitet wird. Dadurch entstehen eine andere Kraftflussverteilung und folglich auch eine reduzierte Belastung. Diese Änderung bedingt allerdings oft auch Veränderungen der funktionalen Eigenschaften, die entweder reversibel oder irreversibel sein können, wie beispielsweise im Fall einer Notbruchstelle.

Prinzip der Stabilität/Bistabilität

Bei der Berücksichtigung des Gestaltungsprinzips der Stabilität beziehungsweise Bistabilität wird die Fähigkeit eines Systems untersucht, in einem oder zwei stabilen Zuständen zu existieren. Ein bistabiles System kann nach einer Einwirkung in einen von

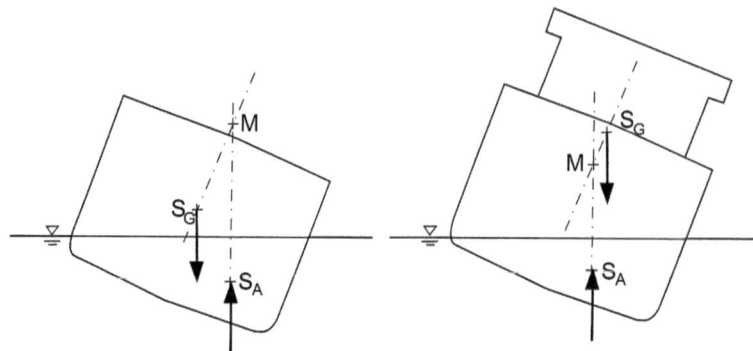

Abb. 9.14 Schematische Darstellung des Gestaltungsprinzips der Stabilität/Bistabilität

zwei möglichen stabilen Zuständen zurückkehren, abhängig davon, welcher Zustand durch die Eingabe oder Umwelteinflüsse bevorzugt wird. Ein Beispiel hierfür ist ein konventioneller Lichtschalter. In der Gestaltung bedeutet Stabilität hingegen, dass ein System so konstruiert wird, dass es stabil bleibt, selbst wenn es äußeren Kräften oder Veränderungen ausgesetzt ist. Stabilität oder Bistabilität können durch mechanische, elektronische oder andere gestalterische Elemente erreicht werden, die das System in einem stabilen Zustand halten oder einen Übergang zwischen zwei stabilen Zuständen ermöglichen (Abb. 9.14).

Die Abbildung zeigt, dass ein Schiff solange nicht kentert und stabil bleibt, wie sein Schwerpunkt S unterhalb seines Drehpunkts M liegt. Bei dem rechtsseitig dargestellten Schiff liegt der Schwerpunkt zu hoch und es wird kentern sobald sich der Schwerpunkt aufgrund von Störungen einmal aus der vertikalen Achse des Drehpunkts M begeben hat. Zwischen stabilen und instabilen Systemzuständen gibt es auch Situationen, in denen Systeme, beispielsweise nach einer Störung, in indifferente Zustände übergehen. Diese sollten konstruktiv bewusst vermieden werden.

Prinzip der selbstverstärkenden Lösung

Beim Prinzip der selbstverstärkenden Lösung wird zum Beispiel die Kombination von Reibung und Haftkraft ausgenutzt, um Klemmkräfte zu verstärken. Nach dem gleichen Prinzip arbeiten Fangvorrichtungen von Aufzügen. Auch werden Dichtungen häufig so angeordnet, dass sie bei steigendem Innendruck stärker gepresst werden und damit ihre Wirkung zunimmt. Abb. 9.15 zeigt einen Freilauf, der ebenfalls nach diesem Prinzip arbeitet und je stärker sperrt, je kräftiger gegen ihn gearbeitet wird. Dabei steht das F für die Klinkenkraft, welche im Winkel α zur Normalkraft F_N steht. Weiterhin ist in diesem Beispiel die Reibungszahl über μ dargestellt.

Weitere Beispiele sind in Standardwerken wie Pahl/Beitz [96] oder Roloff/Matek [95] in verschiedenen Auflagen zu finden.

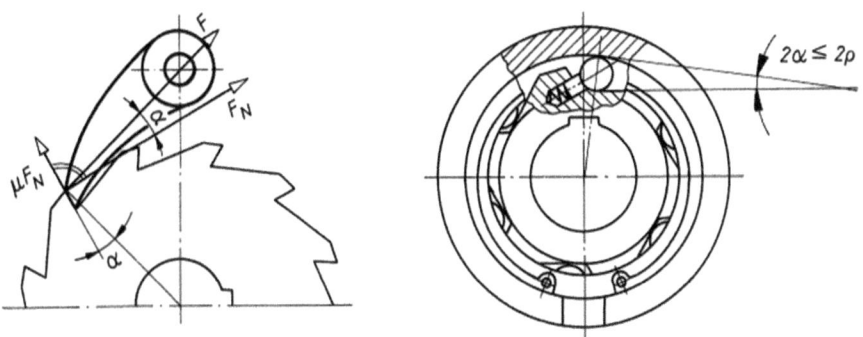

Abb. 9.15 Prinzip der selbstverstärkenden Lösung am Beispiel einer Freilaufkupplung. (Abbildung nach Spura et al. [95])

9.4 Emissionen

Auch in der Entwurfsphase ist es notwendig, sich mit den Emissionen eines zukünftigen Produkts auseinanderzusetzen. Dabei können Emissionen als Gase, Flüssigkeiten oder Feststoffe auftreten. Emissionen können aber auch Geräusche, Licht oder andere Formen von Strahlung sein. Abhängig vom Gefahrenpotenzial sollten diese Elemente gezielt und mit niedriger Schwelle verteilt werden, wobei die Einhaltung von Abständen, die Bereitstellung von Einhausungen und die sorgfältige Vermeidung von Emissionen essenziell sind. Zusätzlich werden häufig das gezielte Sammeln, Verwahren und die sachgerechte Entsorgung der betreffenden Materialien oder Substanzen vorgesehen. Bezogen auf den Entwurf bedeutet dies eine gezielte Auseinandersetzung mit den notwendigen Maßnahmen, deren Berücksichtigung und nicht selten eine deutliche Verkomplizierung des Systems (Tab. 9.3).

Im Folgenden soll das Beispiel der Windenergieemissionen weiterführend beleuchtet werden. Windenergieanlagen verursachen durch ihre rotierenden Flügel aerodynamische Geräusche, die von den Blattspitzengeschwindigkeiten abhängig sind und deshalb bei stetig zunehmenden Rotordurchmessern zu wachsend kritischeren aerodynamischen Maßnahmen bei der Gestaltung der Flügel führen. Als mechanische Komponenten, die ebenfalls zur Geräuschentwicklung von Windenergieanlagen beitragen, sind ferner die Getriebe zu nennen sowie der Generator, die Lüfter und die Hilfsantriebe zur Verstellung der Anlage. Diese mechanischen Geräuschquellen führten in der Vergangenheit dazu, dass die Geräusche frequenzabhängige, störende Einzeltöne aufwiesen. In den letzten Jahren wurden solche Geräusche jedoch erheblich reduziert. Für neuere Anlagentypen bestehen zudem detaillierte Vorschriften zur Erfassung und Begrenzung spezifischer Geräuschemissionen sowie zu den einzuhaltenden Mindestabständen der Anlagen zur Bebauung. Zur Einordnung des Beschriebenen, zeigt Abb. 9.16 Schallemissionen einer Windenergieanlage im Vergleich zu anderen Lärmquellen.

Tab. 9.3 Beispielhafte Ausprägungen von Emissionen in Luft, Wasser und Boden

Emissionstyp	Luft	Wasser	Boden
Gase	Kohlendioxid (CO_2), Stickoxide (NO_x), Methan (CH_4)	Ammonium (NH_4^+) (in Wasser gelöst), gelöste Gase wie CO_2	Fluorchlorkohlenwasserstoffe (bei Deponien)
Flüssigkeiten	Aerosole (z. B. Spraynebel)	Öleinträge, Chemikalien wie Pestizide	Chemieleckagen von Behältern
Feststoffe	Feinstaub (PM2.5, PM10), Rußpartikel	Sedimente, Mikroplastik	Schwermetalle, Plastikabfälle
Geräusche	Verkehrslärm, Fluglärm, Industrielärm, Windenergieanlagen	Wasserverkehrslärm, Lärmbelastung in Häfen, Offshore-Baustellen	Maschinenlärm in der Land-/Forstwirtschaft
Licht	Lichtverschmutzung durch Straßenbeleuchtung, Leuchtreklamen	Unterwasserbeleuchtung (bei Hafenanlagen)	Lichtverschmutzung durch Industrieanlagen
Strahlung	UV-Strahlung, elektromagnetische Strahlung (z. B. von Mobilfunk)	Radioaktive Stoffe (z. B. durch Atomtests ins Wasser gelangt)	Radioaktive Ablagerungen

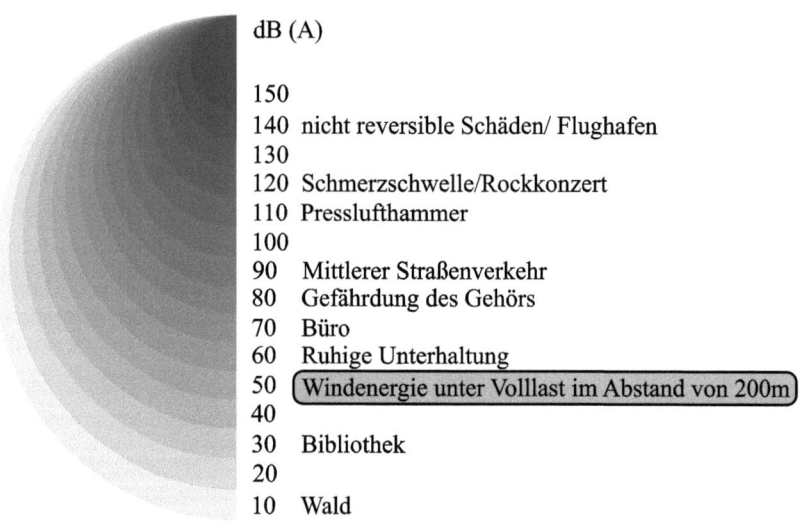

Auf 200 Meter Entfernung leiser als ruhige Unterhaltung

dB (A)

150
140 nicht reversible Schäden/ Flughafen
130
120 Schmerzschwelle/Rockkonzert
110 Presslufthammer
100
90 Mittlerer Straßenverkehr
80 Gefährdung des Gehörs
70 Büro
60 Ruhige Unterhaltung
50 Windenergie unter Volllast im Abstand von 200m
40
30 Bibliothek
20
10 Wald

Abb. 9.16 Schallemissionen einer Windenergieanlage im Vergleich. (Eigene Darstellung in Anlehnung an BWE [97])

Neben diesen Schallemissionen sind weitere Emissionen bei Windenergieanlagen zu beschreiben. Ab bestimmten Höhen verfügen solche Anlagen beispielsweise auch über Einrichtungen zur Hindernisbeleuchtung zum Schutz des Flugverkehrs. Diese müssen bedarfsgerecht, also nur bei Annäherung von Flugzeugen, eingeschaltet werden und bedingen in der Folge Lichtemissionen. Aktuell wird außerdem der Feststoffabrieb der Flügel diskutiert, da er Auswirkungen auf die Umwelt und Langlebigkeit der Anlagen haben kann.

Ein weiteres Beispiel, welches im Folgenden etwas genauer ausgeführt werden soll, befasst sich mit Kläranlagen in Deutschland und den resultierenden Emissionen. In den etwa 10.000 Abwasserbehandlungsanlagen (Kläranlagen) in Deutschland fallen jährlich circa 1,6 Mio. Tonnen Trockenmasse an. Diese entsteht durch die Trocknung von Klärschlamm, welche entweder durch die Nutzung von Sonnenwärme oder in industriellen Trocknungsanlagen erfolgt, in denen dem Klärschlamm gezielt Feuchtigkeit entzogen wird. Dies geschieht in den meisten Fällen mittels fossiler oder erneuerbarer Energie, gegebenenfalls auch durch Abwärme aus anderen Prozessen. Nach neuer Bundesgesetzgebung darf die Trockenmasse aus Kläranlagen aufgrund ihrer Belastung mit unterschiedlichen Schadstoffen zukünftig nicht mehr als Dünger auf Felder ausgebracht werden, sondern muss thermisch verwertet oder als Brennstoff eingesetzt werden. Vor dieser Verwertung wird aus diesem Dünger nachnutzbarer Phosphor extrahiert.

9.5 EcoDesign

Das Prinzip des EcoDesigns kann im Rahmen einer allgemeinen Betrachtung als Praxis definiert werden, bei der ganzheitlich ökologische, ökonomische und technische Optimierungen in den Produktentwicklungsprozess integriert werden sollen. Eine gängige Definition lautet dabei, dass das EcoDesign nachhaltige Lösungen umfasst, die als Produkte, Dienstleistungen, Hybride oder Systemveränderungen charakterisiert werden können. Diese Lösungen sind durch ihre konkrete Ausgestaltung in der Lage, negative Auswirkungen auf die Nachhaltigkeit, sowohl ökologisch und wirtschaftlich, als auch sozial und ethisch zu minimieren. Gleichzeitig ist es möglich, auf diesem Weg gesellschaftlich bestehende Anforderungen akzeptabel erfüllen zu können. [98]

Ein probates und in der Praxis bewährtes Mittel ist in diesem Zusammenhang beispielsweise das Vorgehen nach Design for X (DfX)-Strategien. Das Prinzip des EcoDesigns kann selbst als DfX-Prozess bezeichnet werden, wobei das X für verschiedene Lebenszyklusphasen, Produktmerkmale oder Aspekte der Gestaltung stehen kann. Dabei ist festzuhalten, dass der Anspruch des EcoDesigns eine ganzheitliche Betrachtung des gesamten Produktlebenszyklus umfasst, was es von anderen, oft spezifisch ausgeprägten DfX-Ansätzen, maßgeblich unterscheidet. [99]

Ein Hilfsmittel zur Konkretisierung und Überführung des EcoDesigns in die tatsächliche Produktentwicklung ist von Luttrop und Lagerstedt [100] ausgearbeitet und vorgeschlagen. Diese definieren im beschriebenen Zusammenhang ein Regelwerk („die zehn goldenen Regeln"), mit Hilfe dessen Entwickelnde und Konstruierende bei der Einbeziehung von Nachhaltigkeitsaspekten in der Produktentwicklung unterstützt werden sollen. Das Regelwerk liefert in diesem Zusammenhang eine Art Leitfaden für den Entwurf situationsspezifischer Produktdesigns und zur Bewältigung resultierender Herausforderungen. In der nachstehenden Auflistung sind die zehn Regeln zusammengefasst und aufgeführt.

1. Verzichten Sie auf giftige Stoffe und nutzen Sie geschlossene Kreisläufe für notwendige, aber giftige Stoffe.
2. Minimieren Sie den Energie- und Ressourcenverbrauch in der Produktionsphase und beim Transport durch eine verbesserte Haushaltsführung.
3. Verwenden Sie strukturelle Merkmale und hochwertige Materialien, um das Gewicht von Produkten zu minimieren, wenn dies nicht die erforderliche Flexibilität, Schlagfestigkeit oder andere funktionale Prioritäten beeinträchtigt.
4. Minimieren Sie den Energie- und Ressourcenverbrauch in der Nutzungsphase, insbesondere bei Produkten mit den wichtigsten Aspekten in der Nutzungsphase.
5. Fördern Sie Reparaturen und Upgrades, insbesondere bei systemabhängigen Produkten wie beispielsweise Handys, Computern und CD-Playern.
6. Fördern Sie eine möglichst lange Lebensdauer, insbesondere bei Produkten mit bedeutenden Umweltaspekten außerhalb der Nutzungsphase.
7. Investieren Sie in bessere Materialien, Oberflächenbehandlungen oder strukturelle Vorkehrungen, um Produkte vor Schmutz, Korrosion und Verschleiß zu schützen und so einen geringeren Wartungsaufwand und eine längere Produktlebensdauer zu gewährleisten.
8. Bereiten Sie Aufrüstung, Reparatur und Recycling durch Zugriffsmöglichkeiten, Kennzeichnung, Module, Sollbruchstellen und Handbücher vor.
9. Fördern Sie Modernisierung, Reparatur und Recycling von Produkten durch Verwendung weniger, einfacher, recycelter, nicht gemischter Materialien und keiner Legierungen.
10. Verwenden Sie bei der Verbindung von Komponenten so wenige Verbindungselemente wie möglich und setzen Sie Schrauben, Klebstoffe, Schweißverbindungen, Schnappverbindungen, geometrische Verriegelungen usw. entsprechend des Lebenszyklus-Szenarios ein. [100]

Im Kontext der Entwurfsebene und der initialen Bauteilgestaltung können die in der Auflistung genannten Aspekte als hilfreich und unterstützend angesehen werden. In der Nomenklatur des vorliegenden Buches unterliegen sie jedoch ebenso wie die zuvor erwähnten Prinzipien oder Gestaltungsrichtlinien der Einschränkung, dass sie weder vollständig widerspruchsfrei sind noch zwangsläufig zu eindeutigen Lösungen führen, sondern lediglich als Anregungen dienen können.

Neben diesem hier ausführlich aufgezeigten Unterstützungs- und Implementierungsansatz gibt es unter dem Begriff des EcoDesigns eine große Menge an weiteren Werk-

Tab. 9.4 Hilfsmittel zur Integration des EcoDesigns in verschiedenen Entwicklungsphasen nach McAloone und Pigosso [99]

Phase	Hilfsmittel/Werkzeug
Produktplanung, Aufgabenklärung	STRETCH-Tool
	C2P-Plattform
	Öko-Roadmap
	Eco-QFD
Konzeptphase	MECO-Matrix
	DfE-Matrix
	Alternative Function Fulfilment
	Eco-Function Matrix
Entwurfsphase	Ecodesign-PILOT
	Fast Five Awareness Tool
	Ökobilanz/LCA
Ausarbeitungsphase	Ecoquest
	Öko-Kommunikationsmatrix

zeugen, Leitfäden und anderen Hilfsmitteln. In der nachstehenden Tab. 9.4 werden einige weitere beispielhaft ausgewählte Hilfsmittel dieser Art aufgeführt. Die Auflistung erfolgt dabei nach den verschiedenen Phasen des Entwicklungsprozesses in Anlehnung an McAloone und Pigosso [99].

Festzuhalten ist in diesem Kontext allerdings, dass es sich auch hierbei um kein geschlossenes System handelt, sondern um verschiedene einzelne Aspekte, die von unterschiedlichen Einflüssen und mit teilweise widersprüchlichen Begriffen beschrieben werden. Verschiedene Definitionen und zugehörige Systemgrenzen müssen zusammengeführt werden, um eine Anwendung des Prinzips des EcoDesigns im Entwurf sowie der Gestaltung erfolgreich umsetzen zu können.

In diesem Bereich bestehen sowohl eine große wissenschaftliche Herausforderung, als auch ein dringlicher Handlungsbedarf, um zu pragmatischen und anwendbaren Ansätzen und Werkzeugen zu gelangen.

Gestaltung und Technologien 10

Nachdem im vorherigen Kapitel ausführlich auf Effekte und Entwürfe eingegangen wurde, soll in diesem Kapitel dargelegt werden, wie nachhaltige Produkte konkret gestaltet werden können. Hierbei werden Aspekte der spezifischen Gestaltung, von Leichtbauprinzipien bis hin zu exemplarischen Technologien, Fertigungsverfahren und Werkstoffen behandelt. Im Folgenden gilt als Grundlage die Definition, dass Gestaltung als die Summe aller Gestaltmerkmale, die für die industrielle Fertigung relevant sind, verstanden wird. Ausgehend von Spezifikation, Konzept und Entwurf ist die Gestaltung eines Produkts eng mit den für die Realisierung vorgesehenen Technologien, Materialien, Montagetechniken, beabsichtigten Funktionen sowie den auftretenden Belastungen verknüpft.

In den folgenden Abschnitten sollen neben allgemeinen Ausführungen zur Gestaltung drei Beispiele für Technologien und Materialien im Kontext einer nachhaltigkeitsorientierten Gestaltung erörtert werden. Die in diesem Zusammenhang näher betrachteten Technologien und Werkstoffe sind:

- Additive Fertigung,
- Biobasierte Materialien und Verbundwerkstoffe,
- Konstruktionen aus Holz.

10.1 Gestaltung

Wie bereits in Kap. 9 beschrieben, umfasst der Prozess des Entwerfens, Dimensionierens und Detaillierens die sukzessive Festlegung zahlreicher Aspekte der Produktarchitektur und aller zugehörigen Komponenten. Der Begriff der Gestaltung beziehungsweise die Tätigkeit des Gestaltens beinhaltet zudem umfassend die Gesamtheit aller Tätigkeiten, durch die die Formgebung oder auch die Gestalt von Produkten bestimmt wird. Das bedeutet auch, dass die Gestaltmerkmale bis in alle Details festgelegt werden. Gestaltmerkmale sind in diesem Zusammenhang jene Merkmale, die die Gestalt von Einzelteilen, Baugruppen und Systemen eindeutig definieren (Abb. 10.1).

Die Abbildung verdeutlicht, dass die Gestaltmerkmale eines Objekts sowohl durch geometrische Eigenschaften – charakterisiert durch Topologie, Form, Abmaße und Anzahl sowie Toleranzangaben – als auch durch die Materialbeschaffenheit und die Oberflächeneigenschaften beschrieben werden. Abhängig von der Komplexität kann die Ausprägung dieser Merkmale bei einem Bauteil oder innerhalb eines Produkts variieren und unterschiedlich häufig auftreten.

In der nachstehenden Abb. 10.2 sind ausgewählte Gestaltmerkmale am Beispiel eines Lenkrades veranschaulichend variiert und dargestellt.

Die Phase der Gestaltung zeichnet sich zusammenfassend also durch den Übergang von der eher generalistischen Entwurfsebene, hin zur sehr konkreten funktions- und fertigungsorientierten Realisierung aus.

Um im Prozess des Gestaltens eine möglichst optimale Gestaltfindung zu ermöglichen, lassen sich verschiedene, in der Literatur ausführlich beschriebene Ansätze, zu Rate ziehen. Alle dieser Ansätze haben dabei gemein, dass der Konstruktionsprozess so ausgelegt wird, dass die finale Gestalt des technischen Produktes durch ein systematisches Vorgehen in geeigneter Weise unterstützt wird. Nachfolgend werden einige Beispiele für diese Ansätze aufgeführt und beschrieben:

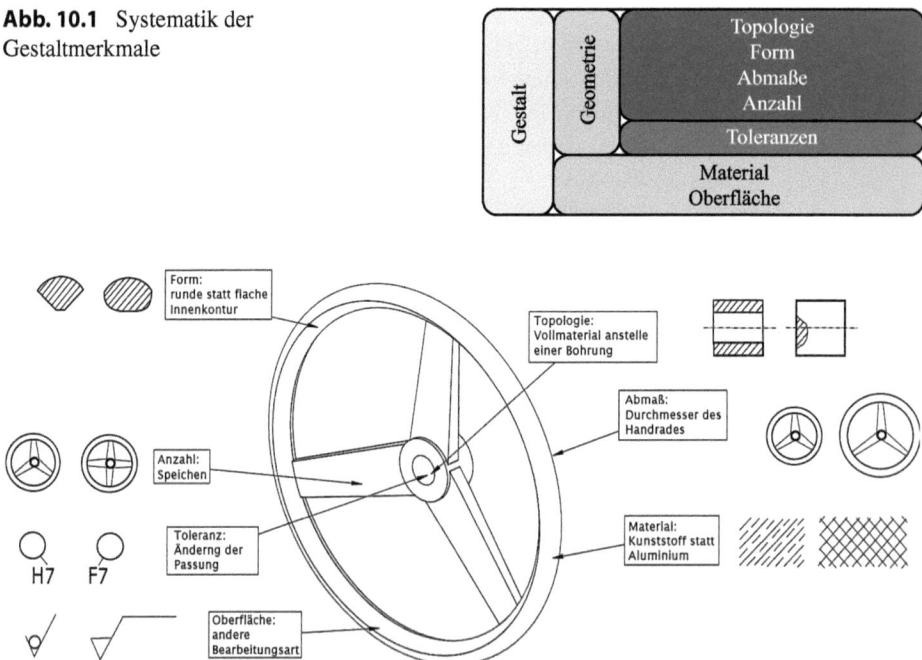

Abb. 10.1 Systematik der Gestaltmerkmale

Abb. 10.2 Gestaltmerkmale am Beispiel eines Lenkrades

10.1 Gestaltung

Kombination durch Ausgestaltung elementarer Strukturelemente

Diesem von Roth [35] formulierten Ansatz liegt der Gedanke zugrunde, dass die Gestalt eines Produktes mithilfe verschiedener Elemente zu kombinieren beziehungsweise eine bereits bestehende Struktur durch die Festlegung von Wirkflächen und Wirkflächenpaaren zu analysieren ist. Wirkflächen und Wirkflächenpaare sind in diesem Kontext als Grundlage für die Funktionalität eines technischen Produktes zu verstehen. Wird eine örtliche Veränderung der Wirkung berücksichtigt, entsteht ein Wirkraum. Roth spricht in diesem Zusammenhang auch von Strukturfunktionselementen, die er dann mit Gestaltelementen bestückt. Etwas moderner wird dieser Ansatz auch als *Generatives Design* bezeichnet und findet insbesondere in rechnergestützten Werkzeugen, dort augmentiert durch die Technologien von *Features* und *Constraints*, seine Anwendung.

Systematische Variation

Soll die Gestalt eines technischen Systems im Zuge des Gestaltens bestimmt werden, kann ebenfalls auf die bestehende Lösung eines anderen Produktes zurückgegriffen werden. Durch die Anwendung systematischer Variation kann auf Grundlage des bestehenden Lösungsweges ein neuer Lösungsraum abgeleitet werden, mithilfe dessen eine angepasste und geeignete Gestalt für das neue Produkt erarbeitet werden kann. Einzige Begrenzung bei diesem Vorgehen ist die zur Verfügung stehende Entwicklungszeit. Während bei diesem Ansatz in jedem Fall eine neue Lösung entwickelt werden kann, kann nicht garantiert werden, dass die neue Lösung eine Verbesserung erzielt.

In der nachstehenden Abbildung sind Beispiele für verschiedene Strukturelemente und mögliche Variationen der Gestaltmerkmale Anzahl, Form, Topologie und Abmessungen dargestellt (Abb. 10.3).

Beim Konstruieren von technischen Produkten und in diesem Kontext besonders auch bei der Gestaltfindung, müssen an vielen Stellen Kompromisse eingegangen werden. Diese sind häufig erforderlich, da mit einer zunehmenden Anzahl an Anforderungen auch die Wahrscheinlichkeit und Häufigkeit von Zielkonflikten bei der Festlegung optimaler Merkmale steigt. Um solche Zielkonflikte sowohl entdecken als auch zu lösen zu können, ist ein methodisches Vorgehen bei der Optimierung und Berechnung technischer Bauteile elementar. Die Gewichtung der jeweiligen Ziele kann dabei meistens nur iterativ erfolgen. Um Berechnungen anstellen zu können, müssen quantitative Annahmen über Geometrien und Werkstoffe einzelner Bauteile in der gestaltenden Phase definiert werden. Schon während der Erstellung von Grobentwürfen können modellhafte Berechnungen hilfreich sein, um Optimierungen planen oder Hauptabmessungen bestimmen zu können. Mithilfe derartiger Methoden und Berechnungen können verschiedene, im Folgenden aufgelistete, Ziele verfolgt und erreicht werden:

- Hauptabmessungen bestimmen
- Konzeptionelle Optimierung und Simulation durchführen
- Nachweisrechnung dokumentieren.

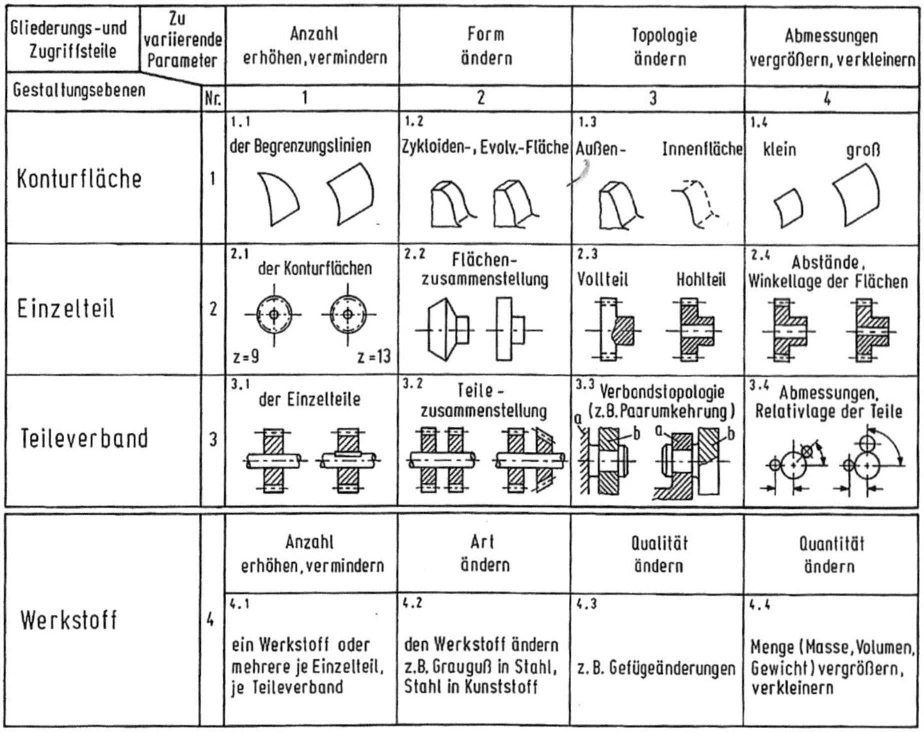

Gliederungs- und Zugriffsteile	Zu variierende Parameter	Anzahl erhöhen, vermindern	Form ändern	Topologie ändern	Abmessungen vergrößern, verkleinern
Gestaltungsebenen	Nr.	1	2	3	4
Konturfläche	1	1.1 der Begrenzungslinien	1.2 Zykloiden-, Evolv.-Fläche	1.3 Außen- Innenfläche	1.4 klein groß
Einzelteil	2	2.1 der Konturflächen z=9 z=13	2.2 Flächen-zusammenstellung	2.3 Vollteil Hohlteil	2.4 Abstände, Winkellage der Flächen
Teileverband	3	3.1 der Einzelteile	3.2 Teile-zusammenstellung	3.3 Verbandstopologie (z.B. Paarumkehrung)	3.4 Abmessungen, Relativlage der Teile
		Anzahl erhöhen, vermindern	Art ändern	Qualität ändern	Quantität ändern
Werkstoff	4	4.1 ein Werkstoff oder mehrere je Einzelteil, je Teileverband	4.2 den Werkstoff ändern z.B. Grauguß in Stahl, Stahl in Kunststoff	4.3 z.B. Gefügeänderungen	4.4 Menge (Masse, Volumen, Gewicht) vergrößern, verkleinern

Abb. 10.3 Gestaltvariationsoperationen nach Roth [35]

Im Folgenden werden die Möglichkeiten der numerischen Optimierung in Kombination mit der Additiven Fertigung anhand eines Beispiels veranschaulicht. Weiterführend wird auf weitere Aspekte des Leichtbaus eingegangen.

Topologieoptimierung

Bei der Topologieoptimierung handelt es sich um ein spezielles iteratives numerisches Verfahren aus dem Kontext der Strukturoptimierung. Grundsätzlich ist das Vorgehen dadurch beschrieben, dass für einen gegebenen Bauraum eine optimale Materialverteilung ermittelt wird. Die maßgebliche Designvariable ist dabei eine Pseudodichte des Materials, wobei in einem zusätzlichen Schritt die Materialareale mit sehr geringer Dichte entfernt werden und das Bauteil so in seiner Form und Topologie definiert wird. Im Zuge dieser mathematischen Optimierung kann eine, für gegebene Randbedingungen, optimale Form eines zu konstruierenden Bauteils errechnet werden. Das Verfahren adressiert dabei neben der optimalen Topologie- und Formfindung auch die in Kap. 9 beschriebenen Gestaltungsziele der direkten und kurzen Kraftleitung. In der nachstehenden Abb. 10.4 ist das Verfahren der Topologieoptimierung im Kontext der additiven Fertigung am Beispiel einer Fahrradtretkurbel dargestellt.

10.1 Gestaltung

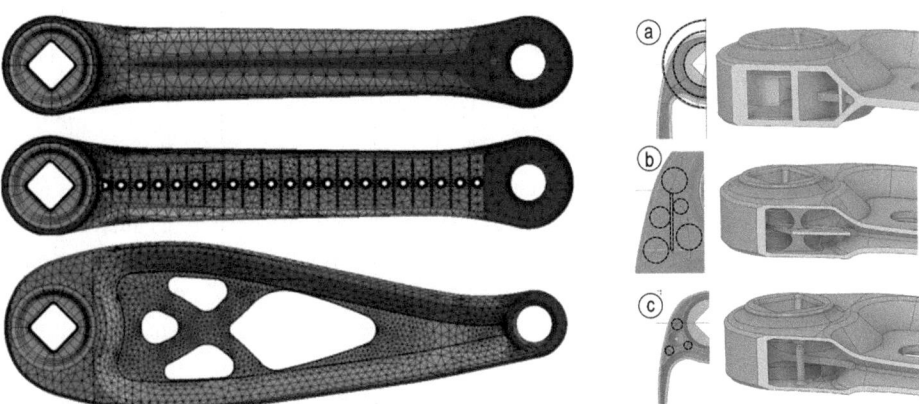

Abb. 10.4 Topologieoptimierte Fahrradtretkurbel: Linksseitig verschiedene Iterationsstufen von oben nach unten; rechtsseitig zugehörige innere Strukturen [101]

Die Optimierung und Umgestaltung führt im ersten Schritt, bei bleibender Außenkontur aber der Integration von inneren Kavitäten zu einer Gewichtsoptimierung bei annähernd gleicher Steifigkeit. Im zweiten Schritt wird das Bauteil größer, passt sich also dem maximal verfügbaren Bauraum an. Dadurch wird, form- und abmessungsbedingt die Biegesteifigkeit zusätzlich erhöht und weiteres Material kann entfernt werden. Zwischen der ersten und dritten Version liegt gewichtsbezogen ein Faktor von 3 zu 1. Durch eine optimierte Materialverteilung und das Hinzufügen von inneren Strukturen wird das Bauteilgewicht wesentlich reduziert. In der Folge kann Energie im Lebenszyklus eingespart werden, da im Betrieb weniger Masse beschleunigt und bewegt werden muss. Durch den verringerten Materialeinsatz ergibt sich außerdem, dass sowohl weniger Ausgangsmaterial benötigt wird, als auch der Umstand, dass der Herstellungsprozess weniger Energie in Anspruch nimmt. Die Topologieoptimierung ist zusammenfassend betrachtet ein wirkungsvolles und effektives Vorgehen, um bei der Gestaltfindung von Bauteilen effizient Material einzusparen und den Energieaufwand im Lebenszyklus zu verringern. Faktoren der Nachhaltigkeit können somit konkret in den Gestaltfindungsprozess einbezogen werden und führen im Vergleich zu konventionellen Verfahren zu einem verbesserten und effizienteren Ergebnis.

Leichtbau
Die Einsparung von Material kann durch verschiedene Arbeitsweisen ermöglicht werden. Eine weit verbreitete Methode ist dabei der Leichtbau, der Ansätze wie Materialsubstitution, Optimierung der Materialverteilung und die Nutzung innerer Strukturen sowie den Einsatz von Verbundmaterialien umfasst. Material gezielter und somit sparsamer einzusetzen, wird aufgrund knapperer Rohstoffquellen immer wichtiger. Durch eine Analyse der Prozesskette lässt sich unnötiger Materialverbrauch erkennen und verhindern. Dies reduziert den Ressourcenverbrauch und oft auch die Folgekosten für

Treibstoff, andere Betriebsmittel und Entsorgung. Viele weitere Produkteigenschaften, wie die Sicherheit und die Geschwindigkeit, die dynamischen Eigenschaften oder auch die Nutzlast werden in erheblichem Maße durch das Gewicht bestimmt. Als Beispiel kann hier der Flugzeugbau herangezogen werden, bei dem die Vision besteht, ein komplettes Produkt aus leichten Materialien und optimierten Strukturen zu konstruieren. Ziel ist dabei, bei minimalem Leergewicht eine maximale Zuladung zu ermöglichen, um den Energieverbrauch zu senken und dadurch sowohl die Kosten als auch den ökologischen Einfluss zu verringern, während gleichzeitig die Reichweite des Flugzeugs erhöht wird. Bei heutigen Großflugzeugen setzt sich das Startgewicht für einen Transatlantikflug zum Beispiel zu je etwa einem Drittel aus Flugzeug, Kerosin und Zuladung zusammen.

Die Berücksichtigung der im Folgenden aufgeführten Gestaltungsrichtlinien zum leichtbaugerechten Gestalten führt zu effizienten und gewichtsgerechten Konstruktionen:

- Möglichst direkte Kraftleitung und Kraftausgleich;
- Realisierung eines möglichst großen Flächenträgheits- bzw. Widerstandsmoments;
- Feingliederung von Strukturen;
- Nutzung der natürlichen Stützwirkung durch Krümmung;
- Gezielte Versteifung von Konstruktionen in den Hauptabmessungsrichtungen;
- Bevorzugung des integrativen Prinzips;
- Einbringung von Holräumen;
- Absolute Ausschöpfung der Konstruktion (gleichmäßige Beanspruchung).

Kraftfahrzeuge mit reduziertem Eigengewicht benötigen insbesondere beim Beschleunigen weniger Energie. Zudem wird beim Bremsen weniger Feinstaub freigesetzt, da die Bremsen weniger belastet werden. Ähnliches gilt auch für die Motorentechnik. Zwar kann Energie primär durch eine verbesserte Verbrennungstechnik oder eine effizientere Steuerung des elektromagnetischen Feldes eingespart werden, jedoch müssen sekundär viele Motorkomponenten ebenfalls beschleunigt und verzögert werden. Daher sollten beispielsweise Kolben und Pleuelstangen so leicht wie möglich konstruiert werden.

Auch bei einem Waschvollautomaten beruht der Stromverbrauch auf dem Antrieb der rotierenden Teile sowie dem Erhitzen des Waschwassers. Daraus ergeben sich verschiedene Ansätze zur Einsparung, wie die Senkung der Waschtemperatur, die Reduzierung von Bewegungen, die Verwendung leichterer Bauteile und die Verbesserung der Isolierung. Dabei stellen sich anspruchsvolle Herausforderungen, wenn die Hauptfunktionen des Waschens und Schleuderns gewahrt bleiben sollen.

Weitere Gestaltungsrichtlinien sind im Standardwerk *Pahl/Beitz* [102] zu finden.

10.2 Additive Fertigung

Additive Fertigung bedeutet die automatisierte Herstellung von Bauteilen basierend auf digitalen Modellen, indem Material voxel- oder schichtweise aufgebracht und entsprechend der digital definierten Bauteilgeometrie verbunden wird. Dabei erfolgt die Materialverbindung durch Schweißen, Schmelzen, Verkleben, UV-Aushärten oder Ähnliches. Ökobilanzierungen additiv gefertigter Bauteile zeigen die Potenziale dieser Technologie im gesamten Produktlebenszyklus mit Hinblick auf Nachhaltigkeitsaspekte auf. Dies gilt gleichermaßen für die Effektrealisierung, Produktion, Logistik, sowie Energieeffizienz und Ressourcenschonung während der Nutzungsphase, der Wartung und Reparatur und gegebenenfalls für das Recycling. Dabei unterliegen sowohl die Entwicklung der Prozesse und Maschinen für die additive Fertigung als auch die Materialentwicklungen sowie die entsprechenden Anwendungsfelder und Märkte weiterhin einem dynamischen Entwicklungsprozess. Dies führt zu stetig neuen Lösungen und Anwendungsfeldern aber auch Kostenreduktionen und Zuverlässigkeitsgewinn.

Der industrielle Einsatzbereich der Additiven Fertigung lässt sich gegenwärtig in drei annähernd gleich große Sektoren unterteilen: den Bau von Prototypen, den Vorrichtungs- und Werkzeugbau sowie das Direkt Manufacturing. Anwendung findest das Verfahren primär bei der Herstellung von Prototypen oder Produkten geringer Stückzahlen. Als Materialien für additiv zu fertigende Bauteile kommen vor allem Metalle und Kunststoffe, aber auch Keramiken oder Gläser in Frage. Neuere Forschung fokussiert außerdem Materialgradierungen und Multimaterialbauteile. In Abb. 10.5 sind relevante additive Fertigungsverfahren, zugehörige Charakteristika sowie verfahrensspezifische Ausprägung zur Übersicht aufgeführt.

Anwendungen der Additiven Fertigung finden sich bei der Herstellung individueller Implantate wie etwa Zahnersätzen, Ohreinsätzen, Hörgeräten oder individualisierten Exoprothesen. Weitere exemplarisch ausgewählte Beispiele sind in der nachstehenden Auflistung aufgeführt:

- Reparaturen hochwertiger Investitionsgüter durch konturfolgendes Auftragsschweißen sind Stand der Technik, beispielsweise für die Instandsetzung von Turbinenschaufeln.
- Additiv gefertigte Werkzeugeinsätze mit optimierten inneren Kühlstrukturen werden häufig eingesetzt, um innere Spannungen und den Verzug von Bauteilen zu reduzieren oder um kürzere Zykluszeiten zu realisieren.
- Große Getriebegehäuse können mittels additiver Fertigung ohne konventionelle Werkzeuge und aufwendige Formen direkt aus Metall hergestellt werden.
- Hochfunktionsintegrierte Leichtbauteile für die Luft- und Raumfahrt, wie beispielsweise Ventilblöcke, werden für verschiedene Weltallmissionen eingesetzt.
- (Gebäude-)Strukturen aus Mondgestein könnten direkt auf dem Mond gefertigt werden.

Gliederungsteil			Hauptteil		Zugriffsteil							
Aggregatzustand	Form	Bindungs-mechanismus	Bezeichnung		Kunststoff	Metall	Keramik	Schichtdicke [µm]	Stützstruktur	Kammergebunden	Multimaterialfähigkeit	Bauraum
Fest	Pulver	Verschmelzen	Pulverbettbasiertes Schmelzen (PBF)	Laser-Sintern	X	X	X	< 10		Ja	Begrenzt	mittel
				Laser Powder Bed Fusion		X		10-100	X	Ja	Begrenzt	mittel
				Elektronen-Strahlschmelzen		X		10-100	X	Ja	Begrenzt	klein
			Materialauftrag mit gerichteter Energieeinbringung (DED)	Laser-Pulver-Auftragsschweißen		X	X	>200		Nein	Ja	mittel
		Binder	Freistrahl-Bindemittelauftrag (BJT)	3D-Druck / Binder Jetting	X	X	X	> 100		Ja	Nein	groß
	Strang	Verschmelzen	Materialextrusion (MEX)	Schmelzschichtung	X			10-100	X	Nein	Ja	groß
				Fused Layer Modeling								
				Laser-Draht-Auftragsschweißen		X		>200		Nein	Ja	mittel
	Folie	Verkleben	Schichtlaminierung (SHL)	Layer Laminated Manufacturing	X	X	X	10-100	X	Ja	Nein	groß
Flüssig	Flüssigkeit	UV	Bedbasierte Photopolymerisation (VPP)	Stereolithografie	X		X	< 10	X	Ja	Nein	groß
				Zwei-Photonen-Polymerisation	X	(X)		< 1		Ja	Nein	klein
				Digital Light Processing	X			10-100	X	Ja	Nein	mittel
			Freistrahl-Materialauftrag (MJT)	Multi-Jet Modeling	X		X	10-100	X	Ja	Ja	mittel

Abb. 10.5 Konstruktionskatalog Additiver Fertigungsverfahren

In Abb. 10.6 sind Nachhaltigkeitspotenziale der Additiven Fertigung verschiedenen Lebenszyklusphasen eines Produktes zugeordnet.

- **Entwicklung**: Die optimierte Effektrealisierung durch Gestaltungsfreiheiten ermöglicht es, zum Beispiel kraftflussangepasst zu gestalten, die Bauteiltopologie zu optimieren, Verluste zu minimieren, innere Strukturen und Strömungskanäle zu integrieren, Schwingungen besser zu beherrschen, Wärmeübergänge zu optimieren, eine hohe Funktionsintegration zu erreichen und vieles mehr. Durch die fortschreitende Technologieentwicklung wird es künftig möglich sein, Bauteileigenschaften mittels Multimaterialien oder gradierter Materialien lokal noch gezielter zu optimieren.
- Durch die werkzeuglose Fertigung sowie die Umsetzung von Nearshape-Geometrien, dünnen Wänden und inneren Hohlräumen kann im **Herstellungsprozess** sowohl Zeit als auch Material eingespart werden.
- In der **Logistik** und beim **Transport** ergeben sich vielfältige Potenziale. Durch die Just-in-Time-Fertigung direkt vor Ort lassen sich Zeit und Energieaufwendungen für

10.2 Additive Fertigung

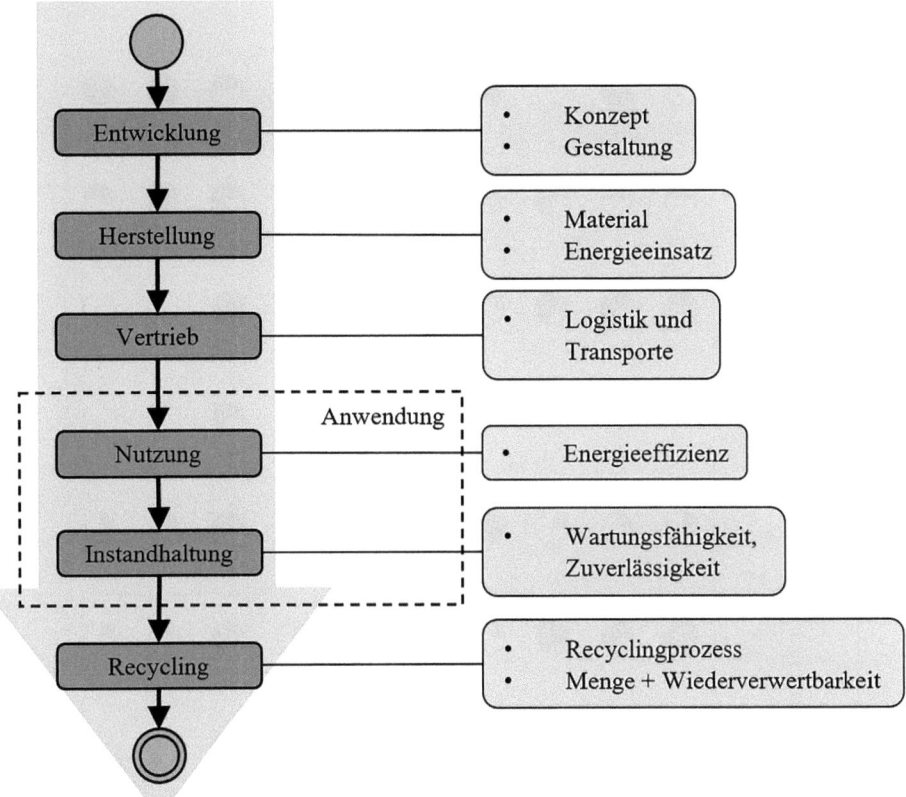

Abb. 10.6 Nachhaltigkeitspotenziale der Additiven Fertigung

Transport und Lagerhaltung reduzieren. Zudem können Handhabungstechnik und Verpackungen individuell, einfach und schnell gedruckt werden.
- Energieeinsparungen in der **Nutzung** können auf Leichtbau, aber auch besser realisierten Effekten beruhen. Weitere Potenziale ergeben sich durch Design, Ergonomie und Mass-Customization im Allgemeinen.
- Was für die Logistik im Allgemeinen gilt, trifft insbesondere auch auf die **Instandhaltung** (Wartung und Reparatur) zu. Additiv gefertigte Ersatzteile können Just in Time und direkt vor Ort hergestellt werden, was die Zeit und den Energieaufwand für Transport und Lagerhaltung erheblich reduziert.
- Im Bereich des Recyclings, insbesondere von Prozessabfällen, gibt es umfangreiche Forschungsaktivitäten. Allgemein kann festgestellt werden, dass Material in der Regel wiederaufbereitet und in einem nächsten Produktionszyklus wiederverwendet werden.

Abb. 10.7 zeigt Gestaltungsziele und additiv gefertigte Bauteile aus exemplarischen Projekten.

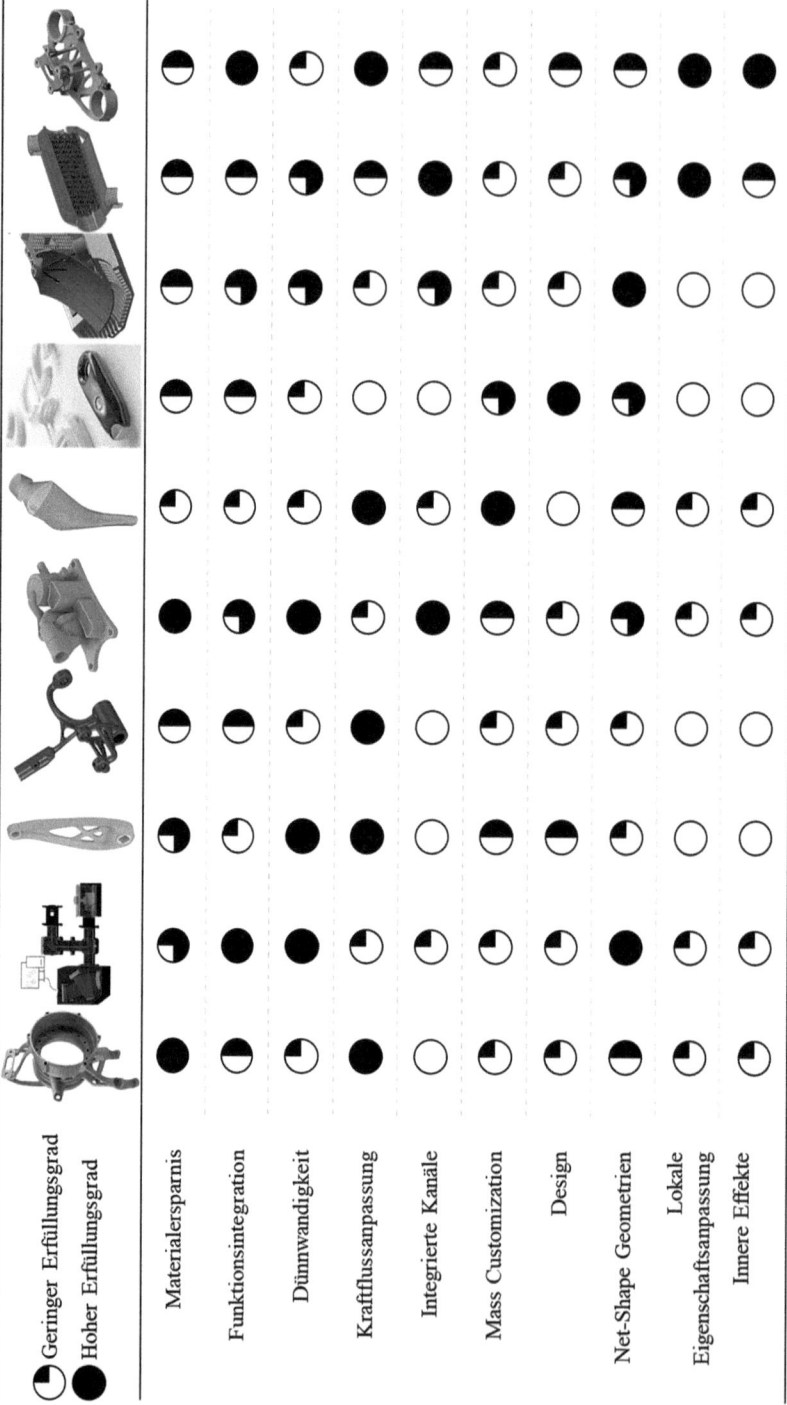

Abb. 10.7 Gestaltungsziele und Bauteilrealisierung [101]

10.3 Biobasierte Materialien, Verbundwerkstoffe und Holz

Grundsätzlich gilt, dass ein Werkstoff dann als biobasiert bezeichnet werden kann, wenn es sich dabei um ein von Biomasse abgeleitetes Produkt handelt [103]. Biomassen sind dabei Stoffe biologischen Ursprungs, ohne geologische oder fossile Quellen, wie beispielsweise Tiere oder Pflanzen. Nachwachsende Rohstoffe sind Biomassen, die in unterschiedlichen Formen sowohl stofflich als auch energetisch verwendet werden können, wobei Nahrungsmittel nicht dazu gehören. Ein biobasiertes Produkt entsteht somit durch die stoffliche Nutzung dieser nachwachsenden Rohstoffe als Werkstoffe und kann vollständig oder auch anteilig aus Biomasse bestehen [104]. Abb. 10.8 bietet eine Übersicht über die Nutzung nachwachsender Rohstoffe.

Weiterführend soll sich schwerpunktmäßig mit biobasierten Verbundwerkstoffen und in diesem Zusammenhang explizit mit Biokunststoffen auseinandergesetzt werden. Diese sind in Abb. 10.8 grün gekennzeichnet.

Verbundwerkstoffe
Von Verbundwerkstoffen wird immer dann gesprochen, wenn mindestens zwei Materialien zu einem Werkstoff verbunden werden. Dieser besteht in der Regel aus einer Kunststoffmatrix sowie einem weiteren Stoffanteil, beispielsweise natürlichen Verstärkungsfasern oder Holz. Die Kunststoffmatrix besteht in der heutigen Anwendung zumeist aus

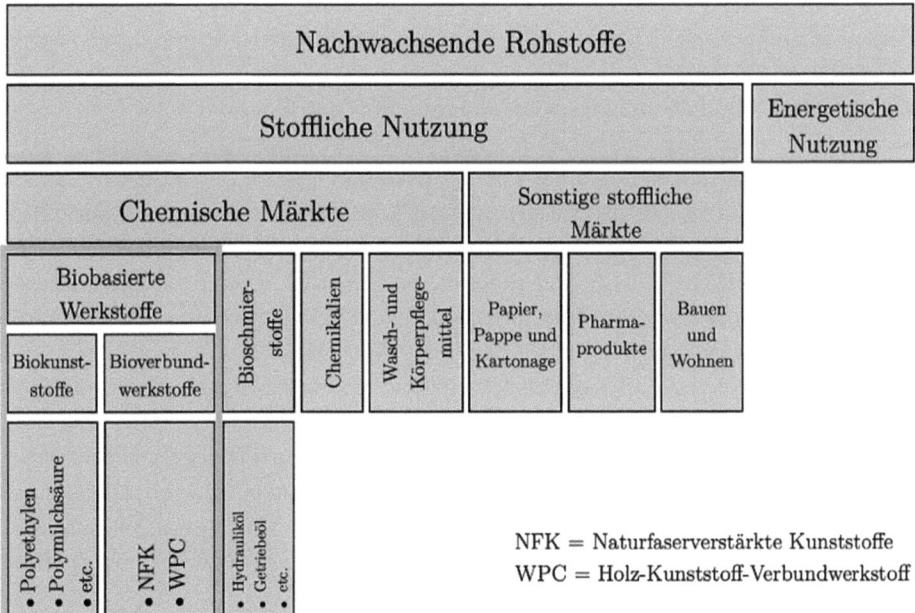

Abb. 10.8 Nutzung nachwachsender Rohstoffe. (Eigene Darstellung in Anlehnung an Saulich [104])

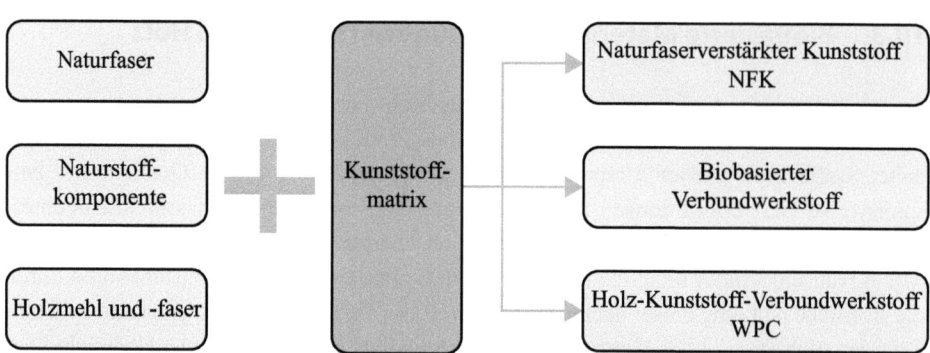

Abb. 10.9 Aufbau und Varianten von Bioverbundwerkstoffen. (Eigene Darstellung in Anlehnung an Saulich [104])

thermoplastischen oder duroplastischen Materialien. Sobald biologische Komponenten im Verbundwerkstoff integriert werden, kann von Bioverbundwerkstoffen gesprochen werden. Dieser Zusammenhang ist in der nachstehenden Abb. 10.9 schematisch dargestellt und um typische Varianten bei der Erzeugung von Verbundwerkstoffen erweitert.

Zunächst werden Naturfaserverstärkte Kunststoffe (kurz: NFK) betrachtet. Diese Werkstoffverbunde bestehen aus natürlich vorkommenden Verstärkungsfasern, die in eine Polymermatrix eingebettet sind. Das Konzept wird bereits erfolgreich eingesetzt, um die Steifigkeit, Festigkeit und Schlagzähigkeit von Materialien zu verbessern. Solche Verbundwerkstoffe bringen im Vergleich zu traditionellen Alternativen jedoch einige Herausforderungen mit sich, was auf die Unterschiede zwischen Naturfasern und technischen Fasern zurückzuführen ist. Diese ergeben sich insbesondere aus Geometrie, chemischer Struktur, Qualitätsstreuungen der Naturfasern, Zuverlässigkeit unter Umgebungsbedingungen sowie einer im Vergleich zu Glas- oder Kohlefasern geringeren Festigkeit. Im Konstruktions- und Gestaltungsprozess muss dieser Umstand gesondert berücksichtigt werden [105]. Für naturfaserverstärkte Kunststoffe kommen als Fasern Hanf, Flachs, Jute, Sisal sowie weitere zur Anwendung. Diese Materialien liefern Stabilität und Steifigkeit bei geringer Masse und mittlerer mechanischer Belastbarkeit. Naturfasern zählen zu den nachwachsenden Rohstoffen und bieten Vorteile wie eine hohe Verfügbarkeit, einen geringen Energiebedarf in der Herstellung sowie eine unkomplizierte Entsorgung bei Verwendung einer geeigneten biobasierten Matrix in ihren Verbunden. Darunter fallen beispielsweise Stärke, Zucker, Zellulose oder Kunststoffe wie Polyethylen [106]. Als kostengünstiges Herstellverfahren eignet sich bis zu einem maximalen Faseranteil der Spritzguss. Bei noch höheren Anforderungen an die Festigkeit kommen auch Verfahren wie bei anderen Faserverbundteilen zum Einsatz – Legen, Wickeln, Aushärten von Harzen. Beispiele für die Anwendung finden sich vielfach im Bereich der Auskleidungs- und Dämmungstechnik im Automobilbau.

Ein weiterer Fokus soll nachstehend auf sogenannte Wood-Plastic-Composites (kurz: WPC) gelegt werden. Die übersetzt auch Holz-Polymer-Werkstoffe genannten Werkstoffe basieren auf Holzmehl und kurzen Fasern, welche mittels biobasierter Kunststoffe gebunden werden und sich so für die Herstellung preisgünstiger und durch Spritzgießen oder Extrusion fertigbarer Bauteile geringer Festigkeit eignen. Beispielhafte Produkte aus WPC sind Terrassenböden, Bodendielen oder Dämmungen [107].

Weitere Beispiele für biobasierte Materialien sind Pflanzenöle wie Rapsöl, Sonnenblumenöl, Palmöl oder auch Rizinusöl, welche als Brennstoff oder Grundlage für biologische Schmierstoffe dienen können. Sie werden aber, mit geeigneten katalytischen Reaktionen, potenziell auch zur Erzeugung von beispielsweise Estergruppen für die Produktion von Polyethylen (PE) eingesetzt.

Forschungsprojekte haben zur Aufgabe, *Bio-PPT* und *Bio-PBT* mit Cellulosefaserverstärkung zur technischen Verwendung zu entwickeln, welche in ihren Eigenschaften fossile und Glasfaser basierte Materialien übersteigen können. Von besonderem Interesse ist dabei auch der Themenbereich des Leichtbaus, welcher insbesondere in der Automobil- und Elektronikindustrie von Bedeutung ist, um Energie zu sparen und die Handhabung zu erleichtern. In diesen Forschungsprojekten konnten unter anderem Produktmuster und Bioverbundwerkstoffe für unterschiedliche Anwendungsbereiche mit vergleichsweise guten technischen Eigenschaften entwickelt und getestet werden. Eine breite Verwendung mit großen Mengen konnte bisher jedoch nicht bestätigt werden [108].

Zusammenfassend lässt sich feststellen, dass im Bereich der Bio-Materialien, der biobasierten Verbundwerkstoffe und anderer biobasierter Rohstoffe ein erhebliches Potenzial zur nachhaltigen beziehungsweise nachhaltigeren Gestaltung von Produkten existiert. Anhand der hier gewählten Beispiele wird ersichtlich, dass die technische Nutzung biobasierter Materialien in vielen Bereichen durchaus realisierbar ist. Es mangelt jedoch häufig an validierten Werkstoffkennwerten, Gestaltungsrichtlinien und Dimensionierungsregeln sowie an der Klärung von Zulassungsfragen und Zuverlässigkeitsaspekten. Auch in Hinblick auf langfristige Umwelteinwirkungen liegen derzeit nur begrenzte Erfahrungen vor.

Holz

Historisch spielen Konstruktionen aus Holz eine bedeutende Rolle in der technischen Entwicklung. Windmühlen, Schiffe, Flugzeuge, Fahrzeugkarosserien wurden teils über Jahrhunderte aus Holz gefertigt und werden es partiell immer noch. Während Holz im Bauwesen nach wie vor einen bedeutenden Rohstoff darstellt, stellt sich die Frage, in welchen Bereichen des Maschinenbaus die Potenziale dieses Materials liegen und wie Bauteile entsprechend gestaltet werden sollten. Durch den Einsatz von Holz als Werkstoff lassen sich Probleme wie die Verknappung von fossilen Rohstoffen oder die globale Erwärmung adressieren. Der kontinuierliche Kreislauf des Pflanzens, Wachsens, Fällens und Verwertens von Holz kann ein wesentlicher Bestandteil kreislauforientierter, nachhaltiger Entwicklungsprozesse sein. Durch verschiedene Ansätze und Bemühungen, die Vorteile von Holz als Konstruktionswerkstoff zu nutzen, können mineralische Ressourcen langfristig substituiert werden, womit ein maßgeblicher Beitrag zur Nachhaltigkeit geleistet werden könnte [109].

Bei einem ersten Blick auf nachhaltigkeitsrelevante Aspekte moderner Holzwerkstoffe können verschiedene Vorteile gegenüber konventionellen Alternativen wie Metallen oder Kunststoffen festgehalten werden. So sind holzbasierte Werkstoffe, wie moderne Holzmaterialien oder auch Holz-Polymer-Verbundwerkstoffe, bei einem vergleichbar geringen Gewicht technisch stabil, belastbar und durch eine inhärent wirkende Schwingungsdämpfung sowie durch eine verringerte Lärmemission gekennzeichnet. Je nach Anwendungsfall kann eine Reduktion des Bauteilgewichts von bis zu 50 % gegenüber metallischen Werkstoffen erreicht werden. In der Folge ergeben sich Potenziale für Leichtbau-Anwendungen. Weitere Vorteile resultieren aus der Korrosionsbeständigkeit und einer vergleichsweise geringen Temperaturleitfähigkeit sowie Temperaturdehnung von Holz. Das BMWK schätzt in einer Ausarbeitung, dass der Treibhausgasausstoß bei der Verwendung und Herstellung von Holzwerkstoffen gegenüber konventionellen Lösungen um 90 % und mehr gesenkt werden kann. Darüber hinaus wird beschrieben, dass der Verbrauch fossiler Rohstoffe um 40–59 % gesenkt werden kann, wenn biobasierte Werkstoffe wie Holz zum Einsatz kommen. Des Weiteren wird festgehalten, dass die Ressourceneffizienz durch das Vermeiden von Abfällen und das Verwerten holzbasierter Abfälle erheblich gesteigert werden kann [110].

Dass der Einsatz von Holz als modernem Werkstoff relevanter werden muss und konsequenterweise wissenschaftlich intensiver erforscht werden sollte, zeigt sich auch bei einem Blick auf den Stand der Forschung und Wissenschaft. Im Zuge des Verbundvorhabens „Holzbasierte Werkstoffe im Maschinenbau (HoMaba)" wurde der Einsatz von Holzwerkstoffen im Maschinenbau von neun Forschungsinstituten intensiv untersucht und wissenschaftlich aufgearbeitet. Das maßgebliche Anliegen des Projekts war es, Holz als nachhaltigen und verfügbaren Konstruktionswerkstoff stärker zu erforschen, um so einen Beitrag zu einer klimapositiveren Industrie leisten zu können und Möglichkeiten für Absatzmärkte im Anlagen- und Maschinenbau zu ergründen. Im Rahmen verschiedener Teilprojekte wurden Kennwerte, Ansätze und Sicherheitskonzepte so an Anforderungen des Maschinenbaus angepasst, dass zuverlässige Aussagen zu Bauteilen aus Holzwerkstoffen abgeleitet werden konnten. Die konkreten Inhalte der Teilprojekte waren das Ermitteln von Kennwerten für Holzmaterialien, das Entwickeln von Berechnungs- und Simulationskonzepten, die Entwicklung von Prüfmethoden, die Validierung der Ergebnisse anhand geeigneter Demonstratoren, die Erstellung von Kennwert-Datenbanken sowie der Wissenstransfer [111].

Trotz des Potenzials von Holz als Baumaterial erfolgt dessen Anwendung heute nur zögerlich und oftmals nicht erfolgreich. Im Jahr 2012 wurde beispielsweise ein aus Holz gefertigter Windkraftturm namens *Timber Tower*, als der erste dieser Bauart, von der *Vensys Energy AG* in Hannover errichtet. Der Prototyp, erkennbar an seinem facettierten Querschnitt, steht direkt an der Autobahn A2. Aufgrund der signifikanten Leistungssteigerung und des Größenwachstums moderner Windkraftanlagen werden jedoch aus Belastungsgründen alle neuen Anlagen mit Türmen aus Stahl oder Beton-Stahl-Kombinationen errichtet, um die erforderliche Stabilität zu gewährleisten. Gleichwohl gibt es verschiedene Bemühungen, vor allem aufgrund ökologischer Vorteile, das Konzept der Holztürme für weitere Windkraftanlagen zu nutzen [112].

Ein weiteres Beispiel stammt aus dem Bereich der Logistik. Die Firma *ligenium* verarbeitet Holz als hauptsächlichen Werkstoff und produziert in diesem Zusammenhang Ladungsträger. Der Fokus liegt auf der Nutzung von Holz als leichteres und umweltfreundlicheres Material, das eine CO_2-neutrale Produktion ermöglicht. Die Firma nutzt Holz, um Transportwagen zur Bewegung von verschiedensten Bauteilen im Bereich der Intralogistik zu produzieren. Der Wagen wiegt in der Folge nur 145 kg, während vergleichbare Modelle aus Metall rund 400 kg wiegen. Diese Gewichtsersparnis führt nicht nur zu geringeren Transportkosten, sondern auch zu einer Reduktion des Energieverbrauchs und der CO_2-Emissionen [113].

Ein exemplarisches Beispiel für die beschriebene Anwendung von Holz im Maschinenbau – hier im Freizeitsport – ist das Holzfahrradkonzept von *Niko Alber* aus dem Jahr 2015. In diesem Entwurf, bekannt als *Timber Bicycle*, bildet dünnes Eichenfurnier den dreiteiligen Fahrradrahmen. Die Konstruktion nutzt die federnden und elastischen Eigenschaften des Holzes, um Vibrationen zu absorbieren, wodurch auf unebenen Stadtstraßen ein komfortabler Federeffekt erreicht wird. Eichenholz wird aufgrund seiner vorteilhaften mechanischen Eigenschaften gewählt, darunter hohe Festigkeit, Elastizität und Absorptionsvermögen. Darüber hinaus zeichnet sich Eichenholz durch gute Eigenschaften in den Bereichen Druckfestigkeit, Langlebigkeit und Witterungsbeständigkeit aus. Die Verfügbarkeit von Eiche in Europa ergänzt die Vorteile dieser Materialwahl zusätzlich. Die Fertigungsmethode, die auf dem Einsatz vieler einzelner Eichenfurnierschichten basiert, ermöglicht hohe Gestaltungsfreiheit und eine gezielte Positionierung der Federungsfunktionalität im Produktionsprozess. Aluminiumverbindungen werden eingesetzt, um den Holzrahmen funktional zu ergänzen und sich harmonisch in das Gesamtdesign zu integrieren. Neben der Entwicklung dieses Designfahrrads gibt es eine Vielzahl weiterer Modelle, darunter die sogenannten *Straßencruiser* der Firma *My Esel* oder für den Geländeeinsatz optimierte Fahrräder von *Cyclowood*.

In einer abschließenden Bewertung des Materialeinsatzes sollten mehrere Faktoren allerdings kritisch betrachtet werden. Dazu gehört das Verhältnis von materiellem Einsatz zur erreichten Funktionalität. Zudem ist ein Vergleich der Lebensdauer des Endprodukts mit der Regenerationszeit der verwendeten Holzressourcen relevant. Die CO_2-Bilanz spielt ebenfalls eine entscheidende Rolle im Kontext der Nachhaltigkeit. Weiterhin sollten die Möglichkeiten, Holz durch schnell nachwachsende natürliche Materialien wie Bambus, Hanf und Flachs zu ersetzen, sorgfältig geprüft werden.

In Zusammenfassung lässt sich festhalten, dass im Kontext des konstruktiven Einsatzes von Holz im Maschinenbau ein erhebliches Potenzial zur nachhaltigen oder nachhaltigeren Gestaltung von Produkten vorhanden ist. Die dargelegten Ausführungen und Beispiele verdeutlichen, dass der Einsatz holzbasierter Materialien technisch in zahlreichen Anwendungsfeldern realisierbar und sinnvoll ist, insbesondere wenn nicht die Maximierung der Leistung im Vordergrund steht, sondern eine ausgewogene Berücksichtigung aller Aspekte der Nachhaltigkeit. Im Vergleich zu kunststoffbasierten und metallischen Werkstoffen lässt sich bei der Verwendung von Holz eine verbesserte CO_2-Bilanz sowie eine insgesamt optimierte Umweltbilanz nachweisen. Holz zeichnet sich zudem durch eine hohe Verfügbarkeit und eine angemessene Wiederverwendbarkeit aus. Im Rahmen einer kreislaufwirtschaftlichen Perspektive kann Holz nach der primären Nutzung nicht nur auf sinnvolle Weise wiederverwendet werden, sondern es kann auch biologisch abgebaut oder energetisch verwertet werden.

Produktnutzungsdauer 11

Die Nutzungsdauer von Produkten hat einen wesentlichen Einfluss auf den Ressourcenverbrauch im gesamten Lebenszyklus ganzer Produktgenerationen. Daraus resultieren unterschiedliche Strategien zur Bekämpfung von Obsoleszenz (das gezielte Verkürzen der Produktlebensdauer), einschließlich rechtlicher Instrumente. Durch diese können Vorgaben oder Anreize gesetzt werden, welche eine längere Verwendung von Produkten ermöglichen. Zudem sind sinnvollere Nutzungsdauern möglich. Die Festlegung technischer Kenngrößen bietet die Möglichkeit einer besseren Überwachung der Lebensdauer von Produkten. Somit werden Mindestanforderungen wie statistische Lebensdauerangaben den Produkten fest zugeschrieben. Diese werden beispielsweise durch Marküberwachungsbehörden geprüft. Angaben dieser Art sind bereits bei einigen Produktgruppen durch Ökodesign-Verordnungen vorgeschrieben. Beleuchtungen und Leuchtmittel sind hierbei ein klassisches Beispiel.

Seitens der Verbrauchenden wäre die Einführung verlängerter Herstellungsgarantien eine Lösung, um die Produktnutzungsdauer zu verlängern. Durch die Garantiedauer dokumentieren die Herstellungsbetriebe das Vertrauen in eigene Produkte und bieten eine bessere Entscheidungsgrundlage zum Kauf eines Produktes. Derzeit sind die gesetzlichen Gewährleistungsfristen auf zwei Jahre nach Erhalt der Ware begrenzt. Für Verbrauchende stellt dies ein erhebliches Risiko dar, insbesondere bei Produkten wie Haushaltsgroßgeräten, die üblicherweise eine deutlich längere Lebensdauer aufweisen. Die aktuellen Fristen entsprechen daher nicht den Erwartungen an die Lebensdauer dieser Produkte. Bessere Rahmenbedingungen sollten geschaffen werden, um Reparaturen durch gewerbliche Betriebe und private Initiativen zu fördern. Es bedarf der Entwicklung von Vorschlägen zur Verbesserung gesetzlicher Vorgaben und der Optimierung von Kostenstrukturen. Im Fokus sollten besonders die Verfügbarkeit von Ersatzteilen inklusive deren Lieferzeiten, die Preisgestaltung sowie der Zugang zu relevanten Reparatur- und Wartungsinformationen stehen, da hier häufig Verbesserungsbedarf besteht. Zur Förderung langlebiger Produkte und um geplante Obsoleszenz für Hersteller unattraktiv zu gestalten, wurde in Frankreich das absichtliche Verkürzen der Produktlebensdauer als Straftatbestand eingeführt. Dort können Betriebe rechtlich belangt werden, wenn die Lebensdauer eines Produktes vorsätzlich verkürzt wird, um schnellere Neukäufe zu erzielen. Würde in Deutschland eine Bestrafung für „geplante Obsoleszenz" eingeführt, hätte dies vor allem eine symbolische Bedeutung.

Darüber hinaus ist und bleibt es jedoch von entscheidender Bedeutung, dass insbesondere langlebige Produkte hinsichtlich möglicher Gefährdungen und Schäden für Menschen, Einrichtungen und Umwelt sicher sind und keine Bedrohung darstellen. Im Folgenden werden einige Begriffe im Kontext der Zuverlässigkeit, die relevant für dieses Kapitel sind, definiert.

- **Bedrohung:** Es handelt sich um potenzielle Ereignisse, durch deren Eintreten negative Auswirkungen entstehen können.
- **Schaden:** Ein Schaden umfasst die Beeinträchtigung der menschlichen Gesundheit, der Umwelt sowie materielle und immaterielle Verluste.
- **Risiko:** Ein Risiko ist die Kombination aus Wahrscheinlichkeit und Konsequenz eines Ereignisses.
- **Zuverlässigkeit:** Die Zuverlässigkeit beschreibt die Kombination von erfüllten Eigenschaften und Leistungen, die gewährleistet, dass ein Produkt über seine vorgesehene oder erwartete Lebensdauer hinweg stets verlässlich und bestimmungsgemäß verwendet werden kann.

Zu Beginn einer Entwicklung werden stets angemessene **Zuverlässigkeits-**, **Verfügbarkeits-** und **Sicherheitsziele** festgelegt. Kriterien dafür sind akzeptierbare Risiken, tolerierbare Ausfallhäufigkeiten und Ausfallzeiten sowie die verbundenen Lebenszykluskosten.

Wenn grundlegende Basistechnologien obsolet werden und durch neue, effizientere Technologien ersetzt werden, oder wenn das Personal nicht mehr über die erforderlichen Kenntnisse für den sicheren Betrieb von Anlagen verfügt, ergeben sich zusätzliche Herausforderungen. Technologiezyklen können erheblich variieren, wobei sie sich wie beispielsweise in der Halbleiterindustrie innerhalb weniger Jahre vollziehen, während sie in der Atomindustrie über mehrere Dekaden andauern können. Dies wirft die Frage auf, wie mit technologisch überholten Produktgenerationen umgegangen werden sollte und zu welchem Zeitpunkt diese spätestens außer Betrieb genommen werden müssen.

Auch aus ökonomischer Perspektive stellt sich die Frage nach der optimalen Produktlebensdauer, insbesondere in Bezug auf die Abwägung der heutigen Aufwendungen gegenüber einem potenziellen Nutzen in ferner Zukunft. Die Bestimmung dieser optimalen Lebensdauer und deren mögliche Erweiterung unter Berücksichtigung ökologischer Aspekte ist angesichts des kontinuierlichen technischen und menschlichen Fortschritts eine komplexe Herausforderung. Abb. 11.1 erläutert in diesem Kontext die Begriffe Zuverlässigkeit, Sicherheit, Verfügbarkeit und Instandhaltbarkeit.

Zuverlässigkeit	Sicherheit	Verfügbarkeit	Instandhaltbarkeit
• Wahrscheinlichkeit für Ausfall während definierter Zeitdauer unter gegebenen Funktions- und Umgebungsbedingungen	• *Deterministisch* als Abwesenheit falls keine Schäden auftreten können • *Probabilistisch* als ange-messene Sicherheit falls ein tolerierbares Risiko vorliegt	• Wahrscheinlichkeit für funktionsfähigen Zustand eines Systems zu Zeitpunkt / in einer Zeitspanne bei vorschriftsmäßiger Wartung und Instandhaltung	• Wahrscheinlichkeit für einen geringeren zeitlichen Aufwand für eine Reparatur oder Wartung als in einem vorgegeben Intervall
→ Wie viele Störungen, Unterbrechungen, Reparaturen sind zu erwarten?	→ Wie viele gefährliche Ausfälle sind zu erwarten?	→ Wie groß ist die Chance, dass das System gerade dann funktioniert, wenn dies verlangt wird?	→ Sind Bauteile einfach tauschbar, reparierbar, prüfbar?

Abb. 11.1 Produktverhalten über die Nutzungsdauer

Im Folgenden sollen die Aspekte Zuverlässigkeit, Instandhaltung, kontinuierliche Verbesserung und die Vision vom „Ewigen Produkt" aus technischer Sicht näher betrachtet werden.

11.1 Zuverlässigkeit

Die Zuverlässigkeit eines technischen Produkts beschreibt, wie zuverlässig eine dem Produkt oder einem System zugewiesene Funktion innerhalb eines bestimmten Zeitraums ausgeführt wird. Da sie einem stochastischen Prozess unterliegt, kann die Zuverlässigkeit qualitativ oder quantitativ mittels der Überlebenswahrscheinlichkeit beschrieben werden, ist jedoch nicht direkt messbar und real auch für gleiche Produkte nicht identisch.

Zuverlässigkeit ist ein grundlegendes Merkmal aller technischen Produkte, sodass kein technisches Produkt vollständig sicher vor Ausfällen ist und letztlich irgendwann ausfallen wird. Die Zuverlässigkeit eines Produkts kann entweder rechnerisch, durch die Ermittlung der Ausfallhäufigkeit, oder analytisch, durch die Ableitung der Zuverlässigkeitswerte der einzelnen Komponenten des Produkts, bestimmt beziehungsweise abgeschätzt werden. Für einfache technische Geräte wird üblicherweise der empirische Ansatz gewählt. Komplexere Systeme hingegen (Automobil, Kraftwerk, Bahn, Flugzeug) können nur analytisch hinsichtlich gefährlicher Zustände in einem Zuverlässigkeitsnachweis betrachtet werden. Für die Zuverlässigkeitsanalyse werden Modelle wie das Fehlerbaum- und Ereignisbaummodell sowie die Fehlermöglichkeits- und Einflussanalyse (kurz: FMEA) genutzt. Diese Modelle bilden die Ausfallstruktur eines Gesamtsystems ab und ermöglichen deren Berechnung. Die Zuverlässigkeit oder Versagenswahrscheinlichkeit des Gesamtsystems wird anhand der Ausfallraten der einzelnen Komponenten berechnet. Komplexe Zuverlässigkeitsanalysen erfordern ein erfahrenes Team, eine sorgfältige Planung aller notwendigen Schritte, eine geeignete Zuverlässigkeitsdatenbasis und eine spezielle Software. Die Vorgehensweise und die Details sind in den Normen VDI 4003 und IEC 60300 umfassend beschrieben. Beispielsweise VDI 4003 bietet zudem einen umfassenden Überblick der heute eingesetzten analytischen Methoden.

Software-Zuverlässigkeit bezeichnet die Wahrscheinlichkeit, dass eine Software-Anwendung über einen festgelegten Zeitraum unter spezifischen Umgebungsbedingungen fehlerfrei funktioniert. Im Gegensatz zu Hardware unterliegt Software keinem Verschleiß, da sie immateriell ist. Daher ist die Fehlerrate von Software nicht vom Alter der Software oder von der Häufigkeit ihrer Nutzung abhängig. Grundsätzlich werden drei verschiedene Fehlerarten von Software unterschieden:

- **Fehlerhafte Anforderung:** Dabei treten Fehler in der Software-Anforderung auf.
- **Auslegungsfehler:** Hierbei handelt es sich um eine fehlerhafte Auslegung in Bezug auf die spezifizierte Anforderung.
- **Programmfehler:** Fehler in der Programmierung, die in Bezug auf die Übereinstimmung mit dem Software-Entwurf auftreten.

Vor der Testung von Software muss diese stets in Hardware implementiert werden. Bei der Identifizierung von Fehlern ist es daher notwendig, die Ursache präzise zu bestimmen, um festzustellen, ob der Fehler durch die Hardware, die Software oder deren Interaktion hervorgerufen wird. Softwarefehler, die während der Entwicklungsprüfungen nicht entdeckt und behoben wurden, sind als verdeckte Fehlermechanismen vorhanden und treten nur unter bestimmten Systembedingungen auf. Mit zunehmender Nutzung des Systems steigt die Wahrscheinlichkeit, diese latenten Fehler zu erkennen. Sobald sie behoben werden, verringert sich die Fehlerrate der Software.

Die Erfassung zuverlässiger Daten zu verschiedenen Verschleißmechanismen von Bauteilen, wie beispielsweise zu thermischer Alterung, tribologischem Verschleiß, Korrosion oder Verlust der Zeitfestigkeit, ist entscheidend für die Zuverlässigkeitsanalyse [102]. Daten dieser Art werden dabei durch Materialprüfungen erhoben und extrapoliert oder aus der Betriebserfahrung gesammelt. In diesem Prozess werden die Häufigkeiten und Ursachen von Ausfällen vergleichbarer Produkte systematisch analysiert. Heute spielen auch synthetische Daten für die Validierung von Stoffkreisläufen, insbesondere komplizierter Systeme, eine zunehmende Rolle.

Datenerhebungen zeigen, dass technische Produkte während ihrer Lebensdauer typischerweise drei verschiedene Ausfallphasen durchlaufen. Zunächst treten sogenannte Frühausfälle auf, die auf anfängliche Schwächen der Auslegung zurückzuführen sind und mit steigender Betriebserfahrung korrigiert werden können. Darauf folgt die Brauchbarkeitsphase, in der das Ausfallverhalten gering und weitgehend konstant bleibt. Am Lebensende der Produkte häufen sich Verschleißausfälle, was zu einer erhöhten Ausfallrate bis hin zum vollständigen Ausfall mit 100 % führt. Dieses typische Verhalten, das häufig in Form einer charakteristischen Verteilungskurve, bekannt als *Badewannenkurve*, dargestellt wird, ist in der nachstehenden Abb. 11.2 sichtbar. Zur Modellierung der Zuver-

11.1 Zuverlässigkeit

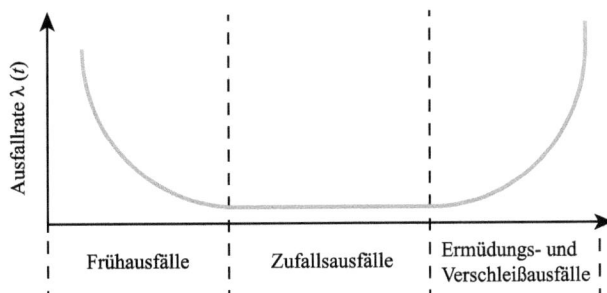

Abb. 11.2 Charakteristische Kurve der Zuverlässigkeitsverteilung

lässigkeitsverteilung, die durch abnehmende, konstante oder zunehmende Ausfallraten gekennzeichnet ist, kann die Weibull-Verteilung genutzt werden, da sie durch ihre flexible Parametrisierung diese unterschiedlichen Phasen abbilden kann.

Die mittlere Betriebsdauer zwischen Ausfällen für reparierbare Einheiten (kurz: MTBF, englisch: Mean Time Between Failures) ist ein Maß für die Zuverlässigkeit von reparierbaren Einheiten wie Baugruppen, Geräten oder Anlagen. Wenn die Ausfallrate konstant ist und die Zuverlässigkeitsverteilung exponentiell, was auf das Vorliegen von Zufallsausfällen hinweist, kann der MTBF-Wert durch den Kehrwert der Ausfallrate berechnet werden. Dieses Prinzip gilt auch für die Kennzahl der mittleren Betriebsdauer bis zum Ausfall (kurz: MTTF, englisch: Mean Time To Failure), die jedoch für nicht-reparierbare Einheiten verwendet wird.

Eine Methode zur Bestimmung von Lebensdauern oder Fehlerraten ist das beschleunigte Alterungsverfahren. Dies wird nach der Arrhenius- oder Eyring-Methode durchgeführt. Sie wird häufig von Komponentenherstellern verwendet, insbesondere bei kleinen Komponentenpopulationen. Hierzu vergleichend sind die Testungen Highly Accelerated Life Tests (HALT) und End of Life Tests (EOL) hervorzuheben. Die Methode ist in verschiedenen Standards festgelegt, nachfolgend werden einige dieser aufgelistet:

- ISO-Standard 18921:2008: „Bild-Aufzeichnungsmaterialien – Compact Disc (CD-ROM) – Verfahren zur Ermittlung der Lebenserwartung unter Berücksichtigung der Auswirkungen von Temperatur und relativer Luftfeuchte";
- Standard ECMA-379 (identisch zu ISO/IEC 10995:2008), „Test Method for the Estimation of the Archival Lifetime of Optical Media";
- USA – National Institute of Standards and Technology (NIST): „Optical Media Longevity Study".

In der Informationstechnik wird die Bestimmung der Lebensdauer digitaler Datenträger, wie Festplatten, USB-Sticks, CDs, DVDs, Magnetbänder und Disketten, zunehmend wichtiger für die Langzeitarchivierung digitaler Informationen. Da diese Datenträger auf sehr unterschiedlichen Technologien basieren, weisen sie unterschiedliche Versagensmechanismen und somit auch variierende Lebensdauern auf.

Art und Häufigkeit von Ausfällen sowie Einschränkungen der Verfügbarkeit können beeinflusst und weitgehend geplant werden. Zur Verlängerung der Nutzungsdauer von Produkten und zur Vermeidung von Ausfallfolgen können die folgenden Maßnahmen zur Erhöhung der Zuverlässigkeit eingesetzt werden:

- Systemarchitektur und Betriebsmanagement;
- Erhöhung der Sicherheiten bei der Dimensionierung;
- Kontrolle der Beanspruchungen (Vermeidung von Miss Use);
- Verwendung hochwertiger Materialien und Beschichtungen;
- Qualitätsmanagement;
- Einsatz betriebsbewährter und qualifizierter Komponenten;
- Einsatz redundanter und diversitärer Komponenten;
- Maßnahmen der Fehlerselbsterkennung und -behebung;
- Anwendung des Fail Safe Prinzips;
- Prüfbarkeit der Komponenten und Systemkomplexe;
- Präventive qualifizierte Wartung/Instandhaltung;
- Gestaltung hinsichtlich Ergonomie, Benutzerfreundlichkeit und fehlertoleranter Handhabung;
- Datenmanagement und Auswertung des Erfahrungsrückflusses;
- Überwachungs-, Stör- und Notfallmanagement.

In der Praxis sind bei komplexen Produkten oder Systemen, wie beispielsweise Kraftfahrzeugen, typischerweise mehrere der zuvor genannten Verschleißmechanismen wirksam. Bei der Einteilung ist abzustimmen, wie die verschiedenen, über die Zeit wirkenden Verschleißprozesse in Abhängigkeit von der Anzahl an Reparaturen oder den Wartungsbedarfen derart koordiniert werden können, dass ein Produkt möglichst in all seinen Bestandteilen ein einheitliches Lebensende erreicht. Alternativ sollte die Serie so konzipiert werden, dass unter Nachhaltigkeitsaspekten keine zusätzlichen Entsorgungsprobleme oder Fehler entstehen.

Nach diesen einführenden Informationen zur Zuverlässigkeit wird sich nachfolgend mit Möglichkeiten der konkreten Zuverlässigkeitsanalyse auseinandergesetzt. Als exemplarisches Verfahren wird hierzu die Methode der FMEA ausführlich vorgestellt und beschreiben.

Die **FMEA** ist eine Methode, um mögliche Fehlerzustandsarten, ihre Ursachen und ihre Auswirkungen auf das Systemverhalten zu ermitteln und die Sicherheit von Systemen bereits während der Entwicklung zu optimieren. Mit der Analyse kann begonnen werden, sobald das System so weit festgelegt ist, dass es als Funktionsstruktur oder Architektur dargestellt werden kann. Grundgedanke ist, für beliebige Systeme, Teilsysteme oder Bauteile, alle erdenkbaren Ausfallarten zu ermitteln und die möglichen Ausfallfolgen und Ausfallsachen aufzuzeigen. Bei der FMEA handelt es sich um eine Risikoanalyse, die in die Entwicklung und Prozessplanung neuer Produkte integriert ist. Sie ist ein wichtiger

11.1 Zuverlässigkeit

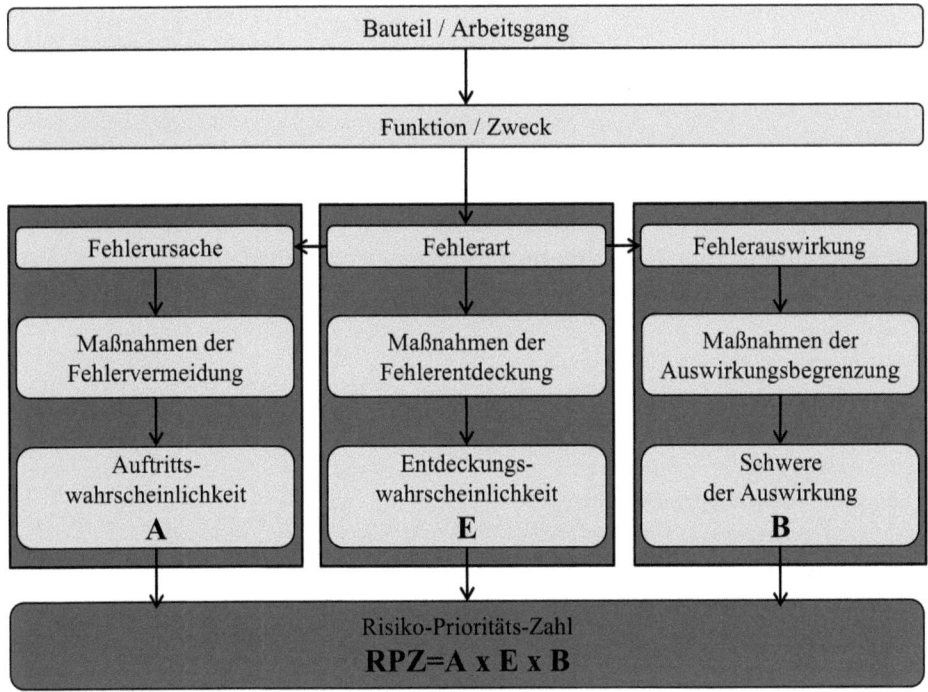

Abb. 11.3 Fehlermöglichkeits- und Einflussanalyse (FMEA)

Bestandteil der Qualitätssicherung vor Serienanlauf und der Realisierung sicherer Produkte im Feld. Abb. 11.3 zeigt das Vorgehen bei der Erarbeitung einer FMEA und die quantitative Bewertung der Lösung anhand einer Risikoprioritätszahl.

Nach der Beschreibung des Systems oder Arbeitsgangs und seiner Funktion werden potenzielle Fehlerarten identifiziert, und Maßnahmen zur Fehlererkennung sowie die Entdeckungswahrscheinlichkeit (E) abgeschätzt. Anschließend werden die Fehlerursachen ermittelt und die Auftretenswahrscheinlichkeit (A) des Fehlers sowie Maßnahmen zur Fehlervermeidung definiert. Schließlich erfolgt eine Abschätzung der Fehlerauswirkungen, einschließlich der Maßnahmen zur Begrenzung der Auswirkungen und der Bewertung der Schwere der Auswirkungen (B). Auftrittswahrscheinlichkeit, Entdeckungswahrscheinlichkeit und Schwere der Auswirkung können für jeden möglichen Fehler anhand einer Risikoprioritätszahl, die aus dem Produkt von A, E und B gebildet wird, quantifiziert werden. Mit der Bewertung für A wird geschätzt, wie wahrscheinlich das Auftreten der Ausfallsursache ist. Es wird damit die Frage behandelt, ob es sich um einen eher hypothetischen Fehler handelt oder ob er bereits häufiger in der Praxis vorkam. Die Auftrittswahrscheinlichkeit wird dabei wie folgt gewichtet:

- unwahrscheinlich = 1
- sehr gering = 2–3

- gering = 4–6
- mäßig = 7–8
- hoch = 9–10

Die Bewertungsnote B beschreibt auch die Bedeutung der Ausfallfolge. Die Gefährdung von Personen führt zu einer hohen Bewertung, während beispielsweise geringe Komfortbeeinträchtigungen eine entsprechend niedrige Note enthalten. Die Bewertungen von Umweltschäden werden vergleichsweise selten diskutiert. Die Bedeutung der Auswirkung wird folgendermaßen gewichtet:

- kaum wahrnehmbare Auswirkung = 1
- unbedeutende Fehler (geringe Belastung für den Kunden) = 2–3
- mäßig schwerer Fehler = 4–6
- schwerer Fehler = 7–8
- äußerst schwerwiegender Fehler = 9–10

Mit der Entdeckungsnote E wird festgelegt, wie sicher die Entdeckung der Ausfallursache vor der Auslieferung an den Nutzenden gelingt. Die Entdeckungswahrscheinlichkeit wird folgendermaßen beurteilt:

- hoch = 1
- mäßig = 2–5
- gering = 6–8
- sehr gering = 9
- unwahrscheinlich = 10

Aus methodischer Perspektive sollte das Ziel jeder Entwicklung darin bestehen, eine möglichst niedrige Risikoprioritätszahl zu erreichen. Hierzu stehen umfangreiche konstruktive Maßnahmen zur Verfügung, die die Optimierung durch Fehlervermeidung, Fehlererkennung und Begrenzung der Auswirkungen unterstützen.

In der nachstehenden Tab. 11.1 ist das theoretisch Beschriebene anhand einer beispielhaft durchgeführten FMEA am bekannten Beispiel des Wasserkochersystems zur praktischen Veranschaulichung dargestellt. Die exemplarischen Inhalte sowie die jeweils eingetragenen Werte für die entsprechenden Kategorien erheben dabei keinen Anspruch auf Vollständigkeit, sondern dienen lediglich der Verdeutlichung der beschriebenen theoretischen Grundlagen.

11.1 Zuverlässigkeit

Tab. 11.1 Beispielhafte FMEA für das System Wasserkocher

Komponente	Fehlermöglichkeit	Ursache	Auswirkung	A	E	B	RPZ	Maßnahmen zur Minderung des Risikos
Heizelement	Heizelement überhitzt	Defekt im Thermostat oder fehlender Wasserkontakt.	Brandgefahr, Gerät nimmt Schaden	3	5	9	135	Hochtemperatursicherung einbauen
Thermostat	Thermostat schaltet nicht ab	Mechanischer Defekt oder Verkalkung	Heizelement überhitzt	4	3	7	84	Regelmäßige Wartung und Entkalkung vorschlagen
Deckel	Deckel schließt nicht korrekt	Verformung oder Verschmutzung	Austritt von heißem Wasser/Dampf	2	4	6	48	Robuste Materialien verwenden
Wasserstandsanzeige	Wasserstand wird falsch angezeigt	Beschlag oder Verkleidung im Sichtfenster.	Fehlbedienung durch Nutzer	3	6	4	72	Anzeige optimieren (z. B. beleuchtet, innen liegend)
Stromkabel.	Kabel bricht oder ist beschädigt	Wiederholter Biegevorgang oder Materialermüdung	Kurzschluss oder elektr. Schlag	3	3	8	72	Verwendung flexibler und robuster Kabel
Gehäuse	Gehäuse wird heiß	Unzureichende Isolierung/ Materialfehler.	Verbrennungsgefahr	3	4	8	96	Verbesserte Isolationsmaterialien verwenden
...	...	...	...	...	...	...	...	...

11.2 Wartung/Instandhaltung

In der Regel verlieren ein Produkt oder seine zugehörigen Teile, wie auch Betriebsstoffe, im Laufe der Nutzungszeit an Leistungsfähigkeit. In Abb. 11.4 ist nachstehend dargestellt, wie sich die Leistungsfähigkeit eines Produktes durch Nutzung über der Zeit verhält. Nach einer bestimmten Nutzungsdauer unterschreitet das Produkt dabei die Mindesterfüllung für die Zuverlässigkeit und ist folglich als nicht mehr zuverlässig zu beschreiben. Sinkt die Leistungsfähigkeit ab hier noch weiter, wird die Mindesterfüllung für die Sicherheit unterschritten und das betrachtete Produkt ist als nicht mehr sicher zu klassifizieren. Soll die Leistungsfähigkeit wieder erhöht beziehungsweise wiederhergestellt werden, eigenen sich verschiedene Maßnahmen. Zum einen ist in der Abbildung die Reparatur, zum anderen die Wartung aufgeführt und dargestellt. Je nach Nutzungsphase und Leistungsfähigkeit ergibt sich durch diese Instandhaltungsmaßnahmen die Möglichkeit, das Produkt wieder sicher und zuverlässig zu machen. Wartungen und Reparaturen können dabei aufgrund einer gesetzlich geregelten Instandhaltungspflicht zur Wahrung der Sicherheit erforderlich sein oder aber zur Vorbeugung von Systemausfällen und zur Erhöhung der Nutzungsdauer beziehungsweise Sicherung der Investition betrieben werden.

Ziele von Instandhaltungsmaßnahmen wie Wartung und Reparatur können sein:

- Erhöhung und optimale Nutzung der Lebensdauer von Produkten;
- Erhaltung der Betriebssicherheit;
- Erhöhung der Verfügbarkeit;
- Optimierung von Abläufen;
- Reduzierung von Störungen.

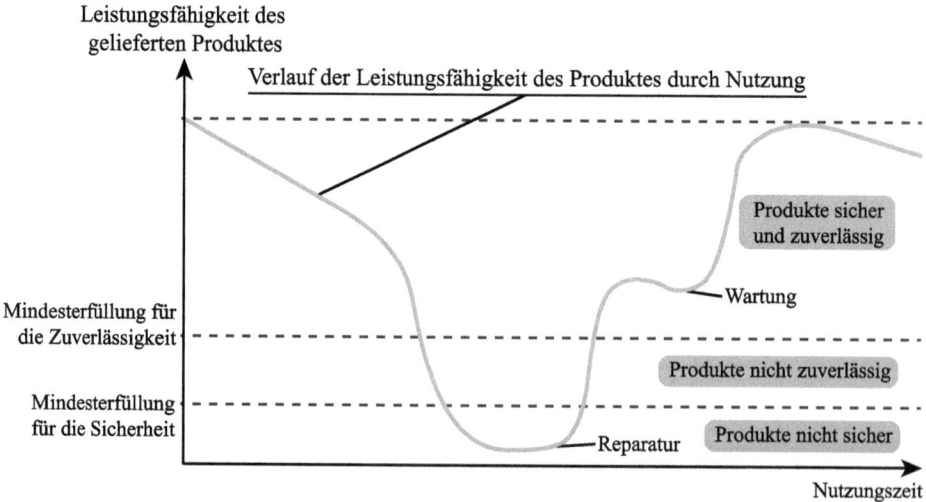

Abb. 11.4 Sicherung der Leistungsfähigkeit durch Wartung und Instandhaltung in Anlehnung an Vajna [114]

11.1 Zuverlässigkeit

Tab. 11.1 Beispielhafte FMEA für das System Wasserkocher

Komponente	Fehlermöglichkeit	Ursache	Auswirkung	A	E	B	RPZ	Maßnahmen zur Minderung des Risikos
Heizelement	Heizelement überhitzt	Defekt im Thermostat oder fehlender Wasserkontakt.	Brandgefahr, Gerät nimmt Schaden	3	5	9	135	Hochtemperatursicherung einbauen
Thermostat	Thermostat schaltet nicht ab	Mechanischer Defekt oder Verkalkung	Heizelement überhitzt	4	3	7	84	Regelmäßige Wartung und Entkalkung vorschlagen
Deckel	Deckel schließt nicht korrekt	Verformung oder Verschmutzung	Austritt von heißem Wasser/Dampf	2	4	6	48	Robuste Materialien verwenden
Wasserstandsanzeige	Wasserstand wird falsch angezeigt	Beschlag oder Verkleidung im Sichtfenster.	Fehlbedienung durch Nutzer	3	6	4	72	Anzeige optimieren (z. B. beleuchtet, innen liegend)
Stromkabel.	Kabel bricht oder ist beschädigt	Wiederholter Biegevorgang oder Materialermüdung	Kurzschluss oder elektr. Schlag	3	3	8	72	Verwendung flexibler und robuster Kabel
Gehäuse	Gehäuse wird heiß	Unzureichende Isolierung/ Materialfehler.	Verbrennungsgefahr	3	4	8	96	Verbesserte Isolationsmaterialien verwenden
...	...	...	...	...	...	...	...	...

11.2 Wartung/Instandhaltung

In der Regel verlieren ein Produkt oder seine zugehörigen Teile, wie auch Betriebsstoffe, im Laufe der Nutzungszeit an Leistungsfähigkeit. In Abb. 11.4 ist nachstehend dargestellt, wie sich die Leistungsfähigkeit eines Produktes durch Nutzung über der Zeit verhält. Nach einer bestimmten Nutzungsdauer unterschreitet das Produkt dabei die Mindesterfüllung für die Zuverlässigkeit und ist folglich als nicht mehr zuverlässig zu beschreiben. Sinkt die Leistungsfähigkeit ab hier noch weiter, wird die Mindesterfüllung für die Sicherheit unterschritten und das betrachtete Produkt ist als nicht mehr sicher zu klassifizieren. Soll die Leistungsfähigkeit wieder erhöht beziehungsweise wiederhergestellt werden, eigenen sich verschiedene Maßnahmen. Zum einen ist in der Abbildung die Reparatur, zum anderen die Wartung aufgeführt und dargestellt. Je nach Nutzungsphase und Leistungsfähigkeit ergibt sich durch diese Instandhaltungsmaßnahmen die Möglichkeit, das Produkt wieder sicher und zuverlässig zu machen. Wartungen und Reparaturen können dabei aufgrund einer gesetzlich geregelten Instandhaltungspflicht zur Wahrung der Sicherheit erforderlich sein oder aber zur Vorbeugung von Systemausfällen und zur Erhöhung der Nutzungsdauer beziehungsweise Sicherung der Investition betrieben werden.

Ziele von Instandhaltungsmaßnahmen wie Wartung und Reparatur können sein:

- Erhöhung und optimale Nutzung der Lebensdauer von Produkten;
- Erhaltung der Betriebssicherheit;
- Erhöhung der Verfügbarkeit;
- Optimierung von Abläufen;
- Reduzierung von Störungen.

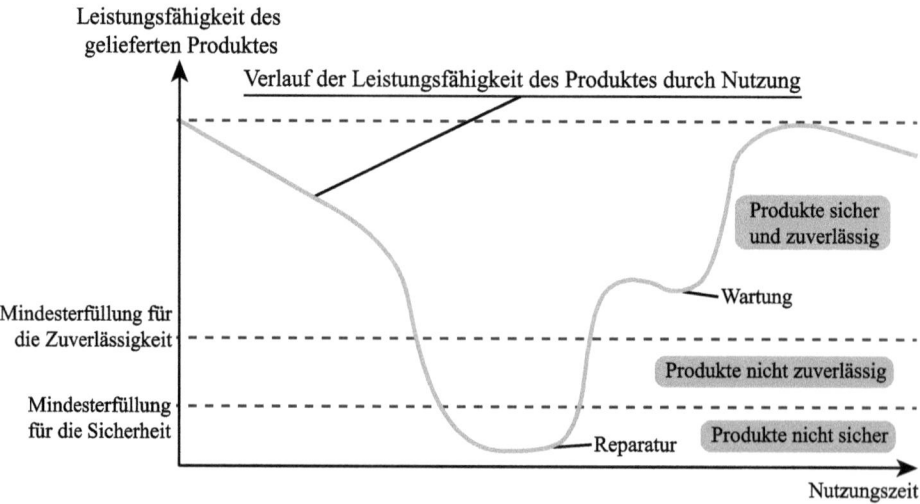

Abb. 11.4 Sicherung der Leistungsfähigkeit durch Wartung und Instandhaltung in Anlehnung an Vajna [114]

11.2 Wartung/Instandhaltung

Für die Umsetzung dieser Ziele müssen neben regelmäßigen Inspektionen auch Wartungs- oder Reparaturaufgaben definiert, kommuniziert und durchgeführt werden. Notwendig sind in diesem Zuge auch eine reibungslose Ersatzteilversorgung und die kosteneffiziente Bereitstellung des notwendigen Knowhows.

Die wichtigsten Wartungs-/Instandhaltungsstrategien sind:

- **Reparatur nach Ausfall (Reaktiv):** Es wird keinerlei vorbeugende Instandhaltung betrieben. Der Ausfall wird in Kauf genommen und Fehler werden nach dem Auftreten behoben. Ein typisches Beispiel ist der Tausch von (unkritischen) Lampen nach Defekt.
- **Geplante Instandhaltung (Proaktiv):** Es gibt präventive Maßnahmen zur Minimierung des Ausfallrisikos. Dabei wird unterschieden in:
  - Terminierte Instandhaltung (präventiv): Durchführung regelmäßiger vorbeugender Maßnahmen, um das Auftreten von Fehlern präventiv zu vermeiden. Beispielhafte Maßnahmen sind Inspektionen, Wartungen oder der Austausch ganzer Komponenten (z. B. Reifenwechsel nach Kilometern/Zeit);
  - Zustandsorientierte Instandhaltung (prädiktiv): Aufnahme verschleißbezogener Zustände. Dies kann entweder permanent durch Sensoren (zum Beispiel in Form von Condition Based Maintenance) oder unregelmäßig und zeitpunktabhängig bei Inspektionen durch den Menschen erfolgen. Ausgewählte Maßnahmen werden dann erst, je nach individuell vorliegendem Verschleißzustand, ergriffen.

Um bestehende Zusammenhänge sowie Vor- und Nachteile der unterschiedlichen, zuvor erörterten Instandhaltungsstrategien zusammenfassend darzustellen, ist in Abb. 11.5 eine Übersicht und Gegenüberstellung der verschiedenen Strategien dargestellt.

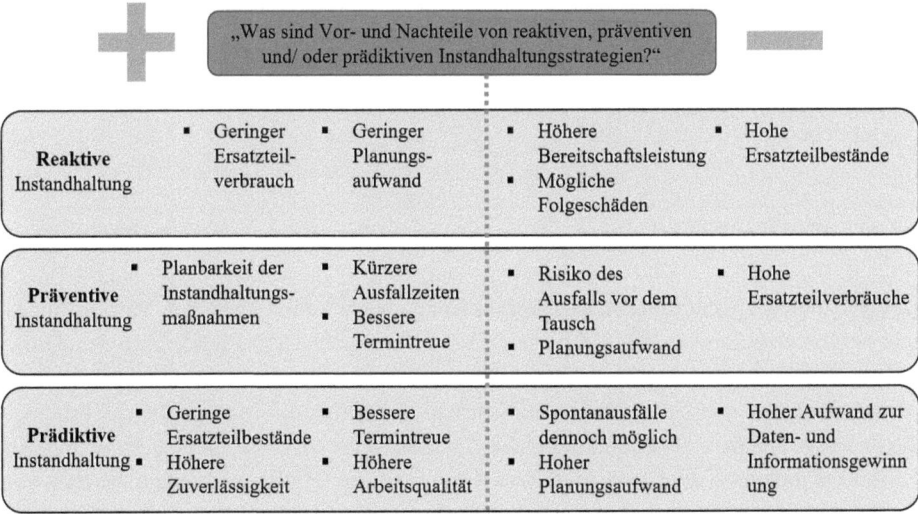

Abb. 11.5 Vor- und Nachteile unterschiedlicher Instandhaltungsstrategien. (eigene Darstellung in Anlehnung an Biedermann und Kinz [115])

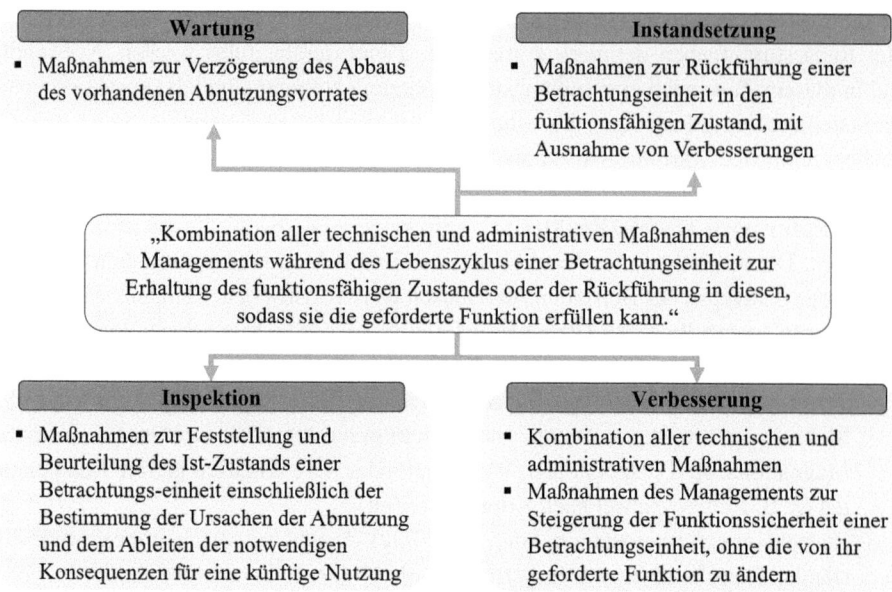

Abb. 11.6 Wartung, Inspektion, Instandsetzung und Verbesserung nach DIN 31051 [116]

Im Sinne eines abschließenden und bündigen Überblickes der genutzten Begriffe, sind die Begriffe Wartung, Inspektion, Instandsetzung und Verbesserung nach DIN 31051 übersichtlich zusammengestellt und in der nachstehenden Abb. 11.6 dargestellt.

Zusammenfassend lässt sich an dieser Stelle festhalten, dass die Auswahl geeigneter Instandhaltungsstrategien erheblich zur Verbesserung der Umweltwirkungen eines Produkts beitragen kann. Die implementierten Instandhaltungsmaßnahmen können den ökologischen Fußabdruck eines Produkts signifikant vermindern, die Lebensdauer verlängern und dadurch den Materialeinsatz pro erbrachter Leistung optimieren. Zudem besteht das Potenzial, eine verbesserte Anpassung an die spezifischen Erfordernisse während des Produktlebenszyklus zu erreichen.

11.3 Kontinuierliche Verbesserung von Produkteigenschaften

Der Prozess der kontinuierlichen Verbesserung, auch kontinuierlicher Verbesserungsprozess, ist eine Denkweise, die basierend auf der japanischen Philosophie des *Kaizen* mit stetigen Verbesserungen, welche in kleinen Schritten durchgeführt werden, die Wettbewerbsfähigkeit von Unternehmen stärken will. Der Prozess kann sich auf die Produkt-, die Prozess- und die Servicequalität eines Unternehmens beziehen und ist ein Grundprinzip des Qualitätsmanagements. In diesem Kontext ist der Begriff der kontinuierlichen Verbesserung außerdem ein unverzichtbarer Bestandteil der ISO 9001 (Anforderungen an

Qualitätsmanagementsysteme) [117]. Das Erarbeiten von Verbesserungsvorschlägen durch Arbeitsgruppen wird üblicherweise gemeinsam mit dem betrieblichen Vorschlagswesen unter dem Begriff Ideenmanagement zusammengefasst.

Im Kontext dieses Buches liegt der Schwerpunkt auf der Verbesserung von Produkten und deren Eigenschaften. Dabei wird zwischen der technischen Vererbung beziehungsweise der Entwicklung neuer Produktgenerationen und der Optimierung bereits in Nutzung befindlicher Produkte unterschieden.

Ziele von kontinuierlichen Verbesserungen an Produkten und insbesondere komplizierten Systemen im Feld können sein:

- Einhaltung und Verbesserung von Standards (Gesetze/Normen);
- Verbesserung von Prozessparametern und Qualität;
- Reduzierung von Verbräuchen (Material/Energie);
- Optimierung der Nutzung;
- Verbesserung der Kunden-/Lieferantenbeziehung.

Als Maßnahmen bieten sich an:

- Softwareupdates;
- Vernetzung und Produktservicemodelle;
- Austausch von Komponenten und Modulen;
- Reparatur mit hochwertigeren Materialien;
- Umstellung auf andere Betriebsstoffe.

11.4 Von der Reparatur zum „Ewigen Produkt"

Im Rahmen der R-Strategien (siehe Abschn. 8.2) wurde bereits erörtert, dass es aus Nachhaltigkeitsperspektive von Vorteil ist, den ökonomischen Wert eines Produkts zu bewahren und seine Module oder Komponenten wiederzuverwenden, anstatt lediglich das Material zu recyceln oder zu entsorgen.

Der Material Circularity Indicator (kurz: MCI) bildet in diesem Kontext auf einer Skala von Null bis Eins ab, wie groß der Anteil von recyceltem Material in einem Produkt ist, wobei Eins für 100% steht und Null bedeutet, dass das Produkt komplett aus Primärressourcen besteht. Die Bestimmung des MCI erfordert dabei spezifische Daten über den Material- und Energiefluss der Produkte sowie deren Design und Nutzungseigenschaften. Die MCI-Berechnung berücksichtigt typischerweise folgende Aspekte:

- Anteil von recyceltem Material: Der Prozentsatz an recyceltem Material, das in einem Produkt verwendet wird.
- Recyclingfähigkeit: Der Anteil des Produkts, der am Lebensende recycelt werden kann.

- Langlebigkeit: Die erwartete Nutzungsdauer des Produkts im Vergleich zu einem Branchendurchschnitt.
- Design für Zirkularität: Aspekte des Designs, die die Reparatur, Wiederverwendung oder das Recycling fördern.

In der nachstehenden Tabelle sind einige Beispiele und ihr jeweils zugehöriger MCI-Wert zur Veranschaulichung dargestellt (Tab. 11.2).

In Anlehnung an die vorherigen Ausführungen ist selbst bei einem MCI-Wert von Null, der darauf hinweist, dass ein Produkt vollständig aus Primärressourcen hergestellt wurde, zu beachten, dass die energetischen Aufwendungen für Recycling und Produktion berücksichtigt werden müssen. Es ist daher vorteilhafter, einen funktionsfähigen Zustand eines Produkts durch Reparaturen wiederherzustellen und die Nutzungsdauer von Systemen durch Wiederverwendung zu verlängern. Im Folgenden wird dieser Zusammenhang anhand des Beispiels einer Waschmaschine kurz erläutert.

Bei einer angenommenen Lebensdauer einer Waschmaschine von 8 Jahren zeigt sich ein erheblicher ökologischer Vorteil, wenn die Lebensdauer durch drei Reparaturen auf 16 Jahre verlängert wird. Der wesentliche Vorteil liegt darin, dass die Notwendigkeit, neue Geräte herzustellen, halbiert wird, wodurch Ressourcen eingespart und Emissionen reduziert werden. Dies führt zu einer nachhaltigen Nutzung des Produkts und trägt zur Schonung der Umwelt bei. Dennoch steht eine potenzielle Kundschaft bei der Entscheidung für eine Reparatur vor verschiedenen Herausforderungen. Die Reparaturkosten können erheblich sein und das Risiko besteht, dass nach der Reparatur andere Teile der Waschmaschine ausfallen. Außerdem verlängern herstellende Unternehmen oder Reparaturdienstleistende normalerweise nicht die Garantie für das gesamte Gerät, was das Risiko für Verbrauchende erhöht. So werden häufig reparierbare Geräte durch neue ersetzt. Diese finanziellen und praktischen Unsicherheiten müssen gegenüber ökologischen Vorteilen präzise abgewogen werden.

Eine potenzielle Lösung, um Produkte dauerhaft („ewig") nutzbar zu halten, liegt im Konzept der sogenannten *Upgrade Factory*. Diese impliziert die Rückführung reparaturbedürftiger oder alt gewordener Produkte in eine industrielle Fertigung, wo diese kostengünstig komplett überarbeitet und auch an den neuesten Stand der Technik angepasst werden können (Upgrade), um dann neuwertig und mit Garantie wieder in den Markt zurückgeführt werden zu können. Konkrete Ziele der Upgrade Factory sind:

Tab. 11.2 Beispielhafte Alltagsprodukte und ihr zugehöriger Material Circularity Indicator (MCI)

Produkt	Material Circularity Indicator
Smartphones	0,5–0,65
Möbel	0,6–0,75
Textilien	0,4–0,55
Verpackungen	0,7–0,85
Elektronikgeräte	0,5–0,7
Autos	0,1–0,2

11.4 Von der Reparatur zum „Ewigen Produkt"

- Die Verlängerung der Nutzungsdauer von Produkten und Komponenten bis hin zum Konzept des „Ewigen Produktes", also eine kontinuierliche Auf- und Überarbeitung sowie Rückführung in den Produktionsprozess;
- Die Unterstützung des Kreislaufgedankens, insbesondere im Hinblick auf die Kundenüberzeugung durch Bereitstellung von Garantien und die Sicherstellung hoher Qualitätsstandards;
- Die Aufwertung oder Veränderung von Produkten, indem neue Bestandteile sowie Produkterweiterungen die technologische Wertigkeit des Produktes verbessern und die Regelkonformität erhalten.

In der nachstehenden Abb. 11.7 ist die Idee der Upgrade Factory am Beispiel einer Werkzeugmaschine exemplarisch dargelegt und schematisch abgebildet. Der Großteil der mechanischen Komponenten, die den größten Teil des verbauten Materials ausmachen, ist unbedenklich für eine Weiterverwendung geeignet. Im Gegensatz dazu müssen Verschleißteile sowie insbesondere Komponenten der Maschinensteuerung aufgrund der kurzen Technologiezyklen von Elektronik und Software ersetzt werden. Das Produkt kann anschließend entweder an den ursprünglichen Kunden zurückgeführt oder in einen Sekundärmarkt integriert werden.

Die Implementierung des Konzepts des „Ewigen Produkts" bringt Herausforderungen hinsichtlich der Akzeptanz und der Entwicklung geeigneter Geschäftsmodelle mit sich, ebenso wie technische Herausforderungen. Abb. 11.8 zeigt eine Zusammenstellung dieser Herausforderungen sowohl für die Produktentwicklung als auch die Produktion, wie sie im Positionspapier der Wissenschaftlichen Gesellschaft für Produktentwicklung (kurz: WiGeP) im Jahr 2021 formuliert wurden.

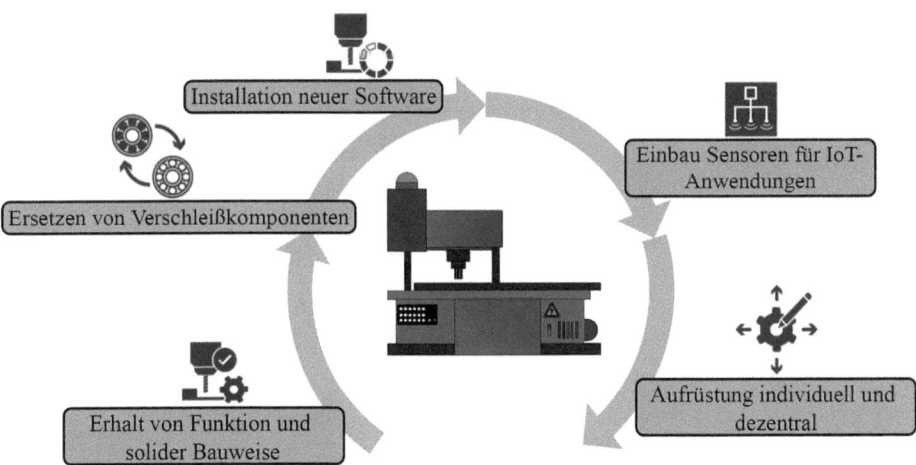

Abb. 11.7 Konzept der „Upgrade Factory" am Beispiel einer Werkzeugmaschine nach WiGeP 2022 [118]

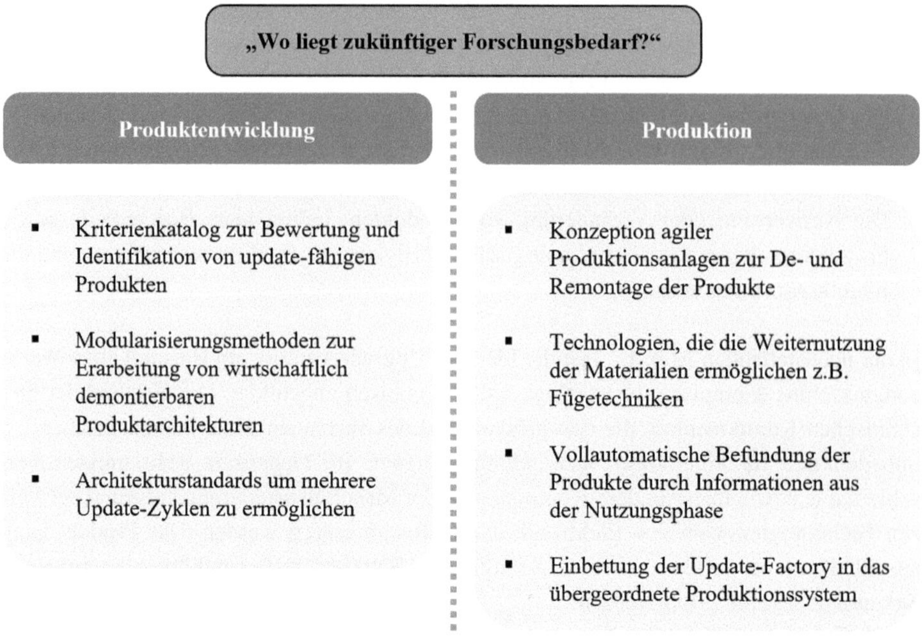

„Wo liegt zukünftiger Forschungsbedarf?"

Produktentwicklung

- Kriterienkatalog zur Bewertung und Identifikation von update-fähigen Produkten

- Modularisierungsmethoden zur Erarbeitung von wirtschaftlich demontierbaren Produktarchitekturen

- Architekturstandards um mehrere Update-Zyklen zu ermöglichen

Produktion

- Konzeption agiler Produktionsanlagen zur De- und Remontage der Produkte

- Technologien, die die Weiternutzung der Materialien ermöglichen z.B. Fügetechniken

- Vollautomatische Befundung der Produkte durch Informationen aus der Nutzungsphase

- Einbettung der Update-Factory in das übergeordnete Produktionssystem

Abb. 11.8 Forschungsbedarf zum „Ewigen Produkt" nach WiGeP 2022 [118]

Wie der Abb. 11.8 zu entnehmen ist, sind die Herausforderungen hier als Forschungsbedarf formuliert und deklariert. Übergeordnetes Ziel ist es, das „Ewige Produkt" auf Grundlage neuer Forschungsaspekte und -projekte sowie zugehöriger Ergebnisse weiterzuentwickeln und langfristig zu etablieren. Im Rahmen dieser Ausarbeitung sollen und müssen zudem Maßnahmen getroffen werden, um eine breite Akzeptanz zu gewährleisten und die Anwendungsrate zu steigern.

Mit Wissen Zukunft gestalten 12

In diesem letzten Kapitel werden verschiedene Bereiche nachhaltigen Handeln und Tuns hinsichtlich ihrer motivierenden Wirkung auf die Entwicklung von Produkten dargestellt. Die Idee dabei ist, den Grundgedanken dieses Buches, die Entwicklung nachhaltiger Produkte und in diesem Zusammenhang insbesondere ihre Notwendigkeit, durch verschiedene Szenarien, Zahlen und Fakten zu belegen. Mithilfe ausgewählter Statistiken soll aufgezeigt werden, warum der Relevanz des Nachhaltigkeitsgedankens – sowohl heute als auch in Zukunft – eine notwendige und immer größer werdende Aufmerksamkeit beigemessen werden muss. In verschiedenen Abschnitten werden die Bereiche Soziologie, Ökologie und Ökonomie beleuchtet, wobei der Fokus darauf liegt, in welchen Bereichen Produktentwickelnde handeln können, wo besondere Herausforderungen warten und wo unter Umständen, trotz vieler Bemühungen, wenig Möglichkeiten für nachhaltige Veränderungen bestehen. Ausgehend der aufgeführten Zahlen und Fakten sollte das langfristige Ziel darin bestehen, die Entwicklung nachhaltiger Produkte so auszurichten, dass mittels Wissen, Fähigkeiten sowie verschiedenen Prinzipien und Strategien die Zukunft derart gestaltet wird, dass Probleme durch Lösungen behoben werden, Herausforderungen zu Chancen werden und die Zukunft zu einem Ort wird, an dem nachfolgende Generationen gemeinsam und erfolgreich leben, wirtschaften und prosperieren können.

Gleichwohl diese einleitenden Worte einen politischen Eindruck erwecken könnten, soll in diesem Buch keine gesellschaftspolitische Diskussion eröffnet oder ausformuliert werden. Die im Folgenden aufgeführten Statistiken dienen vor allem einer plakativen Darstellung der umschriebenen Themengebiete. In diesem Zusammenhang werden wenige oder keine der aufgeführten Aspekte ausführlich diskutiert oder interpretiert. Stattdessen wird beabsichtigt, durch die einzelnen Abschnitte und Abbildungen die Fakten für sich sprechen zu lassen.

Thematisch soll das Kapitel mit den sogenannten ‚Limit-of-Growth-Szenarien' des *Club of Rome* aus dem Jahr 1972 und deren Erweiterung um aktuelle Daten motiviert werden. In der nachstehenden Abbildung sind wesentliche Verläufe in den Bereichen Bevölkerung, industrieller Output, nicht erneuerbare Rohstoffe, Verschmutzung beziehungsweise Emissionen und Nahrungsmittel dargestellt.

Im ursprünglichen Bericht wird bereits in den 70er-Jahren dafür sensibilisiert, dass ein stetig größer werdendes ökonomisches Wachstum, ohne die Änderung von Randbedingungen, schnell an seine Grenzen gerät. Gemäß Cordes und Roth [121] wird deutlich, dass sich die Weltgesellschaft zu großen Teilen auf dem Kurs des in Abb. 12.1 gezeigten Katastrophenszenarios befindet. In der Grafik ist neben dem negativen, ohne Veränderungen zwangsläufigen, Katastrophenszenario (linke Seite) aber auch ein weiterer Verlauf dargestellt. Bei diesem handelt es ich um den einer stabilisierten Welt – also solch einer, in der bewusste Veränderungen dazu führen, dass die sonst folgenden Negativentwicklungen abgemildert, in Teilen sogar verhindert werden können (rechte Seite). Hauptanliegen muss sein, die Möglichkeiten der Wissenschaft und Technik zu nutzen, um negative Trendszenarien zum Positiven zu verändern. Aus diesem Bedarf heraus können einige Handlungsfelder abgeleitet werden.

Wie in Kap. 1 bereits erörtert, befasst sich unter anderem die UN ausführlich mit der Formulierung und Definition solcher Handlungsfelder und -empfehlungen im Bereich der nachhaltigen Entwicklung. Die in Abb. 1.2 aufgeführten Ziele für nachhaltige Entwicklung (kurz: SDGs, englisch: Sustainable Development Goals) können im Kontext der vorgeschlagenen Struktur in eine hierarchische Anordnung oder Kategorisierung überführt werden. Diese Einteilung wird in der nachstehenden Abb. 12.2 gemäß der grafischen Darstellung von Rockström und Sukhdev [122] veranschaulicht.

Die nachhaltigen Entwicklungsziele sind hierbei den Bereichen Ökonomie, Soziales und Ökologie zugeordnet. Eine umfassende Beschreibung der jeweiligen Ziele kann in verschiedenen Quellen nachgelesen werden und wird daher an dieser Stelle nicht weiter ausgeführt.

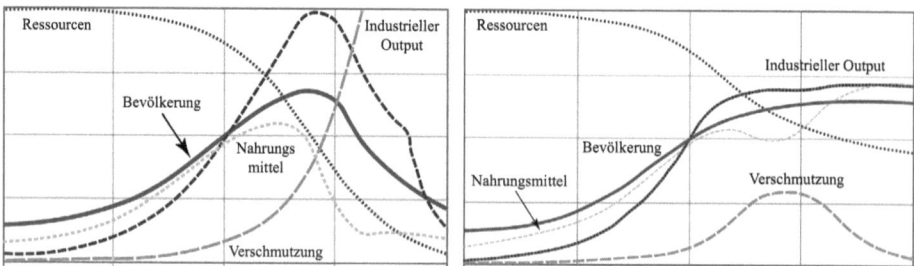

Abb. 12.1 Limit of Growth-Szenarien des Club of Rome und Erweiterung um aktuelle Daten nach Meadows [119]. (Abbildung in Anlehnung an Herrington [120])

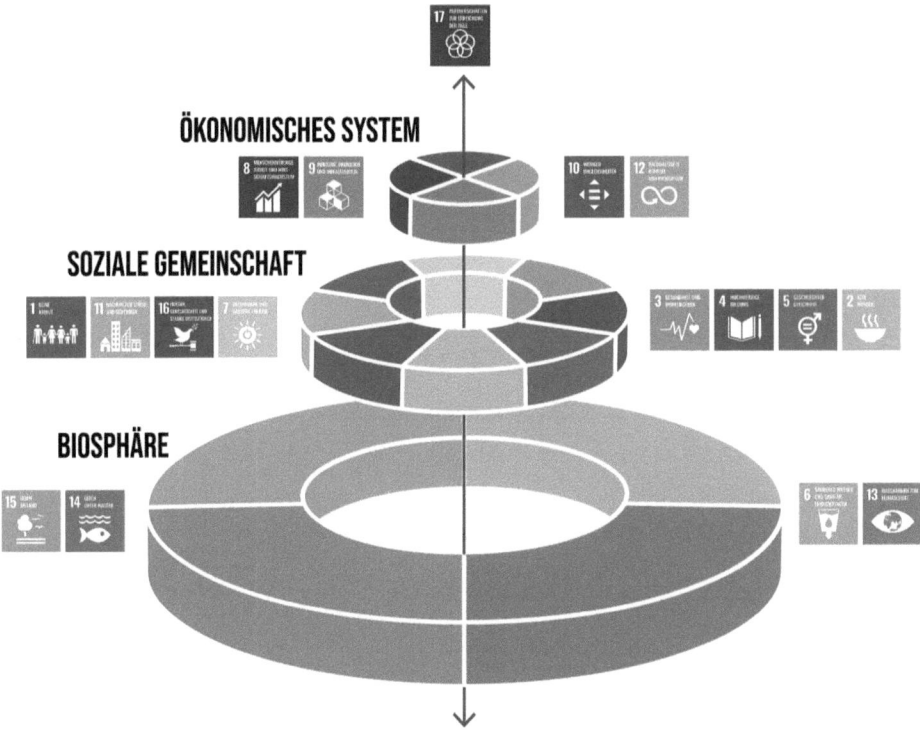

Abb. 12.2 Sustainable Development Goals der UN als hierarchische Darstellung nach Johan Rockström und Pavan Sukhdev. (Original: Stockholm Resilience Centre [122])

12.1 Soziologie

Ein erster Aspekt im Kontext der Soziologie soll im Folgenden durch das Thema der globalen Bevölkerungsanzahl diskutiert werden. Im Rahmen einer solchen Diskussion spielt neben dem aktuellen Bevölkerungsstand vor allem das zu erwartende Bevölkerungswachstum eine tragende Rolle. Stand Frühjahr 2025 leben etwas mehr als acht Milliarden Menschen auf der Erde. Aktuellen Prognosen zur Folge wächst die Weltbevölkerung bis zum Jahr 2080 kontinuierlich weiter an. In der folgenden Abb. 12.3 ist diese prognostizierte Bevölkerungsentwicklung dargestellt.

Die prognostizierte Zunahme der Weltbevölkerung in den kommenden 60 Jahren zieht eine Vielzahl an Konsequenzen nach sich. Dazu zählen unter anderem die Verknappung von Lebensmitteln und Lebensräumen sowie ein Anstieg der sozialen Ungleichheit. Des Weiteren ist ein wahrscheinlicher Anstieg der Emissionen zu erwarten, der zu einer weiteren Verschärfung des Klimawandels beitragen könnte. Diese Entwicklungen könnten erhebliche Auswirkungen auf die globalen ökologischen, ökonomischen und sozialen Systeme haben und erfordern daher eine umfassende interdisziplinäre Auseinandersetzung und die Entwicklung nachhaltiger Lösungsansätze.

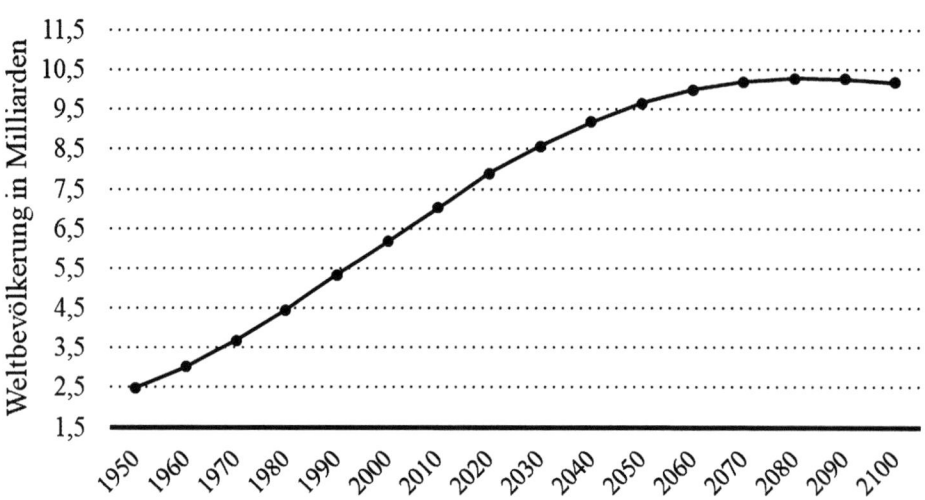

Abb. 12.3 Bevölkerungswachstum insgesamt [123]

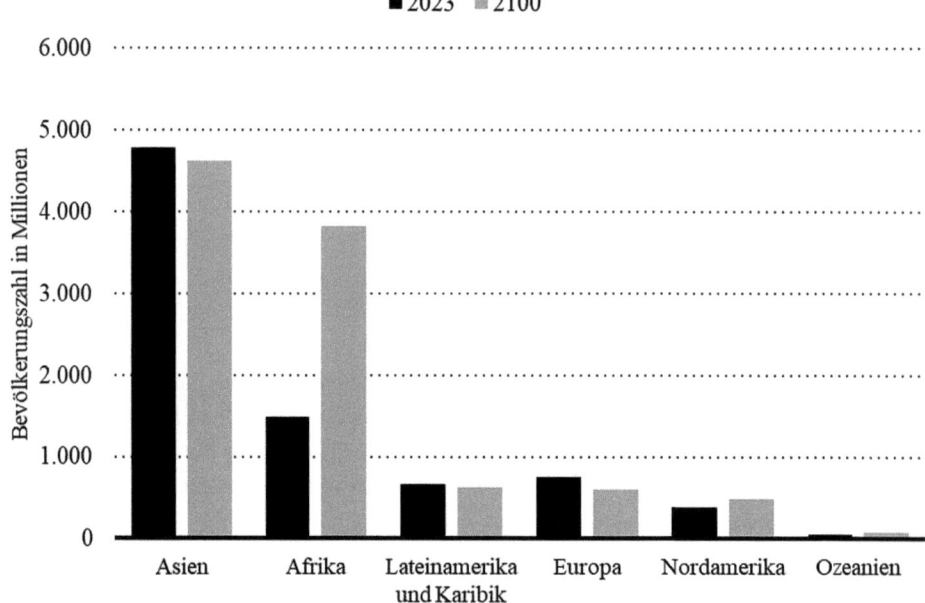

Abb. 12.4 Prognostiziertes Bevölkerungswachstum nach unterschiedlichen Regionen der Welt [124]

Eine weitere relevante Statistik, die für die Analyse dieses Themenkomplexes ausgewählt wurde, ist die Aufschlüsselung des Bevölkerungswachstums nach verschiedenen Regionen beziehungsweise Kontinenten. In der nachfolgend dargestellten Statistik wird veranschaulicht, in welchen geografischen Bereichen der Welt das Bevölkerungswachstum bis zum Jahr 2100 in welchem Umfang prognostiziert wird (Abb. 12.4).

Eine umfassende Analyse der sozialen Folgen des Bevölkerungswachstums wird an dieser Stelle nicht durchgeführt. Es lässt sich jedoch festhalten, dass dieses Wachstum erhebliche Herausforderungen und potenzielle Spannungen für die Weltgesellschaft mit sich bringt. Diese erfordern eine gezielte Reaktion durch geeignete Maßnahmen, um negative Auswirkungen zu minimieren und nachhaltige Entwicklungsziele zu fördern.

12.2 Ökologie

Im zweiten Abschnitt dieses Kapitels wird der Schwerpunkt auf den Bereich der Ökologie gelegt. Gemäß dem bereits etablierten Vorgehen wird mithilfe ausgewählter und als relevant erachteter statistischer Daten ein Überblick über die gegenwärtige Situation und relevante Diskussionsaspekte geschaffen.

Ein erster Aspekt im Kontext Ökologie soll im Folgenden durch das Konzept des *Earth Overshoot Day* vorgestellt und diskutiert werden. Der im deutschen auch Erdüberlastungstag genannte Tag wird jährlich im Rahmen einer Kampagne des *Global Footprint Network* ermittelt. Er markiert den Tag im jeweils beschriebenen Jahr, an dem der menschliche Verbrauch von natürlich zur Verfügung stehenden Ressourcen das Angebot und die Fähigkeit der Erde, ebendiese Ressourcen im selben Jahr zu regenerieren, überschreitet. Für die Diskussion und Auswertung dieses Konzeptes ist eine Übersicht der Entwicklung der Jahre 1971 bis 2024 ausgewählt und in der nachfolgenden Abb. 12.5 grafisch dargestellt.

Bei Betrachtung zeigt sich ein eindeutiger Trend. Wie zu erkennen ist, findet der Earth Overshoot Day jedes Jahr zu einem früheren Zeitpunkt statt. Im Umkehrschluss bedeutet dies, dass die natürlichen Ressourcen der Erde von Jahr zu Jahr früher aufgebraucht sind.

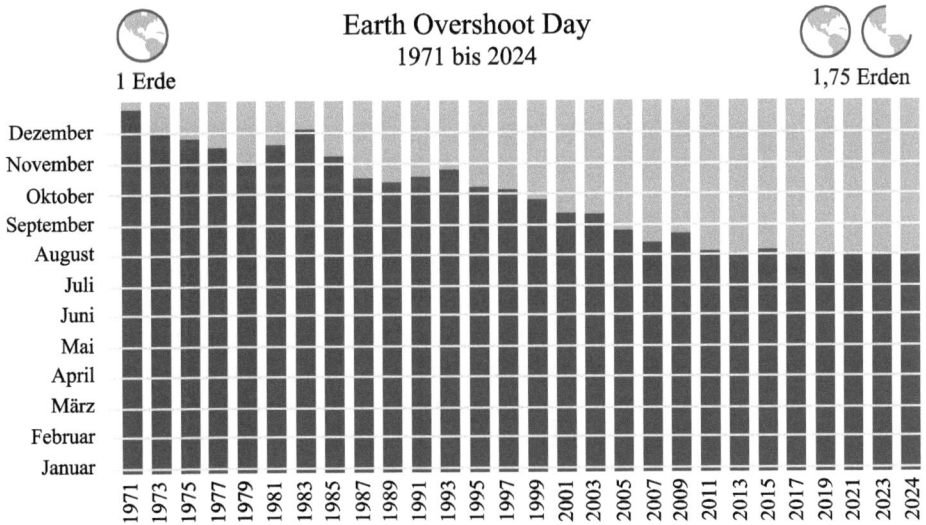

Abb. 12.5 Earth Overshoot Day [125]

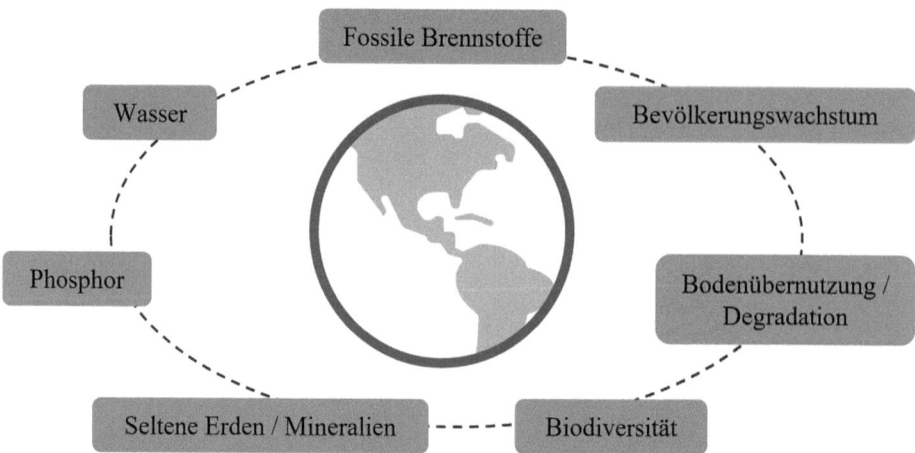

Abb. 12.6 Betroffene Bereiche im Kontext von Ressourcenübernutzung. (Eigene Darstellung in Anlehnung an Vajna [126])

In Erweiterung der Ausführungen zum Earth Overshoot Day wird nachfolgend eine zusätzliche Abbildung im Kontext der Ressourcenübernutzung präsentiert. In Abb. 12.6 sind relevante Bereiche beziehungsweise Ressourcen aufgeführt, die besonders stark von der Übernutzung betroffen sind.

Die Darstellung dient neben einer Veranschaulichung der entsprechenden Ressourcen dazu, ein detailliertes Verständnis der komplexen Herausforderungen zu vermitteln, die mit der globalen Übernutzung von Ressourcen verbunden sind.

Eine weitere für diesen Abschnitt ausgewählte Statistik beschreibt die CO_2-Emissionen in verschiedenen Ländern im Zeitraum von 1990 bis 2022. Diese Darstellung bietet einen detaillierten Überblick über die Entwicklung der Treibhausgasemissionen in den entsprechenden Staaten und ermöglicht die Analyse von Trends und Unterschieden im zeitlichen Verlauf (Abb. 12.7).

Die Abbildung zeigt die Entwicklung der CO_2-Emissionen ausgewählter Länder von 1990 bis 2022. Diese Emissionen sind entscheidende Treiber der Klimaerwärmung, da sie zur Erhöhung der Treibhausgaskonzentrationen in der Erdatmosphäre beitragen. Der dargestellte Datenverlauf ermöglicht eine Analyse der Veränderungen und Trends in den Emissionsniveaus, die wesentlich für das Verständnis der sektoralen und geografischen Unterschiede im Beitrag zur globalen Erwärmung sind. Es ist zu erkennen, dass vor allem eine begrenzte Anzahl von Ländern einen großen Anteil der CO_2-Emissionen verursacht. Diese Konzentration von Emissionen in bestimmten geografischen Regionen bietet eine Grundlage für das Verständnis, wie unterschiedliche wirtschaftliche und industrielle Strukturen zur globalen Erwärmung beitragen. In ökologischer Hinsicht unterstreicht diese Verteilung die Notwendigkeit, den spezifischen Beitrag und die Verantwortung im globalen Kontext zu erkennen. Erkenntnisse dieser Art sind entscheidend, um gezielte

12.2 Ökologie

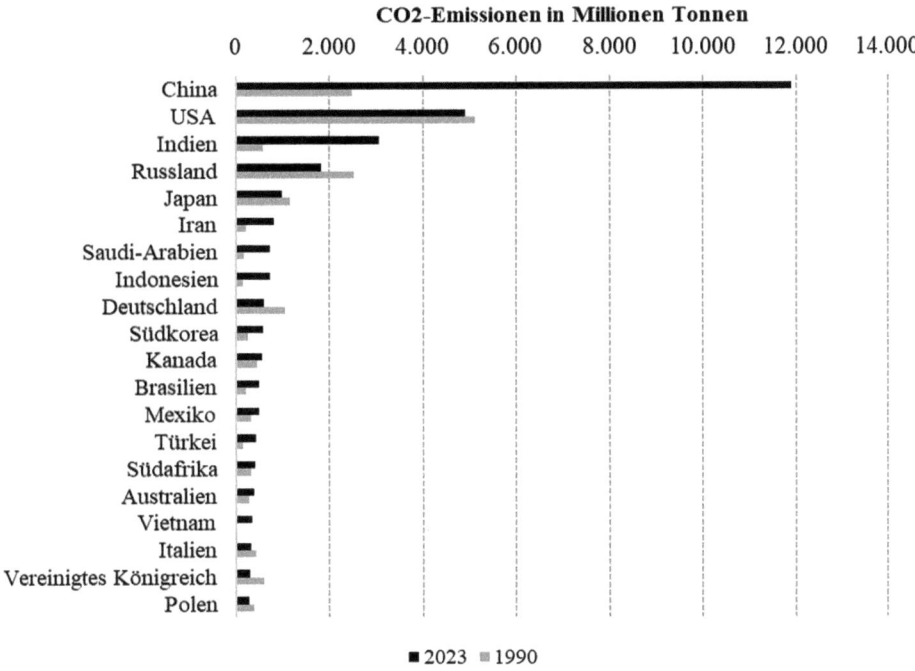

Abb. 12.7 CO_2-Emissionen nach Ländern im Vergleich zwischen 1990 und 2023 [127]

Maßnahmen und Strategien zur Förderung einer nachhaltigen Entwicklung zu formulieren, die auf die Verringerung von Emissionen und die Bewahrung der Umwelt abzielen.

Eine abschließende Ergänzung zum Thema der Ökologie ist das in Abb. 12.8 dargestellte Business-as-usual-Szenario des World 3 Modells.

Das Modell ergänzt und detailliert die in Abb. 12.1 bereits eingeführten Entwicklungsverläufe von Bevölkerung, Nahrungsmitteln, Industrieproduktion, Umweltverschmutzung und Ressourcen für den Fall, dass keine Änderungen im aktuellen Umgang eintreten und zeigt auch im Kontext der Ökologie drohende Verläufe und notwendige Handlungsbedarfe auf.

In Zusammenschau der aufgeführten Daten und Fakten wird deutlich, dass die Weltgesellschaft im Jahr 2025 sowohl mit einer zunehmenden Verknappung von Ressourcen als auch einer erhöhten Bevölkerungsorientierung konfrontiert ist. Diese Dynamik stellt erhebliche Herausforderungen dar, da die steigende Nachfrage nach begrenzten Ressourcen in Verbindung mit dem Bevölkerungswachstum potenziell zu verstärkten sozialen und wirtschaftlichen Spannungen führen kann. Die aufgezeigten Entwicklungen zeichnen ein zunehmend negatives Trendszenario, das auf die Notwendigkeit für schnelles, effizientes und effektives Handeln hinweist. Dies könnte langfristig durch die Implementierung nachhaltiger Entwicklungsstrategien, die Förderung technologischer Innovationen zur Ressourceneffizienz und eine verstärkte internationale Zusammenarbeit unterstützt werden.

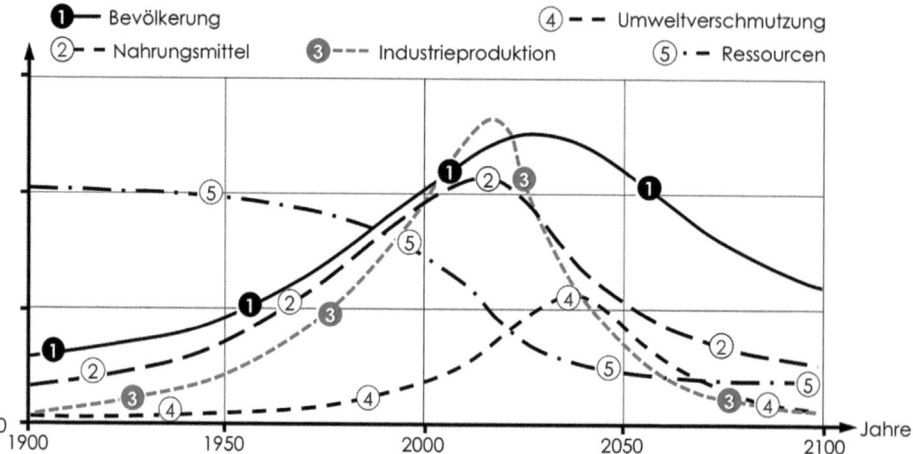

Abb. 12.8 Business-as-usual-Szenario des World 3 Modells nach Meadows [119]. (Abbildung nach Vajna [126])

12.3 Ökonomie

Wie eingangs beschrieben, soll der letzte Abschnitt dieses Kapitels den Fokus auf Beobachtungen und Entwicklungen im Bereich der Ökonomie legen. Im Sinne der vorherigen Abschnitte soll anhand ausgewählter und relevant erscheinender Hintergründe ein Bild der momentanen, vorwiegend ökonomischen Situation aufgezeigt werden, um anschließend resultierende Szenarien abzuleiten sowie ein Verständnis dafür zu schaffen, welche Handlungsfelder langfristig zu fokussieren sind.

Eine erste für den Themenkomplex der Ökonomie als relevant erachtete Statistik betrifft das Bruttoinlandsprodukt (kurz: BIP) nach Ländern. In der nachfolgenden Abb. 12.9 ist dieses aufgeschlüsselt nach den 20 Ländern mit den höchsten Werten im Jahr 2023 in Milliarden US-Dollar dargestellt.

Bei der Analyse der Statistik zeigt sich, wie erheblich sich die Bruttoinlandsprodukte der Welt unterscheiden. Diese Unterschiede verdeutlichen die wirtschaftlichen Ungleichheiten zwischen den Ländern. Darüber hinaus besteht ein direkter Zusammenhang zwischen dem BIP und der Belastung natürlicher Ressourcen, da eine höhere Wirtschaftsleistung häufig mit einem intensiveren Ressourceneinsatz einhergeht. Diese Erkenntnisse unterstreichen die Bedeutung einer ausgewogenen Entwicklungspolitik zur Förderung sowohl wirtschaftlichen Wachstums als auch der nachhaltigen Nutzung von Ressourcen.

12.3 Ökonomie

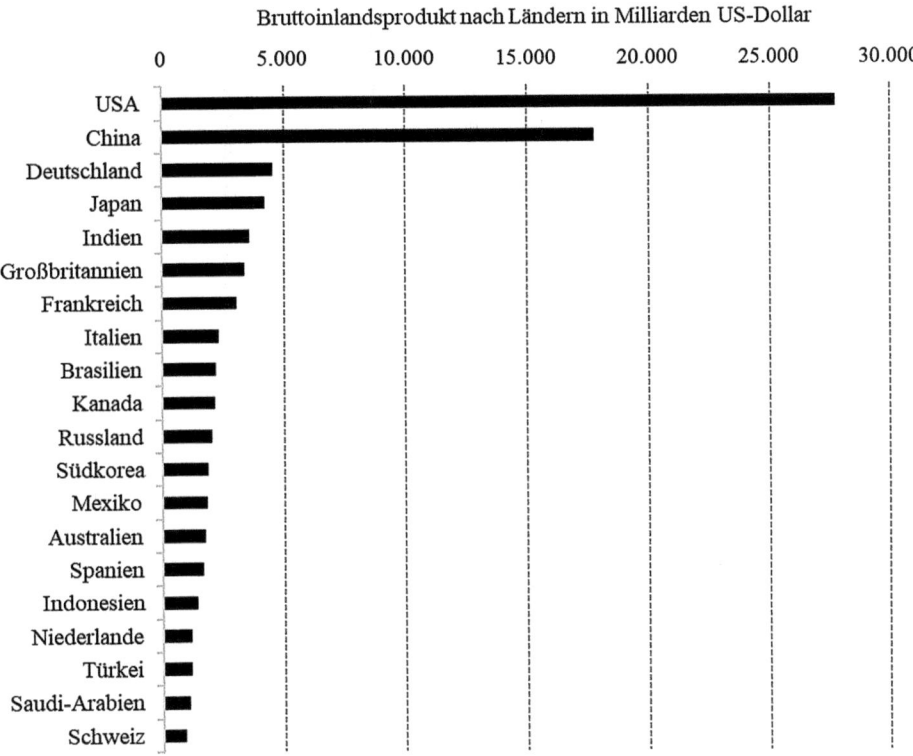

Abb. 12.9 Bruttoinlandsprodukt in Milliarden US-Dollar nach Ländern im Jahr 2023 [128]

Nachdem in den vorangegangenen Abschnitten die dringende Notwendigkeit für akutes und effizientes Handeln dargelegt wurde, ergibt sich die Frage, auf welche Weise ein derartiges Vorhaben initiiert werden kann. Insbesondere im Kontext der Ökonomie, die das wirtschaftliche Grundsystem darstellt, nach dem sich Gesellschaften ausrichten, lassen sich verschiedene Ansätze für grundlegende Veränderungen identifizieren. In der nachstehenden Tab. 12.1 sind alternative Wirtschafts- und Gesellschaftskonzepte gemäß Vajna [124] zusammengeführt. Diese Konzepte repräsentieren verschiedene Versuche beziehungsweise Lösungsansätze, neuartige Wirtschaftskonzepte aufzuzeigen, mit denen ein gesellschaftlicher Wandel und dabei eine insbesondere nachhaltigkeitsorientierte Entwicklung eingeleitet werden könnte.

Tab. 12.1 Alternative Wirtschaftskonzepte nach Vajna [126]

	Ziel/Vision	Vertreter	Perspektive	Ansatz
Green Economy	Grüner Umbau der Wirtschaft führt zu nachhaltiger Entwicklung	UNEP (UN Environment Programme), OECD (Organisation for Economic Co-operation and Development)	national und international	politisch
Europa 2020	Entkopplung ist durch intelligentes, nachhaltiges und integratives Wachstum möglich	Europäische Kommission, Europäischer Rat	Europäische Union	politisch
Enquête-Kommission für Wachstum, Wohlstand und Lebensqualität	Konkrete politische Empfehlungen schaffen mehr Wohlstand und Lebensqualität in Deutschland	17 Abgeordnete des dt. Bundestages (Wahlperiode 2017–2021); 17 externe ExpertInnen	Deutschland im internationalen Kontext	parlamentarische Debatte
Cradle to Cradle	Geschlossene Materialkreisläufe machen „intelligente Verschwendung" möglich	Michael Braungart, William McDonough	international	wissenschaftlich, unternehmerisch
Steady State Economy	Wirtschaftliche Entwicklung auf optimalem physischem Niveau	Herman E. Daly	global	wissenschaftlich

Literatur

1. Gerlach LP (1991) Global Thinking, Local Acting. Eval Rev pp. 120–148 https://doi.org/10.1177/0193841X9101500107
2. King A (1991) The first global revolution: A report by the Council of the Club of Rome, 1. ed. Current affairs. Pantheon Books, New York
3. Hauff M von (2014) Nachhaltige Entwicklung. OLDENBOURG WISSENSCHAFTSVERLAG
4. Engagement Global gGmbH. Service für Entwicklungsinitiativen (2024) 17 Ziele für Nachhaltige Entwicklung. https://17ziele.de/downloads.html. Accessed 16 Sep 2024
5. Die Bundesregierung (2023) Empfehlungen zur Einbeziehung von Nachhaltigkeitszielen bei der Gesetzgebung. Staatssekretärsausschuss für nachhaltige Entwicklung, Berlin
6. Hubka V (1976) Theorie der Konstruktionsprozesse. Springer Berlin Heidelberg, Berlin, Heidelberg
7. Schaltegger S, Petersen H (2009) Corporate Social Responsibility (CSR) nachhaltig im Unternehmen verankern. Eine Herausforderung an die Managementbildung. JSSE Journal of Social Science Education, 3-2009: Nachhaltigkeit und fachdidaktische Herausforderungen/Sustainability. https://doi.org/10.4119/jsse-413
8. Wissenschaftlicher Beirat der Bundesregierung Globale Umweltveränderungen (2011) Welt im Wandel: Gesellschaftsvertrag für eine Große Transformation; [Hauptgutachten, 2., veränd. Aufl. Wiss. Beirat der Bundesregierung Globale UmweltverÃ¤nderungen (WBGU), Berlin]
9. Sato H (2024) Ikigai: The Japanese Secret: The Guide to Living Life to the Fullest. Amazon Digital Services LLC Kdp
10. VDI/VDE-Gesellschaft Mess- und Automatisierungstechnik (2021) VDI-Richtlinie 2206: Entwicklung mechatronischer und cyper-physischer Systeme
11. VDI-Gesellschaft Produkt- und Prozessgestaltung (2019) VDI-Richtlinie 2221: Blatt 1: Entwicklung technischer Produkte und Systeme. Modell der Produktentwicklung
12. McAloone TC, Niki Bey (2009) Environmental improvement through product development: A guide. Danish Environmental Protection Agency
13. Bundesministerium für Wirtschaft und Klimaschutz (2023) Gesetz zum Neustart der Digitalisierung der Energiewende
14. Umweltbundesamt (2025) Der Europäische Emissionshandel. https://www.umweltbundesamt.de/daten/klima/der-europaeische-emissionshandel#vergleich-von-emissionen-und-emissionsobergrenzen-cap-im-stationaren-eu-ets-1. Accessed 09 Apr 2025

15. Teich E, Brodhun C, Claus T (2015) Einsatz der Szenariotechnik in der Produktionsplanung. In: Claus T, Herrmann F, Manitz M (eds) Produktionsplanung und steuerung. Springer Berlin Heidelberg, Berlin, Heidelberg, pp 61–88
16. Gausemeier J, Fink A, Schlake O (1998) Scenario Management. Technological Forecasting and Social Change pp. 111–130. https://doi.org/10.1016/S0040-1625(97)00166-2
17. Gausemeier J, Plass C (2014) Zukunftsorientierte Unternehmensgestaltung: Strategien, Geschäftsprozesse und ITSysteme für die Produktion von morgen, 2., berarb. Aufl. Hanser eLibrary. Hanser, München
18. Habicher D, Windegger F, Gruber M et al. (2020) Denkanstoß Covid-19: Zukunftsszenarien für ein nachhaltiges Südtirol 2030+, Bozen
19. Pfeiffer W (1982) Technologie-Portfolio zum Management strategischer Zukunftsgeschäftsfelder. Innovative Unternehmensführung, vol 7. Vandenhoeck & Ruprecht, Göttingen
20. Albers S (2005) Handbuch Technologie- und Innovationsmanagement: Strategie Umsetzung Controlling. SpringerLink Bücher. Gabler Verlag, Wiesbaden, s.l.
21. Osterwalder A, Pigneur Y (2010) Business model generation: A handbook for visionaries, game changers, and challengers. Wiley, Hoboken, NJ
22. Dyckhoff H, Souren R (2007) Nachhaltige Unternehmensführung: Grundzüge industriellen Umweltmanagements. SpringerLink Bücher. Springer Berlin Heidelberg, Berlin, Heidelberg
23. DIN Deutsches Institut für Normung e.V. DIN EN ISO 26000:2021-04, Leitfaden zur gesellschaftlichen Verantwortung (ISO_26000:2010); Deutsche Fassung EN_ISO_26000:2020
24. Geschäftsstelle des Umweltgutachterausschusses (ed) (2020) Einstieg ins Umweltmanagement mit EMAS: Ein Leitfaden für Management und Beauftragte 2020
25. Bundesministerium für Umwelt, Naturschutz, nukleare Sicherheit und Verbraucherschutz (2025) EMAS (Eco-Management und Audit Scheme). https://www.bmuv.de/WS399. Accessed 17 Jan 2025
26. Bundesministerium für Klimaschutz, Umwelt, Energie, Mobilität, Innovation und Technologie (2025) Global Reporting Initiative (GRI). https://www.bmk.gv.at/themen/klima_umwelt/nachhaltigkeit/unternehmen/standards/gri.html. Accessed 17 Jan 2025
27. Umweltbundesamt (2013) Umweltdeklaratioin von Bauprodukten: Zweck, Aufbau und Erarbeitung einer EPD. https://www.umweltbundesamt.de/themen/wirtschaft-konsum/produkte/bauprodukte/umweltdeklaration-von-bauprodukten#der-zweck-einer-umweltdeklaration-fur-bauprodukte. Accessed 17 Jan 2025
28. Hallstedt SI (2017) Sustainability criteria and sustainability compliance index for decision support in product development. Journal of Cleaner Production pp. 251–266. https://doi.org/10.1016/j.jclepro.2015.06.068
29. Bundesministerium der Justiz (1990) Gesetz über die Haftung für fehlerhafte Produkte (Produkthaftungsgesetz ProdHaftG)
30. Die Bundesrgierung (2008) Verordnung (EG) Nr. 765/2008 des Europäischen Parlaments und des Rates vom 9. Juli 2008 über die Vorschriften für die Akkreditierung und Marktüberwachung im Zusammenhang mit der Vermarktung von Produkten und zur Aufhebung der Verordnung (EWG) Nr. 339/93 des Rates
31. Umweltbundesamt (2024) Elektro- und Elektronikgerätegesetz. https://www.umweltbundesamt.de/themen/abfall-ressourcen/produktverantwortung-in-der-abfallwirtschaft/elektroaltgeraete/elektro-elektronikgeraetegesetz#sinn-und-zweck-des-elektrog. Accessed 17 Jan 2025
32. Bundesministerium der Justiz (2012) Gesetz zur Förderung der Kreislaufwirtschaft und Sicherung der umweltverträglichen Bewirtschaftung von Abfällen (Kreislaufwirtschaftsgesetz KrWG)
33. Bundesministerium der Justiz (2010) Verordnung zum Schutz vor Gefahrstoffen (Gefahrstoffverordnung GefStoffV)

34. (2011) Richtlinie 2011/65/EU des Europäischen Parlaments und des Rates zur Beschränkung der Verwendung bestimmter gefährlicher Stoffe in Elektro- und Elektro- und Elektronikgeräten (RoHS-Richtlinie)
35. Roth K (2001) Konstruieren mit Konstruktionskatalogen. Springer Berlin Heidelberg, Berlin, Heidelberg
36. Pahl G, Beitz W, Gericke K et al. (2021) Grundlagen technischer Systeme. In: Bender B, Gericke K (eds) Pahl/Beitz Konstruktionslehre. Springer Berlin Heidelberg, Berlin, Heidelberg, pp. 9–25
37. Deutscher Bundestag (1994) Bericht der Enquete-Kommission Schutz des Menschen und der Umwelt Bewertungskriterien und Perspektiven für umweltverträgliche Stoffkreisläufe in der Industriegesellschaft: Die Industriegesellschaft gestalten Perspektiven für einen nachhaltigen Umgang mit Stoff- und Materialströmen. Drucksache 12/1951
38. Herrmann C (2010) Ganzheitliches Life Cycle Management. Springer Berlin Heidelberg, Berlin, Heidelberg
39. Gräßler I, Pottebaum J (2021) Generic Product Lifecycle Model: A Holistic and Adaptable Approach for Multi-Disciplinary Product-Service Systems. Applied Sciences 11:4516. https://doi.org/10.3390/app11104516
40. Walther G (2010) Nachhaltige Wertschöpfungsnetzwerke: Überbetriebliche Planung und Steuerung von Stoffströmen entlang des Produktlebenszyklus. Zugl. Braunschweig, Techn. Univ., Habil.-Schr., 2009, 1. Aufl. Gabler Research. Gabler, Wiesbaden
41. Ehrlenspiel K, Kiewert A, Lindemann U et al. (2014) Kostengünstig Entwickeln und Konstruieren. Springer Berlin Heidelberg, Berlin, Heidelberg
42. Schmidt M (2021) Der Einsatz von Sankey-Diagrammen im Stoffstrommanagement. Beiträge der Hochschule Pforzheim, vol 124. Hochschule Pforzheim, Pforzheim
43. Kennedy ABW, Sankey HR (1898) The Thermal Efficiency of Steam Engines. Report of the Committee Appointed to the Council upon the Subject of the Definition of a Standard or Standards of Thermal Efficiency for Steam Engines: With an Introductory Note (Including Appendixes and Plate at Back of Volume). Minutes of the Proceedings of the Institution of Civil Engineers pp. 278–312. https://doi.org/10.1680/imotp.1898.19100
44. Wolf A (2016) Laserscheinwerfer für Kraftfahrzeuge. Dissertation, Gottfried Wilhelm Leibniz UniversitÃ¤t Hannover; TEWISS Technik und Wissen GmbH
45. Umweltbundesamt (2023) Projektionsbericht 2023 für Deutschland, Dessau-Roßlau
46. Aamodt A, Nygård M (1995) Different roles and mutual dependencies of data, information, and knowledge An AI perspective on their integration. Data & Knowledge Engineering pp. 191-222. https://doi.org/10.1016/0169-023X(95)00017-M
47. Sonderforschungsbereich 653 (2005) Genetik und Intelligenz Grundlagen für Industrie 4.0: Warum die Welt cyberphysisch wird und wie gentelligente Systeme dazu beitragen. https://www.sfb653.uni-hannover.de/de/der-sfb. Accessed 10 Apr 2025
48. Hintemann R, Hinterholzer S, Clausen J (2020) Rechenzentren in Europa Chancen für eine nachhaltige Digitalisierung Teil 2, Berlin
49. Vries A de (2023) The growing energy footprint of artificial intelligence. Joule pp. 2191–2194. https://doi.org/10.1016/j.joule.2023.09.004
50. IPCC (2008) Klimaänderung 2007: Synthesebericht, Berlin
51. Food and Agriculture Organization of the United Nations (2010) Greenhouse Gas Emissions from the Dairy Sector: A Life Cycle Assessment
52. Poore J, Nemecek T (2018) Reducing food's environmental impacts through producers and consumers. Science pp. 987–992. https://doi.org/10.1126/science.aaq0216

53. Pastoors S, Scholz U (2018) Methoden zum Messen der Nachhaltigkeit von Produkten. In: Scholz U, Pastoors S, Becker JH et al. (eds) Praxishandbuch Nachhaltige Produktentwicklung. Springer Berlin Heidelberg, Berlin, Heidelberg, pp. 23–30
54. Statistisches Bundesamt (2025) Regionalatlas Deutschland. https://regionalatlas.statistikportal.de/#. Accessed 11 Apr 2025
55. Seliger G (2002) Nachhaltige Technologien. In: Milberg J, Schuh G (eds) Erfolg in Netzwerken. Springer Berlin Heidelberg, Berlin, Heidelberg, pp. 235–243
56. Lindemann U (2009) Methodische Entwicklung technischer Produkte. Springer Berlin Heidelberg, Berlin, Heidelberg
57. VDI/VDE-Gesellschaft Entwicklung Konstruktion Vertrieb (1997) VDI-Richtlinie 2225: Konstruktionsmethodik: Technisch-wirtschaftliches Konstruieren. Vereinfachte Kostenermittlung
58. VDI-Gesellschaft Produkt- und Prozessgestaltung (2018) VDI-Richtlinie 2028: Blatt 1: Bewerten in der Wertanalyse Vorgehen und Werkzeuge
59. Feldhusen J, Grote K-H, Nagarajah A et al. (2013) Vorgehen bei einzelnen Schritten des Produktentstehungsprozesses. In: Feldhusen J, Grote K-H (eds) Pahl/Beitz Konstruktionslehre. Springer Berlin Heidelberg, Berlin, Heidelberg, pp 291–409
60. Ritthoff M, Rohn H, Liedtke C (2002) MIPS berechnen: Ressourcenproduktivität von Produkten und Dienstleistungen. Wuppertal spezial, vol 27. Wuppertal-Inst. für Klima Umwelt Energie, Wuppertal
61. Kambanou ML (2021) Life Cycle Costing: Supporting companies towards a circular economy, 1st ed. Linköping University Medical Dissertations Ser, v.2152. Linköping University Electronic Press, Linköping
62. DIN Deutsches Institut für Normung e.V. DIN EN ISO 14040:2021-02, Umweltmanagement - Ökobilanz - Grundsätze und Rahmenbedingungen (ISO_14040:2006_+ Amd_1:2020); Deutsche Fassung EN_ISO_14040:2006_+ A1:2020
63. Huijbregts MAJ, Steinmann ZJN, Elshout PMF et al. (2017) ReCiPe2016: a harmonised life cycle impact assessment method at midpoint and endpoint level. Int J Life Cycle Assess pp. 138–147. https://doi.org/10.1007/s11367-016-1246-y
64. David R, Alla H (2005) Discrete, continuous, and hybrid Petri nets. Springer, Berlin
65. Wurst J, Ganter NV, Ehlers T et al. (2023) Assessment of the ecological impact of metal additive repair and refurbishment using powder bed fusion by laser beam based on a multiple case study. Journal of Cleaner Production 423:138630. https://doi.org/10.1016/j.jclepro.2023.138630
66. Ganter NV (2023) Reparatur und Modernisierung metallischer Bauteile durch pulverbettbasiertes Schmelzen mittels Laserstrahl. Dissertation, Gottfried Wilhelm Leibniz Universität Hannover; TEWISS Technik und Wissen GmbH
67. Schaltegger S, Kubat R, Hilber C et al. (1996) Innovatives Management staatlicher Umweltpolitik. Birkhäuser Basel, Basel
68. Saling P (2022) Nachhaltigkeitsbewertungen und die Rolle von Standards und Normen. In: Schwager B (ed) CSR und Nachhaltigkeitsstandards. Springer Berlin Heidelberg, Berlin, Heidelberg, pp 275–288
69. Mann H, Singh Mann IJ, Gullaiya N (2017) The role of organizational orientation and product attributes in performance for sustainability. Procedia Computer Science pp. 850–856. https://doi.org/10.1016/j.procs.2017.11.446
70. HPI Academy (2025) Was ist Design Thinking? https://hpi.de/d-school/themen/design-thinking/. Accessed 20 Mar 2025
71. Kerguenne A, Schaefer H, Taherivand A (2024) Design Thinking: Die agile Innovations-Strategie, 3. Auflage. Haufe Taschen Guide, vol 307. Haufe, Freiburg

72. Heike da Silva Cardoso, Nicolas Kusser, Jana Kieselstein (2024) Einsatz von Künstlicher Intelligenz bei der wissenschaftlichen Literaturrecherche: ein Überblick
73. VDI-Gesellschaft Technologies of Life Sciences (2021) VDI-Richtlinie 6220: Blatt 1: Bionik. Grundlagen, Konzeption und Strategie
74. Popov VV, Muller-Kamskii G, Kovalevsky A et al. (2018) Design and 3D-printing of titanium bone implants: brief review of approach and clinical cases. Biomed Eng Lett pp. 337–344. https://doi.org/10.1007/s13534-018-0080-5
75. The Biomimicry Institute (2025) Ask Nature. https://asknature.org/. Accessed 10 Feb 2025
76. Zwicky F (1989) Entdecken, Erfinden, Forschen im morphologischen Weltbild, 2. Aufl., Repr. Baeschlin, Glarus
77. Roth K (2000) Konstruieren mit Konstruktionskatalogen. Springer Berlin Heidelberg, Berlin, Heidelberg
78. WGSN Limited, OC&C Strategy Consultants (2023) Doing more with less: Forecasting for success
79. Berg A, Granskog A, Lee L et al. Fashion On Climate: How the Fashion Industry can urgently act to reduce its greenhouse gas emissions, 2020
80. Jung C (2006) Anforderungsklärung in interdisziplinärer Entwicklungsumgebung. Dissertation
81. Heine H (2023) A high-flux cold atom source based on a nano-structured atom chip. Hannover : Institutionelles Repositorium der Leibniz Universität Hannover
82. Krause D, Vietor T, Inkermann D et al. (2021) Produktarchitektur. In: Bender B, Gericke K (eds) Pahl/Beitz Konstruktionslehre. Springer Berlin Heidelberg, Berlin, Heidelberg, pp 335–393
83. Krause D, Gebhardt N (eds) (2018) Methodische Entwicklung modularer Produktfamilien. Springer Berlin Heidelberg, Berlin, Heidelberg
84. Koppenhagen F (2014) Modulare Produktarchitekturen Komplexitätsmanagement in der frühen Phase der Produktentwicklung. In: Schoeneberg K-P (ed) Komplexitätsmanagement in Unternehmen. Springer Fachmedien Wiesbaden, Wiesbaden, pp 113–162
85. Rathnow PJ (1993) Integriertes Variantenmanagement: Bestimmung, Realisierung und Sicherung der optimalen Produktvielfalt. Innovative Unternehmensführung, Bd. 20. Vandenhoeck & Ruprecht, Göttingen
86. Potting J, Hekkert MP, Worrell E et al. (2017) Circular Economy: Measuring innovation in the product chain
87. Kirchherr J, Reike D, Hekkert M (2017) Conceptualizing the Circular Economy: An Analysis of 114 Definitions. SSRN Journal. https://doi.org/10.2139/ssrn.3037579
88. Spektrum der Wissenschaft (1998) Peltier-Effekt. https://www.spektrum.de/lexikon/physik/peltier-effekt/11003. Accessed 26 Feb 2025
89. Ponn J, Lindemann U (2011) Konzeptentwicklung und Gestaltung technischer Produkte. Springer Berlin Heidelberg, Berlin, Heidelberg
90. Siefer T, Schütze C (2019) Öffentlicher Nahverkehr, Eisenbahnbau und Bahnbetrieb. In: Zilch K, Diederichs CJ, Beckmann KJ et al. (eds) Handbuch für Bauingenieure. Springer Fachmedien Wiesbaden, Wiesbaden, pp 1–46
91. Eberle RF (1972) Developing Imagination Through Scamper*. Journal of Creative Behavior pp. 199–203. https://doi.org/10.1002/j.2162-6057.1972.tb00929.x
92. Albers A, Bursac N, Wintergerst E Produktgenerationsentwicklung Bedeutung und Herausforderungen aus einer entwicklungsmethodischen Perspektive. In: Stuttgarter Symposium für Produktentwicklung (SSP) : Stuttgart, 19. Juni 2015; Hrsg.: H. Binz
93. Ehrlenspiel K (2009) Integrierte Produktentwicklung: Denkabläufe, Methodeneinsatz, Zusammenarbeit, 4., aktualisierte Aufl. Hanser, München, Wien

94. Pahl G, Beitz W (2021) Gestaltungsprinzipien. In: Bender B, Gericke K (eds) Pahl/Beitz Konstruktionslehre. Springer Berlin Heidelberg, Berlin, Heidelberg, pp 525–565
95. Spura C, Fleischer B, Wittel H et al. (2023) Kupplungen und Bremsen. In: Spura C, Fleischer B, Wittel H et al. (eds) Roloff/Matek Maschinenelemente. Springer Fachmedien Wiesbaden, Wiesbaden, pp 461–537
96. Bender B, Gericke K (2021) Pahl/Beitz Konstruktionslehre. Springer Berlin Heidelberg, Berlin, Heidelberg
97. Bundesverband WindEnergie e.V. Schallemissionen von Windenergieanlagen im Verhältnis zu anderen Lärmquellen. https://www.wind-energie.de/fileadmin/redaktion/dokumente/publikationen-oeffentlich/Service/Infografiken/20181010_Vergleich_Schallemmissionen.pdf. Accessed 04 Apr 2025
98. Charter M, Tischner U (2017) Sustainable Solutions. Routledge
99. McAloone TC, Pigosso DCA (2021) Ökodesign. In: Bender B, Gericke K (eds) Pahl/Beitz Konstruktionslehre. Springer Berlin Heidelberg, Berlin, Heidelberg, pp 975–1021
100. Luttropp C, Lagerstedt J (2006) EcoDesign and The Ten Golden Rules: generic advice for merging environmental aspects into product development. Journal of Cleaner Production pp. 1396–1408. https://doi.org/10.1016/j.jclepro.2005.11.022
101. Lachmayer R, Ehlers T, Lippert RB (2022) Entwicklungsmethodik für die Additive Fertigung, 2. Auflage. Lehrbuch. Springer Vieweg, Berlin, Heidelberg
102. Pahl G, Beitz W, Feldhusen J et al. (2013) Gestaltungsrichtlinien. In: Feldhusen J, Grote K-H (eds) Pahl/Beitz Konstruktionslehre. Springer Berlin Heidelberg, Berlin, Heidelberg, pp 583–751
103. DIN Deutsches Institut für Normung e.V. DIN EN 16575:2014-10, Biobasierte Produkte - Terminologie; Deutsche Fassung EN_16575:2014
104. Saulich K (2016) Ressourceneffizienz biobasierter Materialien im verarbeitenden Gewerbe, Berlin
105. Fuqua MA, Huo S, Ulven CA (2012) Natural Fiber Reinforced Composites. Polymer Reviews pp. 259–320. https://doi.org/10.1080/15583724.2012.705409
106. Schürmann H (2007) Konstruieren mit Faser-Kunststoff-Verbunden: Mit 39 Tabellen, 2., bearb. und erw. Aufl. VDI-/Buch]. Springer, Berlin, Heidelberg
107. Vogt D, Karus M, Ortmann S et al. (2006) Wood-Plastic-Composites (WPC) Holz-Kunststoff-Verbundwerkstoffe: Märkte in Nordamerika, Japan und Europa mit Schwerpunkt auf Deutschland Technische Eigenschaften Anwendungsgebiete Preise Märkte Akteure, Hürth
108. Fachagentur Nachwachsende Rohostoffe e.V. (2020) Nachwachsende Materialien für leichte Konstruktionen: Neue technische Bio-Verbundwerkstoffe für Automobil- und Elektroindustrie. https://news.fnr.de//fnr-pressemitteilung/nachwachsende-materialien-fuer-leichte-konstruktionen. Accessed 13 Mar 2025
109. Obata Y, Takeuchi K, Furuta Y et al. (2005) Research on better use of wood for sustainable development: Quantitative evaluation of good tactile warmth of wood. Energy pp. 1317–1328. https://doi.org/10.1016/j.energy.2004.02.001
110. Bundesministerium für Wirtschaft und Klimaschutz (2025) Holz im Maschinenbau. Industrielle Bioökonomie in Deutschland. https://www.bmwk.de/Redaktion/DE/Dossier/Industrielle-Biooekonomie/Best-Practice-Beispiele/026-ligenium/00-best-practice-beispiel.html. Accessed 28 Feb 2025
111. Engelhardt M, Khaloian Sarnaghi A, Buchelt B et al. (2022) Holzbasierte Werkstoffe im Maschinenbau (HoMaba) Berechnungskonzepte, Kennwertanforderungen, Kennwertermittlung : Schlussbericht zum Vorhaben: Laufzeit: 01.11.2018 bis 30.04.2022. Technische UniversitÃ¤t München (TUM)

112. Knott M (2023) Viele Vorteile: Das ist der weltweit größte Windrad-Turm aus Holz. https://www.netzwelt.de/news/219189-viele-vorteile-weltweit-groesste-windrad-turm-holz.html. Accessed 12 May 2025
113. Poll D (2024) Leicher und nachhaltiger: Holz als Trumpf im Maschinenbau. https://www.produktion.de/technik/co2-neutrale-industrie/leichter-und-nachhaltiger-holz-als-trumpf-im-maschinenbau-675.html. Accessed 28.02.20258
114. Vajna S (ed) (2014) Integrated Design Engineering: Ein interdisziplinäres Modell für die ganzheitliche Produktentwicklung. Springer-Vieweg, Berlin, Heidelberg
115. Biedermann H, Kinz A (2021) Lean Smart Maintenance: Agiles, lern- und wertschöpfungsorientiertes Instandhaltungsmanagement. Research. Springer Gabler, Wiesbaden, Heidelberg
116. DIN Deutsches Institut für Normung e.V. DIN 31051:2019-06, Grundlagen der Instandhaltung
117. DIN Deutsches Institut für Normung e.V. DIN EN ISO 9001:2015-11, Qualitätsmanagementsysteme - Anforderungen (ISO_9001:2015); Deutsche und Englische Fassung EN_ISO_9001:2015
118. Wissenschaftliche Gesellschaft für Produktentwicklung WiGeP e.V (2022) Update-Factory für ein industrielles Produkt-Update: Ein Beitrag zur Kreislaufwirtschaft. Positionspapier Update-Factory 2022
119. Meadows DH (2005) The limits to growth: The 30-year update, Rev. ed. Earthscan, London
120. Herrington G (2021) Update to limits to growth: Comparing the World3 model with empirical data. J of Industrial Ecology pp. 614–626. https://doi.org/10.1111/jiec.13084
121. Corsten H, Roth S (eds) (2012) Nachhaltigkeit. Gabler Verlag, Wiesbaden
122. Johan Rockström, Pavan Sukhdev (2016) The SDGs wedding cake. https://www.stockholmresilience.org/research/research-news/2016-06-14-how-food-connects-all-the-sdgs.html. Accessed 10 Jan 2025
123. United Nations Department of Economic and Social Affairs (UN DESA) (2024) Prognose zur Entwicklung der Weltbevölkerung von 1950 und 2100 (in Milliarden). In Statista. https://de.statista.com/statistik/daten/studie/1717/umfrage/prognose-zur-entwicklung-der-weltbevoelkerung/. Accessed 15 Apr 2025
124. United Nations Department of Economic and Social Affairs (UN DESA) (2024) Prognostiziertes Bevölkerungswachstum nach unterschiedlichen Regionen der Welt. In Statista. https://de.statista.com/statistik/daten/studie/184686/umfrage/weltbevoelkerung-nach-kontinenten/. Accessed 15 Apr 2025
125. Global Footprint Network (2024) Earth Overshoot Day 2024. https://overshoot.footprintnetwork.org/. Accessed 10 Jan 2025
126. Vajna S (ed) (2022) Integrated Design Engineering. Springer Berlin Heidelberg, Berlin, Heidelberg
127. Global Carbon Project (2024) Höhe der CO2-Emissionen nach ausgewählten Ländern weltweit im Jahresvergleich 1990 und 2023. In Statista. https://de.statista.com/statistik/daten/studie/167864/umfrage/co-emissionen-in-ausgewaehlten-laendern-weltweit/
128. International Monetary Fund (2023) Ranking de 20 Länder mit dem größten Bruttoinlandsprodukt (BIP) im Jahr 2023 (in Milliarden US-Dollar). In Statista. https://de.statista.com/statistik/daten/studie/157841/umfrage/ranking-der-20-laender-mit-dem-groessten-bruttoinlandsprodukt/

If you have any concerns about our products,
you can contact us on
ProductSafety@springernature.com

In case Publisher is established outside the EU,
the EU authorized representative is:
**Springer Nature Customer Service Center GmbH
Europaplatz 3, 69115 Heidelberg, Germany**

Printed by Libri Plureos GmbH
in Hamburg, Germany